JN209661

検証1…熱伝導シートの厚さやスプレッダ面積の影響（自然・強制空冷共通）

熱伝導シートを薄くして，スプレッダの面積を広げれば，発熱素子の温度を下げられる．

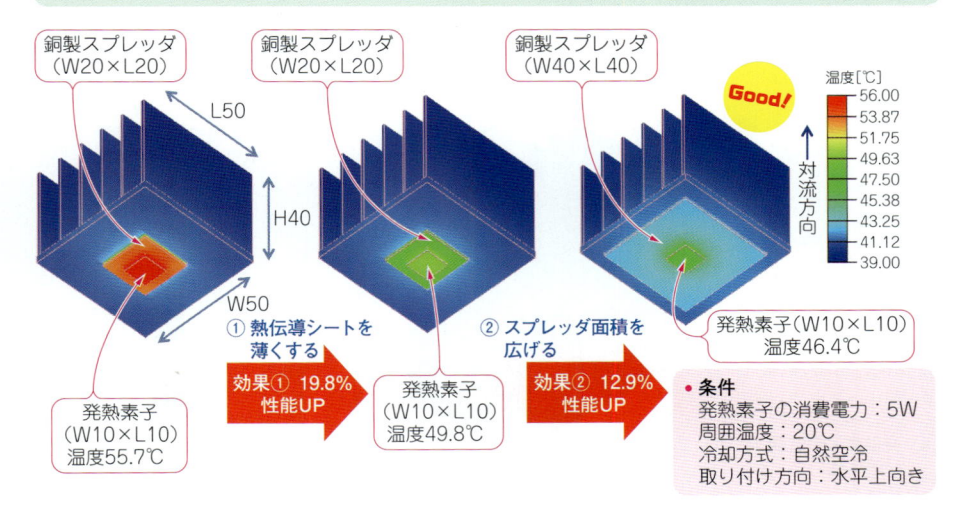

銅製スプレッダ（W20×L20）

銅製スプレッダ（W20×L20）

銅製スプレッダ（W40×L40）

Good!

温度[℃]
56.00 / 53.87 / 51.75 / 49.63 / 47.50 / 45.38 / 43.25 / 41.12 / 39.00

対流方向

L50 / H40 / W50

発熱素子（W10×L10）温度55.7℃

① 熱伝導シートを薄くする

効果① 19.8%性能UP

発熱素子（W10×L10）温度49.8℃

② スプレッダ面積を広げる

効果② 12.9%性能UP

発熱素子（W10×L10）温度46.4℃

• 条件
発熱素子の消費電力：5W
周囲温度：20℃
冷却方式：自然空冷
取り付け方向：水平上向き

検証2…フィン形状の影響（自然空冷）

自然空冷の場合，フィン形状の最適化によって放熱性能を高められる．

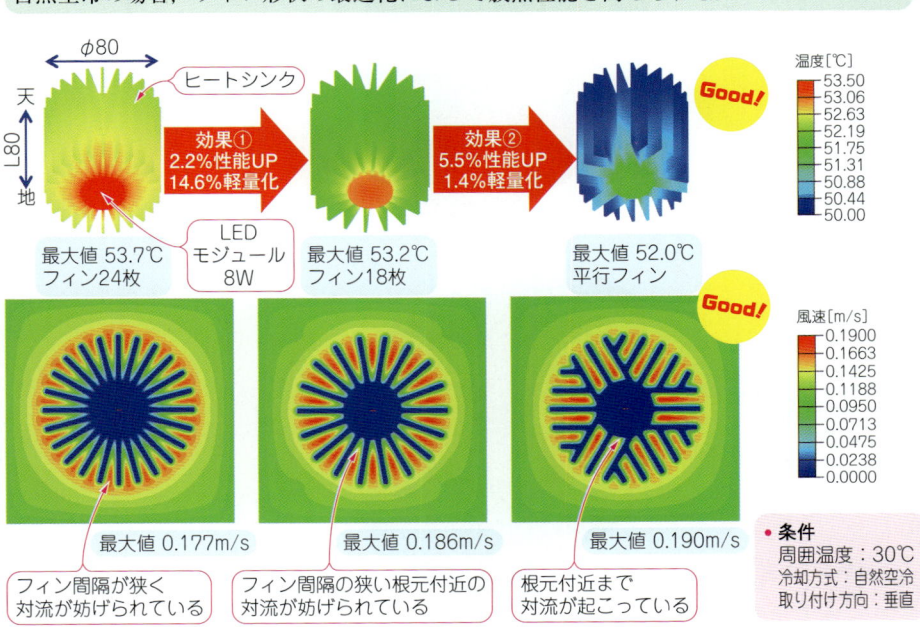

φ80 / 天 / L80 / 地

ヒートシンク

効果①
2.2%性能UP
14.6%軽量化

効果②
5.5%性能UP
1.4%軽量化

Good!

温度[℃]
53.50 / 53.06 / 52.63 / 52.19 / 51.75 / 51.31 / 50.88 / 50.44 / 50.00

最大値 53.7℃
フィン24枚

LEDモジュール8W

最大値 53.2℃
フィン18枚

最大値 52.0℃
平行フィン

Good!

風速[m/s]
0.1900 / 0.1663 / 0.1425 / 0.1188 / 0.0950 / 0.0713 / 0.0475 / 0.0238 / 0.0000

最大値 0.177m/s

最大値 0.186m/s

最大値 0.190m/s

フィン間隔が狭く対流が妨げられている

フィン間隔の狭い根元付近の対流が妨げられている

根元付近まで対流が起こっている

• 条件
周囲温度：30℃
冷却方式：自然空冷
取り付け方向：垂直

検証3…発熱素子サイズの影響（自然空冷・強制空冷共通）

発熱素子のサイズが変わると放熱性能も変わる．サイズが小さくなるほど，熱密度が高くなるので，温度は上がる．

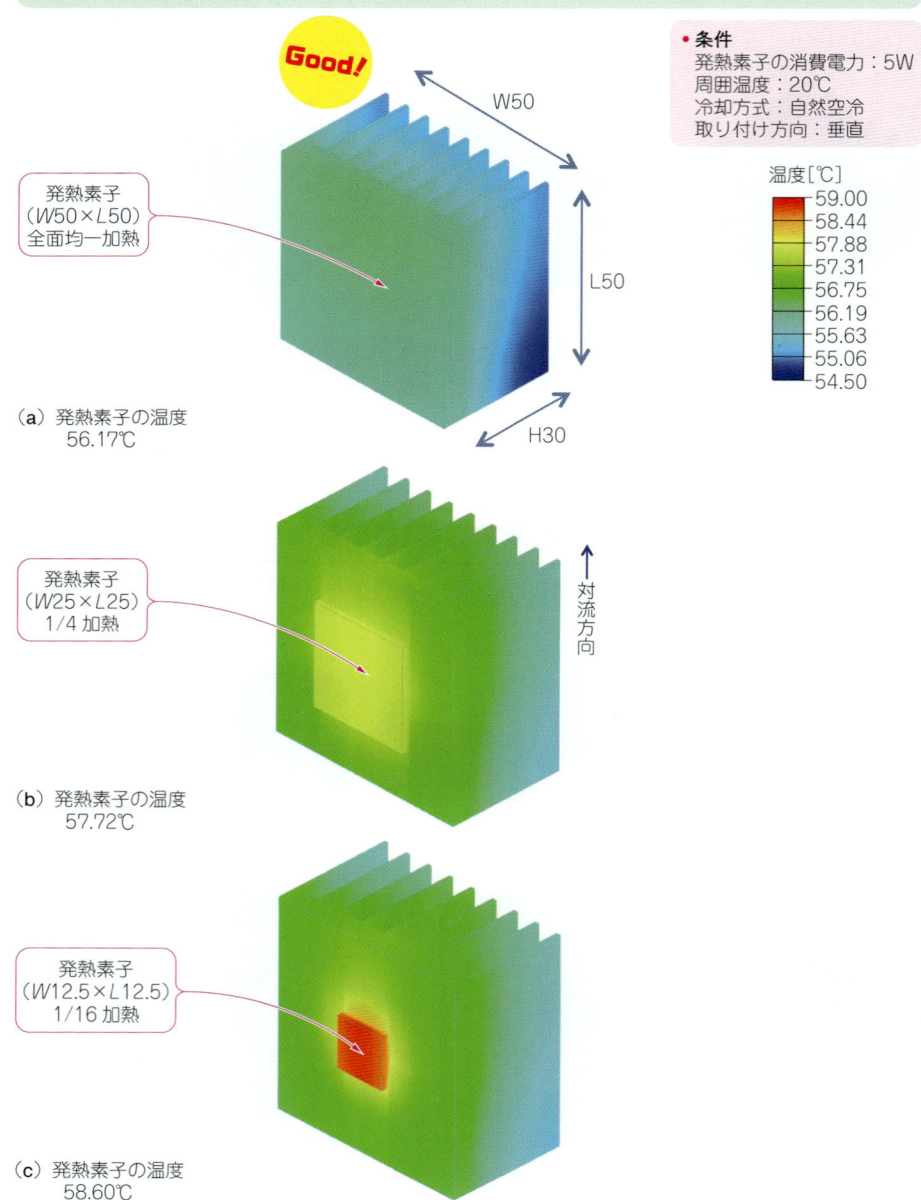

Good!

W50

L50

H30

発熱素子
（$W50×L50$）
全面均一加熱

（a）発熱素子の温度
56.17℃

発熱素子
（$W25×L25$）
1/4 加熱

対流方向

（b）発熱素子の温度
57.72℃

発熱素子
（$W12.5×L12.5$）
1/16 加熱

（c）発熱素子の温度
58.60℃

• 条件
発熱素子の消費電力：5W
周囲温度：20℃
冷却方式：自然空冷
取り付け方向：垂直

温度[℃]
59.00
58.44
57.88
57.31
56.75
56.19
55.63
55.06
54.50

検証4…熱源の集中と拡散の影響（自然空冷・強制空冷共通）

熱源が分散すると放熱性能が上がる．逆に集中すると放熱性能は下がる．

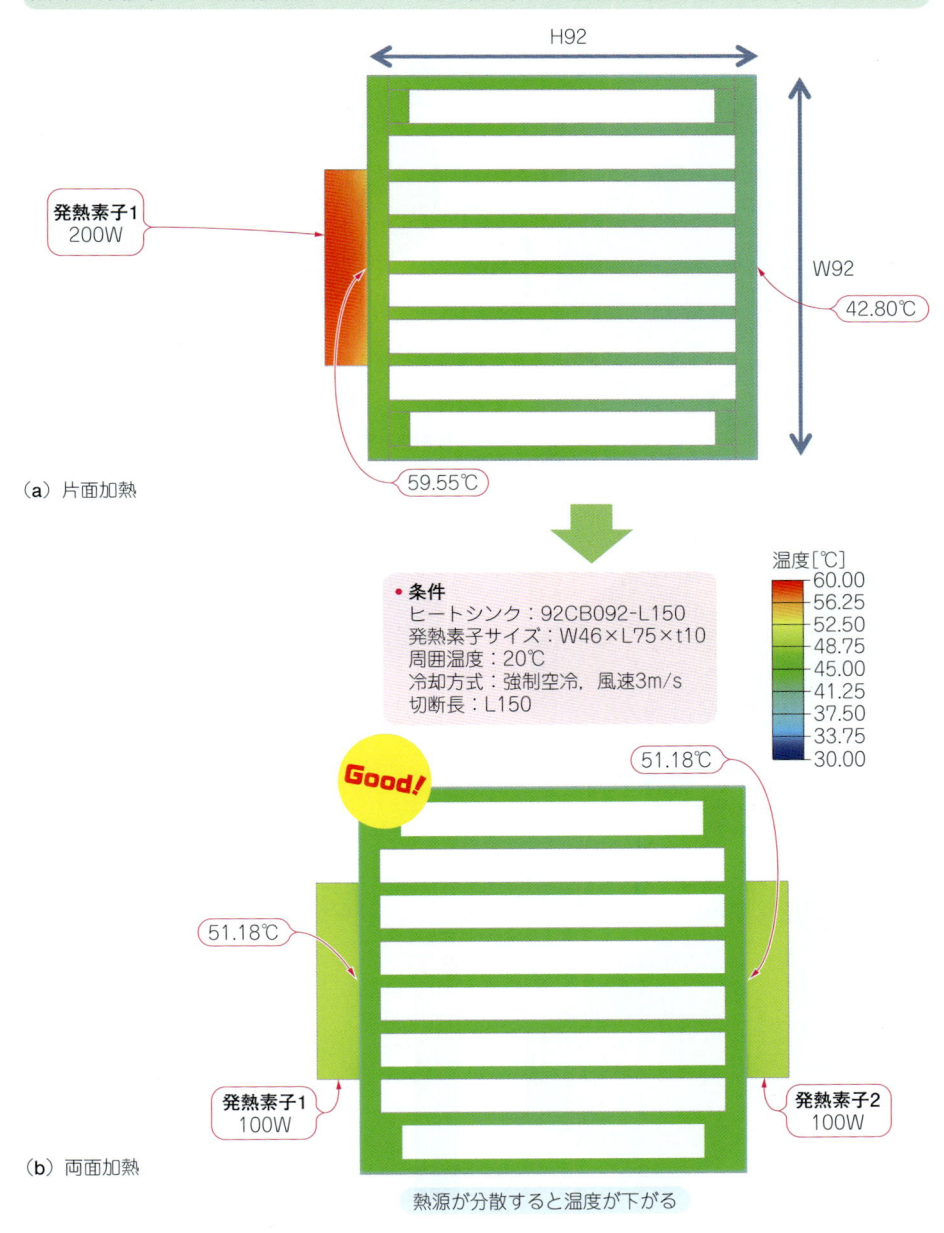

発熱素子1 200W

H92

W92

42.80℃

59.55℃

（a）片面加熱

• 条件
  ヒートシンク：92CB092-L150
  発熱素子サイズ：W46×L75×t10
  周囲温度：20℃
  冷却方式：強制空冷，風速3m/s
  切断長：L150

温度[℃]
60.00
56.25
52.50
48.75
45.00
41.25
37.50
33.75
30.00

Good!

51.18℃

51.18℃

発熱素子1 100W

発熱素子2 100W

（b）両面加熱

熱源が分散すると温度が下がる

検証5…発熱素子の取り付け場所の影響（自然空冷・強制空冷共通）

同じ発熱量でも取り付ける場所によって発熱素子の温度が変わる.

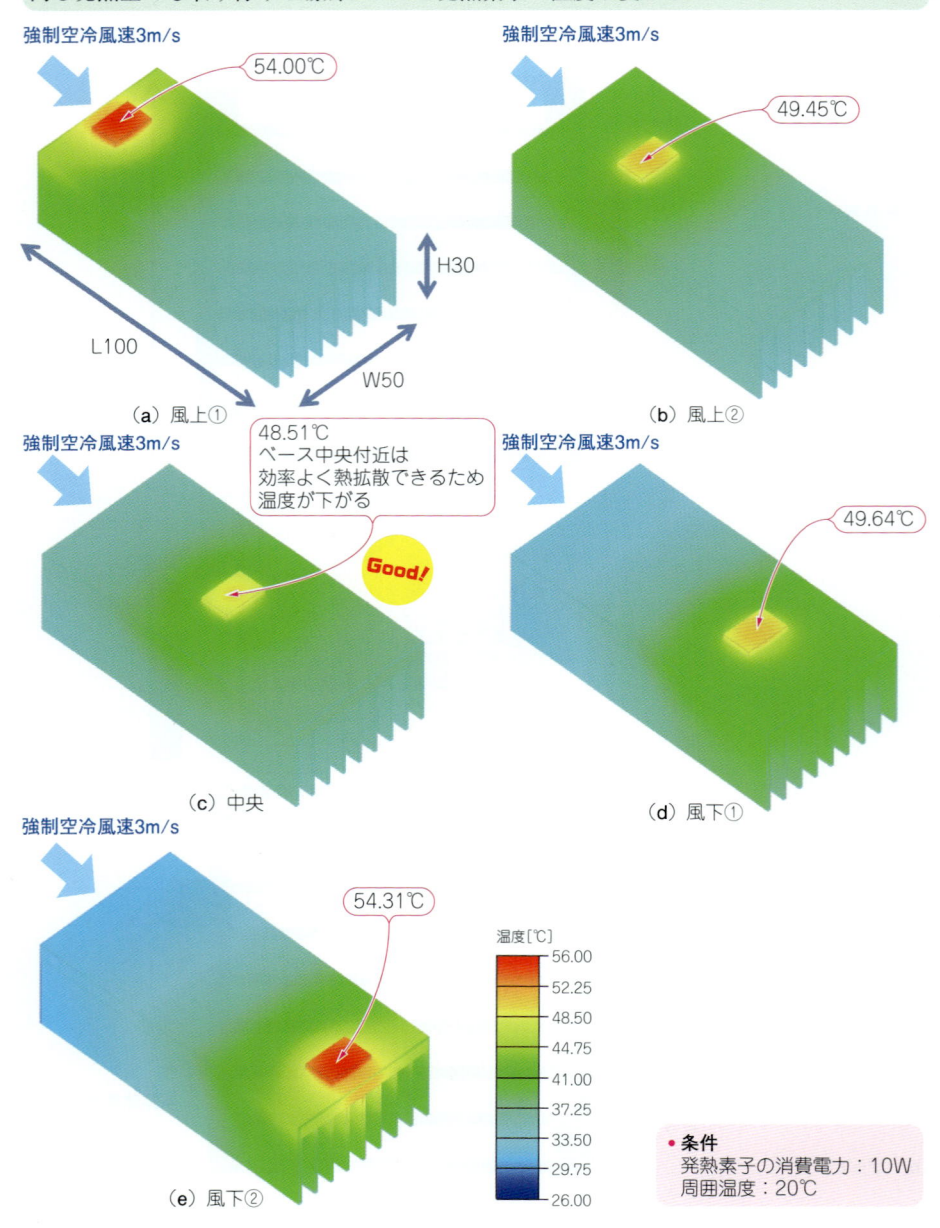

強制空冷風速3m/s

54.00℃

H30

L100

W50

（a）風上①

強制空冷風速3m/s

49.45℃

（b）風上②

強制空冷風速3m/s

48.51℃
ベース中央付近は
効率よく熱拡散できるため
温度が下がる

Good!

（c）中央

強制空冷風速3m/s

49.64℃

（d）風下①

強制空冷風速3m/s

54.31℃

（e）風下②

温度[℃]

| 56.00 |
| 52.25 |
| 48.50 |
| 44.75 |
| 41.00 |
| 37.25 |
| 33.50 |
| 29.75 |
| 26.00 |

● 条件
　発熱素子の消費電力：10W
　周囲温度：20℃

検証6…発熱素子の場所の影響（自然空冷・強制空冷共通）

自然空冷の場合，発熱量が同じでも，上になるほど下にある発熱素子の影響を累積して受けるので，温度が上がる．

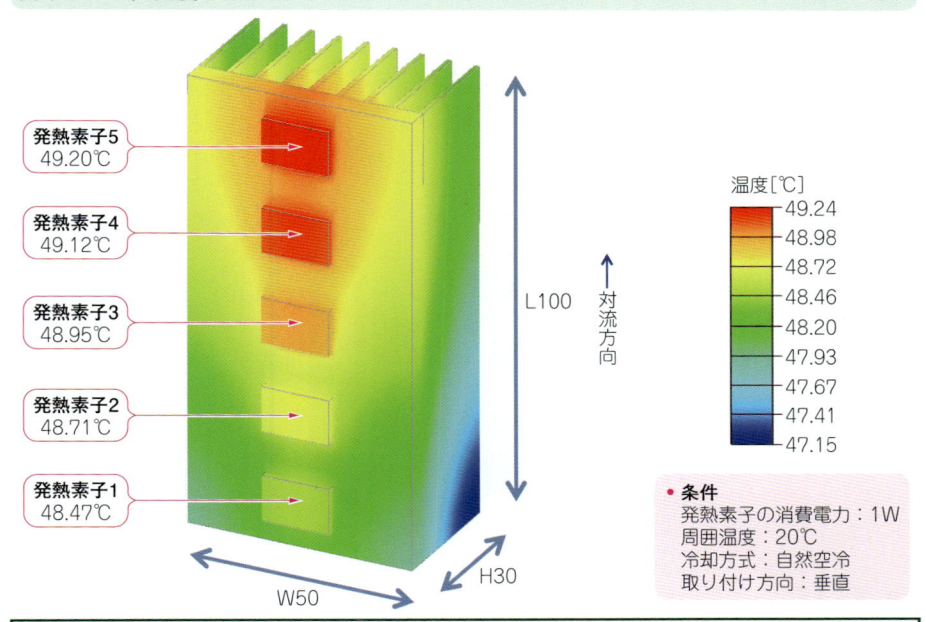

発熱素子5
49.20℃

発熱素子4
49.12℃

発熱素子3
48.95℃

発熱素子2
48.71℃

発熱素子1
48.47℃

L100

対流方向

温度[℃]
49.24
48.98
48.72
48.46
48.20
47.93
47.67
47.41
47.15

W50
H30

- 条件
発熱素子の消費電力：1W
周囲温度：20℃
冷却方式：自然空冷
取り付け方向：垂直

検証7…発熱素子の場所の影響（自然空冷・強制空冷共通）

強制空冷の場合，発熱量が同じでも，風下になるほど風上にある発熱素子の影響を累積して受けるので，温度が上がる．

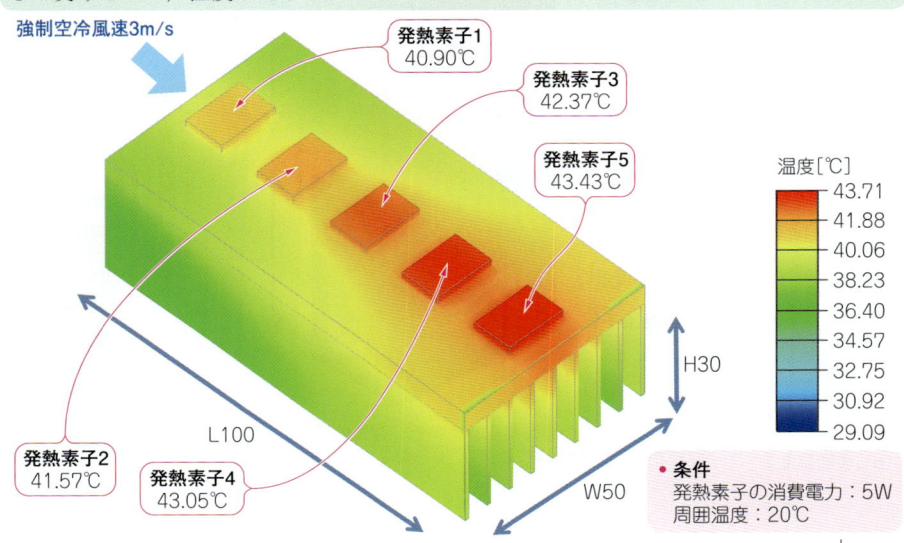

強制空冷風速3m/s

発熱素子1
40.90℃

発熱素子3
42.37℃

発熱素子5
43.43℃

発熱素子2
41.57℃

発熱素子4
43.05℃

L100
H30
W50

温度[℃]
43.71
41.88
40.06
38.23
36.40
34.57
32.75
30.92
29.09

- 条件
発熱素子の消費電力：5W
周囲温度：20℃

検証8…ヒートシンクを一体化したときと分割したときの影響（自然空冷・強制空冷共通）

ヒートシンクを対流方向に分割すると，放熱性能は大きく変わる．

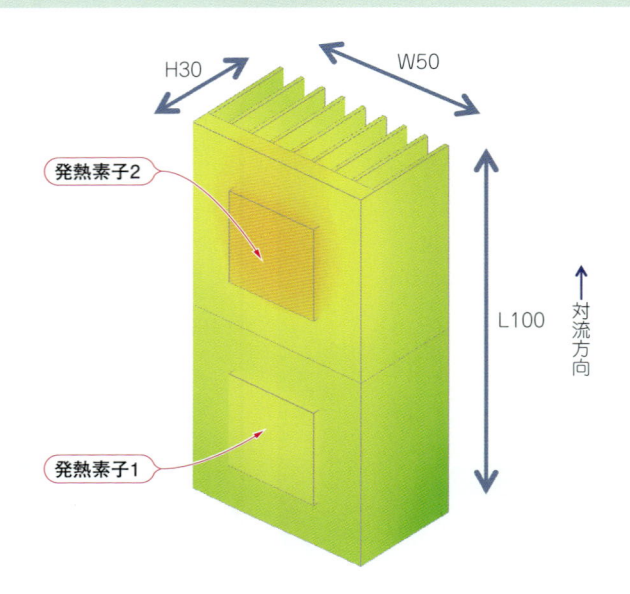

（a）表面温度①

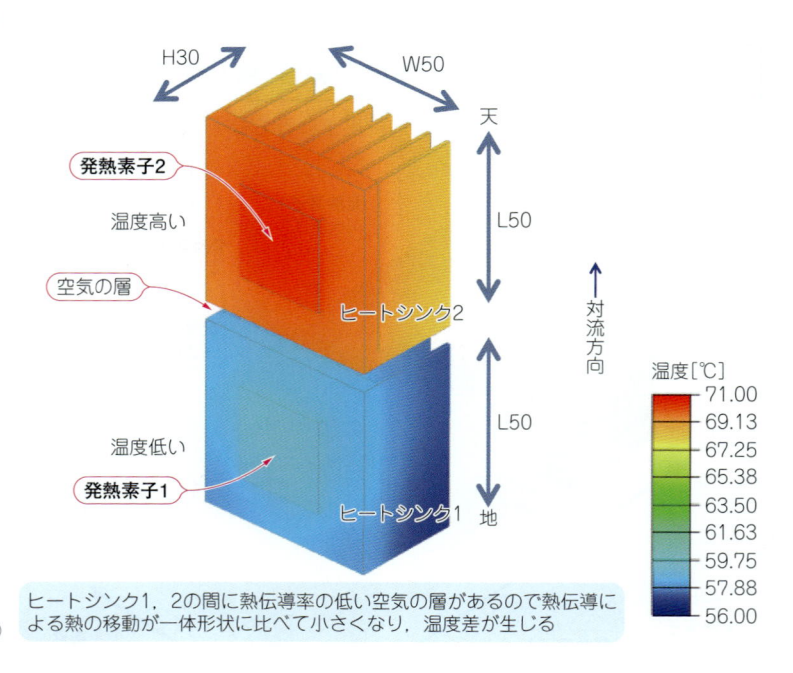

（b）表面温度②　ヒートシンク1，2の間に熱伝導率の低い空気の層があるので熱伝導による熱の移動が一体形状に比べて小さくなり，温度差が生じる

検証8…ヒートシンクを一体化したときと分割したときの影響(自然空冷・強制空冷共通)

ヒートシンクを対流方向に分割すると，放熱性能は大きく変わる．

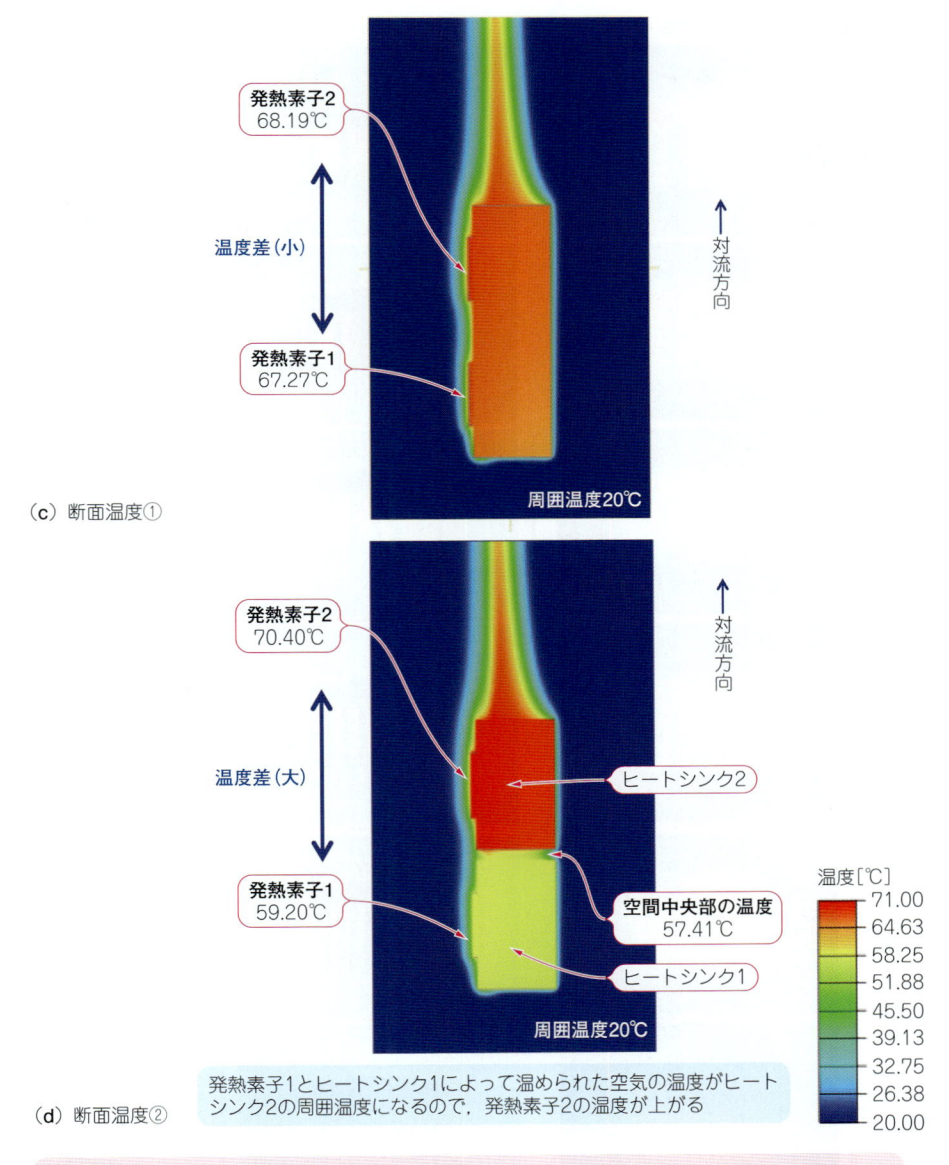

発熱素子2
68.19℃

温度差(小)

発熱素子1
67.27℃

対流方向

周囲温度20℃

（c）断面温度①

発熱素子2
70.40℃

温度差(大)

発熱素子1
59.20℃

対流方向

ヒートシンク2

空間中央部の温度
57.41℃

ヒートシンク1

周囲温度20℃

温度[℃]

- 71.00
- 64.63
- 58.25
- 51.88
- 45.50
- 39.13
- 32.75
- 26.38
- 20.00

（d）断面温度②　発熱素子1とヒートシンク1によって温められた空気の温度がヒートシンク2の周囲温度になるので，発熱素子2の温度が上がる

- **条件**
  発熱素子：W25×L25(5W)　　周囲温度：20℃　　冷却方式：自然空冷　　取り付け方向：垂直

検証9…最適フィン枚数(自然空冷)

自然空冷の場合，フィン枚数が多いほど放熱性能が上がる訳ではない．最適なフィン枚数が存在する．

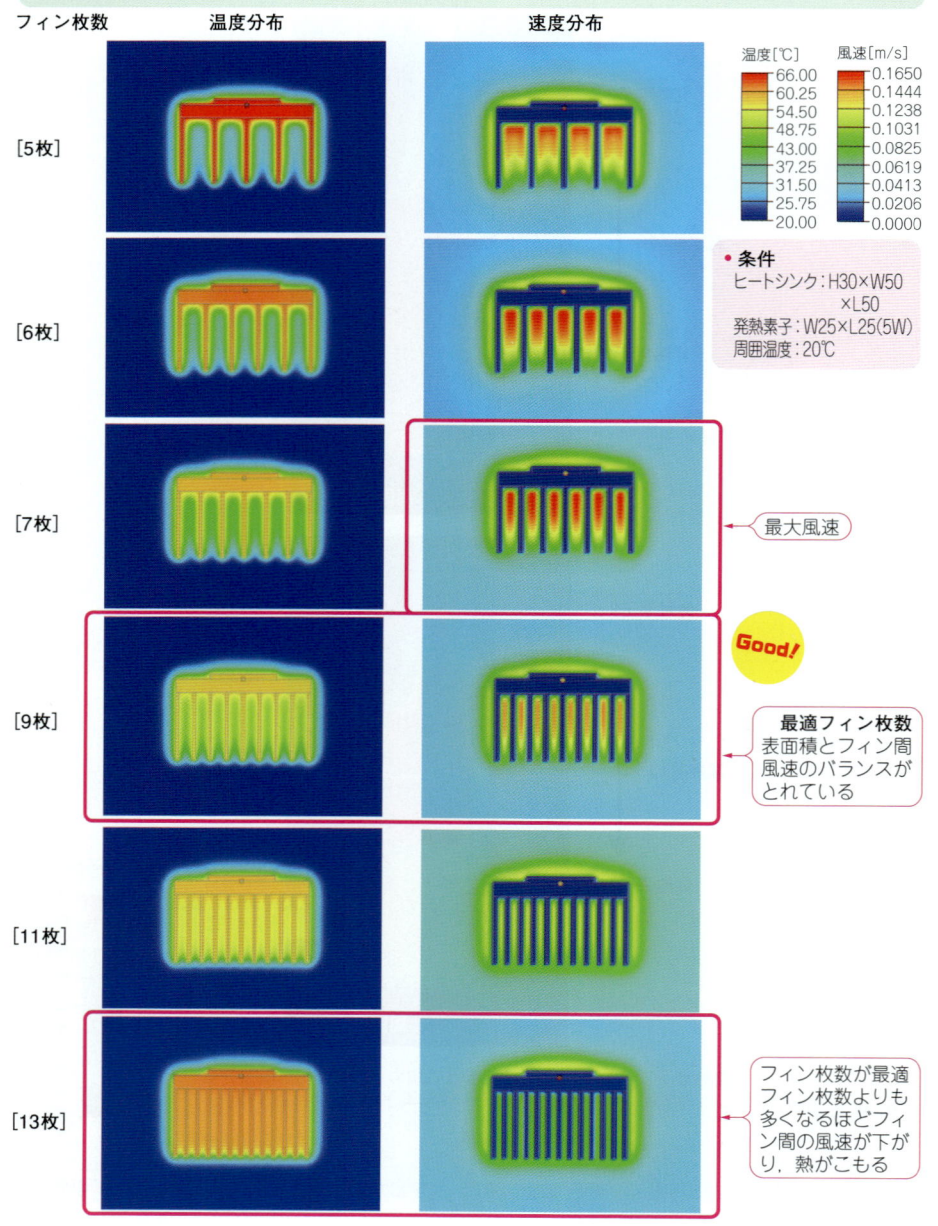

フィン枚数 / **温度分布** / **速度分布**

[5枚]

温度[℃]
- 66.00
- 60.25
- 54.50
- 48.75
- 43.00
- 37.25
- 31.50
- 25.75
- 20.00

風速[m/s]
- 0.1650
- 0.1444
- 0.1238
- 0.1031
- 0.0825
- 0.0619
- 0.0413
- 0.0206
- 0.0000

[6枚]

● **条件**
ヒートシンク：H30×W50
×L50
発熱素子：W25×L25(5W)
周囲温度：20℃

[7枚]

最大風速

[9枚]

Good!

最適フィン枚数
表面積とフィン間
風速のバランスが
とれている

[11枚]

[13枚]

フィン枚数が最適
フィン枚数よりも
多くなるほどフィ
ン間の風速が下が
り，熱がこもる

検証 10…ヒートシンクの材質「アルミ」と「銅」の影響（自然空冷）

放熱量が小さいと，「アルミ製ヒートシンク」と「銅製ヒートシンク」の放熱性能は
ほとんど変わらなくなる．

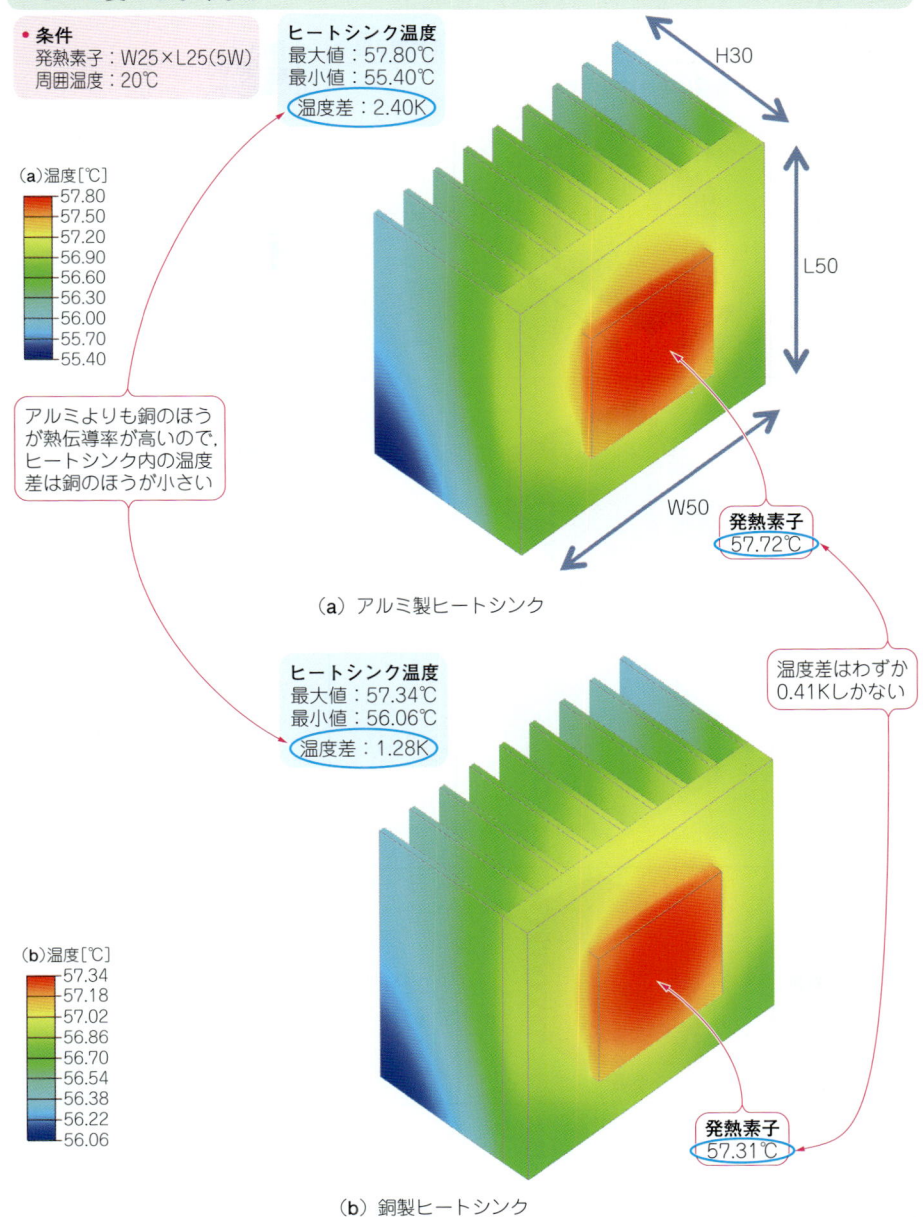

●条件
発熱素子：W25×L25（5W）
周囲温度：20℃

ヒートシンク温度
最大値：57.80℃
最小値：55.40℃
温度差：2.40K

(a)温度[℃]
- 57.80
- 57.50
- 57.20
- 56.90
- 56.60
- 56.30
- 56.00
- 55.70
- 55.40

アルミよりも銅のほう
が熱伝導率が高いので，
ヒートシンク内の温度
差は銅のほうが小さい

H30
L50
W50

発熱素子
57.72℃

（a）アルミ製ヒートシンク

ヒートシンク温度
最大値：57.34℃
最小値：56.06℃
温度差：1.28K

温度差はわずか
0.41Kしかない

(b)温度[℃]
- 57.34
- 57.18
- 57.02
- 56.86
- 56.70
- 56.54
- 56.38
- 56.22
- 56.06

発熱素子
57.31℃

（b）銅製ヒートシンク

検証 11…ヒートシンクの取り付け方向の影響（自然空冷）

自然空冷の場合，ヒートシンクの取り付け方向によって放熱性能が変わる．通常は，「垂直取り付け」の放熱性能が一番よく，次いで「水平上向き」，「水平下向き」，「水平横向き」の順になる．

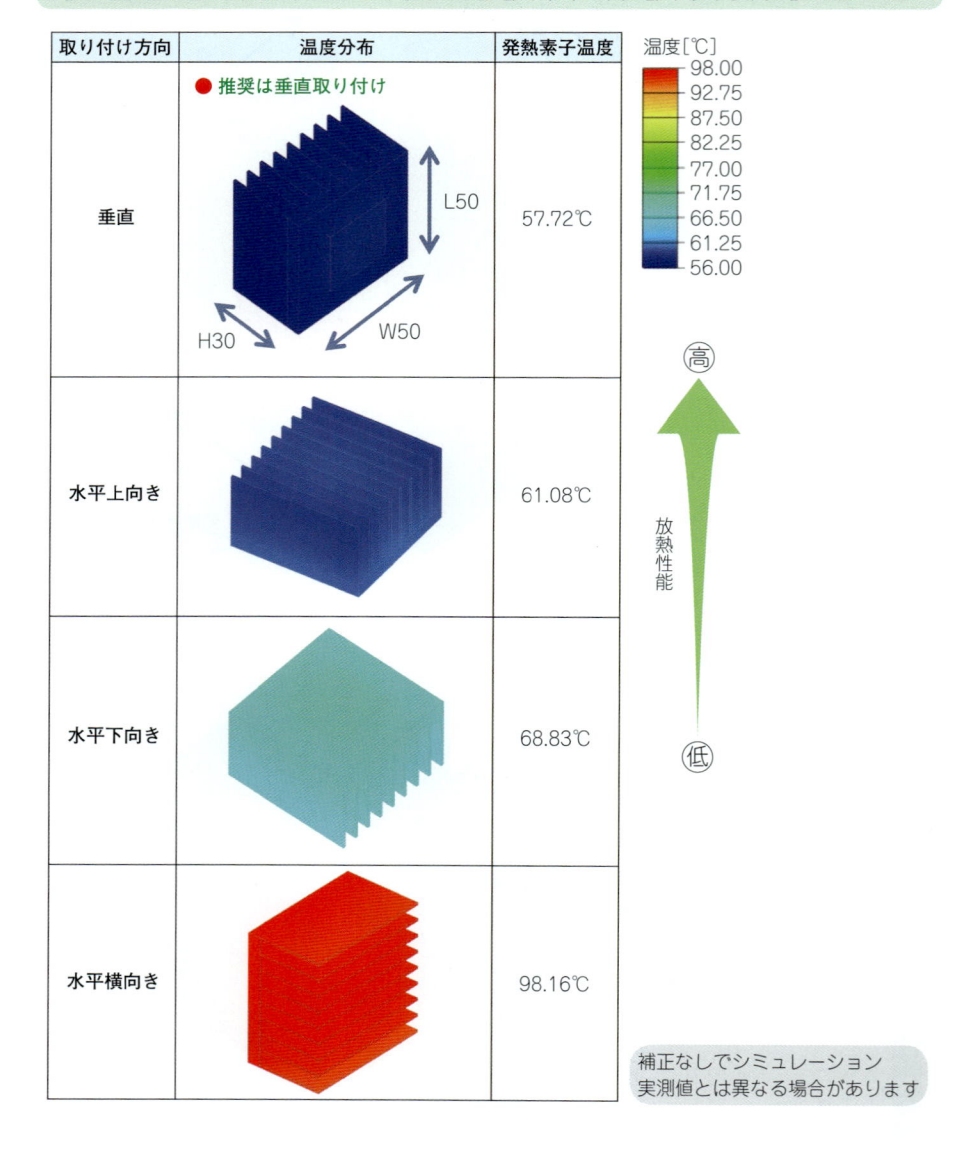

取り付け方向	温度分布	発熱素子温度
垂直	● 推奨は垂直取り付け L50 H30 W50	57.72℃
水平上向き		61.08℃
水平下向き		68.83℃
水平横向き		98.16℃

温度[℃]
98.00
92.75
87.50
82.25
77.00
71.75
66.50
61.25
56.00

高
放熱性能
低

補正なしでシミュレーション
実測値とは異なる場合があります

検証12…同一包絡体積における形状の影響（自然空冷）

同一包絡体積の場合，切断長を長くするよりも幅を広げたほうが，放熱性能が上がる．

● 同一温度範囲で比較

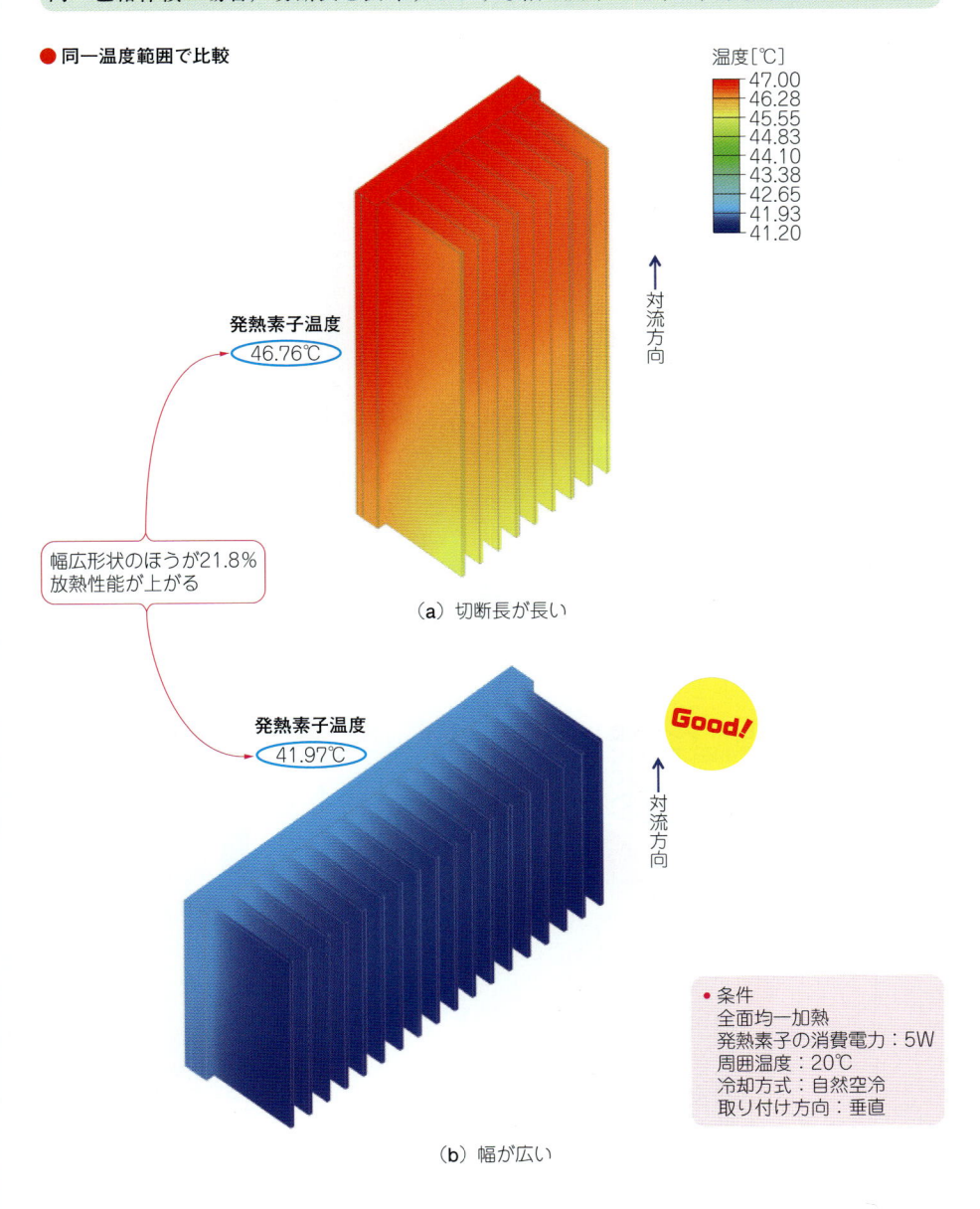

温度[℃]
- 47.00
- 46.28
- 45.55
- 44.83
- 44.10
- 43.38
- 42.65
- 41.93
- 41.20

対流方向

発熱素子温度
46.76℃

幅広形状のほうが21.8％放熱性能が上がる

（a）切断長が長い

発熱素子温度
41.97℃

Good!

対流方向

（b）幅が広い

- 条件
  全面均一加熱
  発熱素子の消費電力：5W
  周囲温度：20℃
  冷却方式：自然空冷
  取り付け方向：垂直

検証12…同一包絡体積における形状の影響（自然空冷）

同一包絡体積の場合，切断長を長くするよりも幅を広げたほうが，放熱性能が上がる．

● それぞれの最小値-最大値範囲で比較

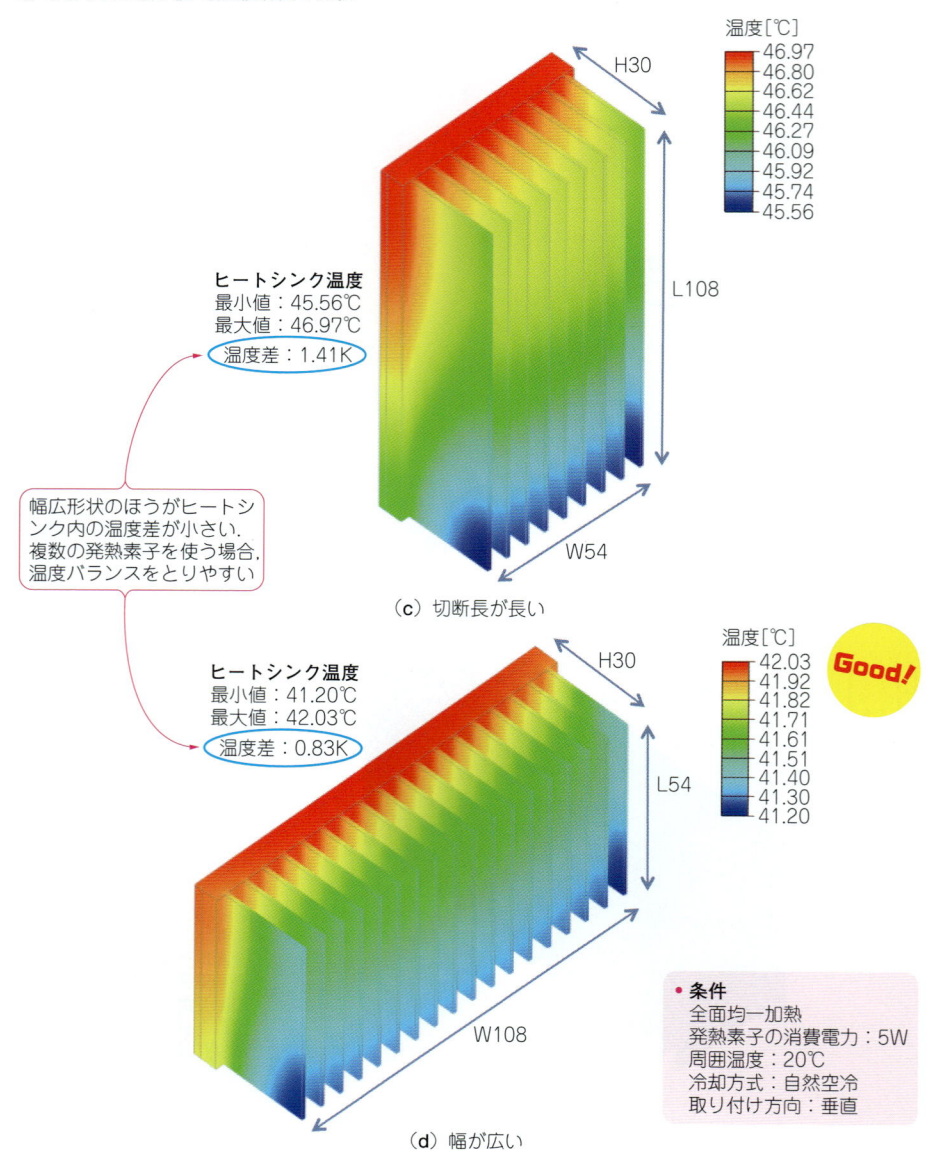

ヒートシンク温度
最小値：45.56℃
最大値：46.97℃
温度差：1.41K

温度[℃]
46.97
46.80
46.62
46.44
46.27
46.09
45.92
45.74
45.56

H30
L108
W54

（c）切断長が長い

幅広形状のほうがヒートシンク内の温度差が小さい．複数の発熱素子を使う場合，温度バランスをとりやすい

ヒートシンク温度
最小値：41.20℃
最大値：42.03℃
温度差：0.83K

温度[℃]
42.03
41.92
41.82
41.71
41.61
41.51
41.40
41.30
41.20

Good!

H30
L54
W108

（d）幅が広い

• 条件
全面均一加熱
発熱素子の消費電力：5W
周囲温度：20℃
冷却方式：自然空冷
取り付け方向：垂直

検証 13…ローレットの影響（自然空冷）

細かなローレットによって表面積を増やしても，実用上放熱性能は変わらない．

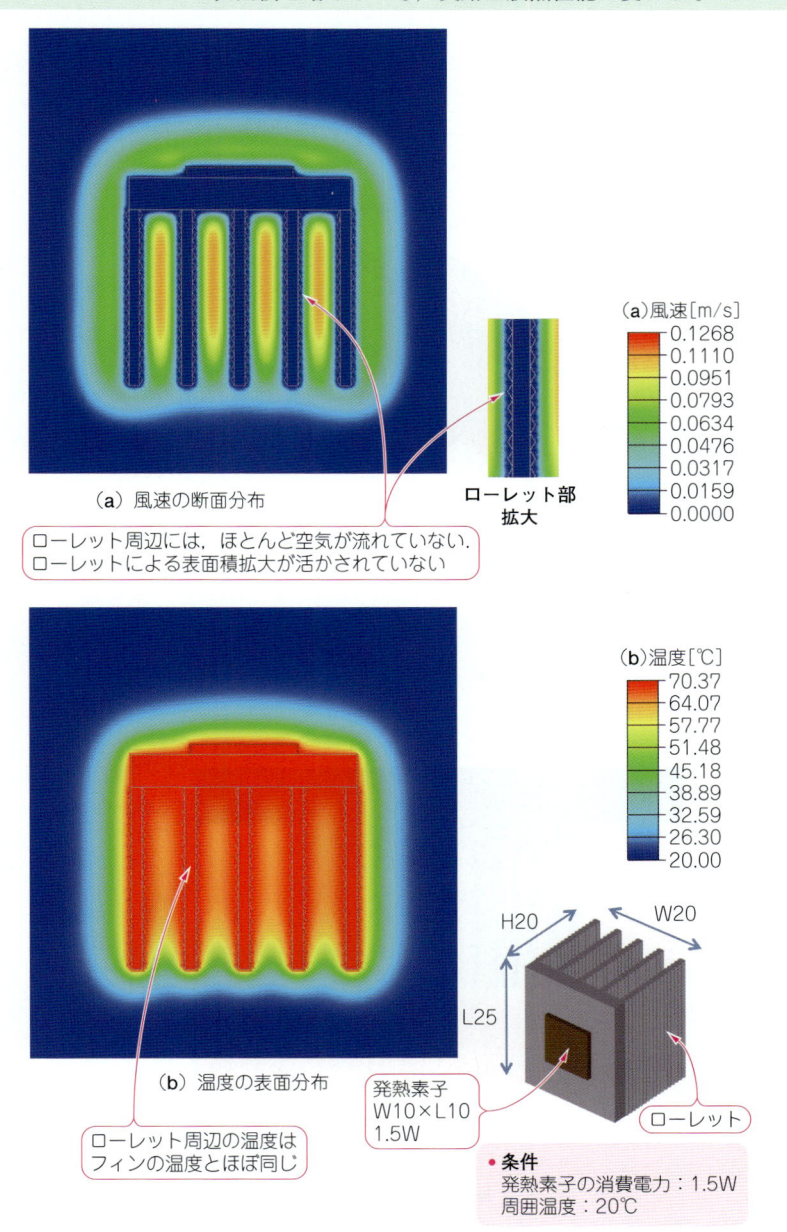

（a）風速の断面分布

ローレット部拡大

（a）風速[m/s]
0.1268
0.1110
0.0951
0.0793
0.0634
0.0476
0.0317
0.0159
0.0000

ローレット周辺には，ほとんど空気が流れていない．
ローレットによる表面積拡大が活かされていない

（b）温度の表面分布

（b）温度[℃]
70.37
64.07
57.77
51.48
45.18
38.89
32.59
26.30
20.00

ローレット周辺の温度は
フィンの温度とほぼ同じ

H20　W20
L25

発熱素子
W10×L10
1.5W

ローレット

● 条件
発熱素子の消費電力：1.5W
周囲温度：20℃

検証14…通風抵抗の影響（強制空冷）

強制空冷の場合，フィン間の通風抵抗が大きいほど風が周囲に逃げるので，放熱性能が下がる．

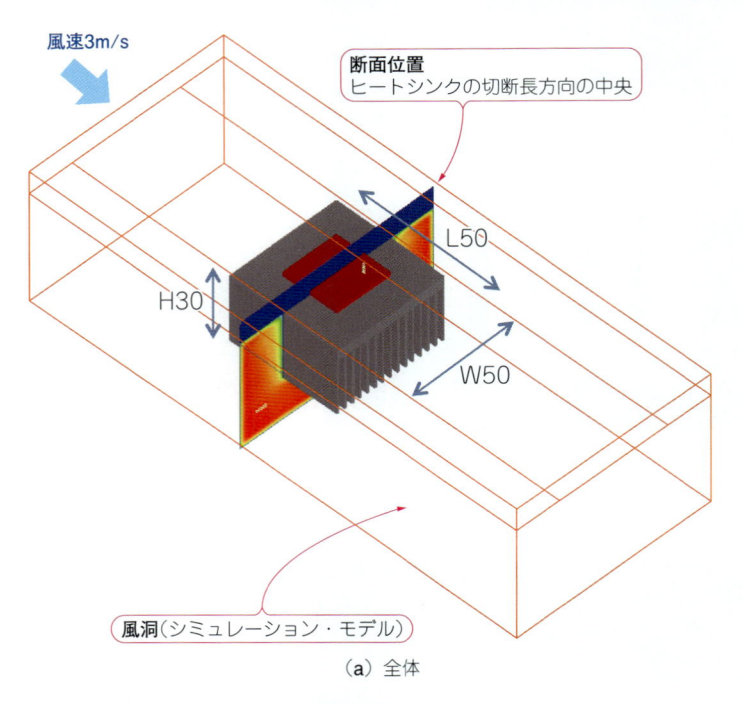

風速3m/s

断面位置
ヒートシンクの切断長方向の中央

L50

H30

W50

風洞（シミュレーション・モデル）

（a）全体

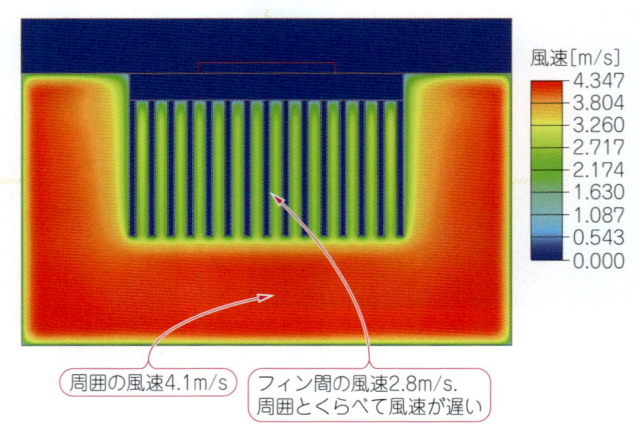

風速[m/s]
- 4.347
- 3.804
- 3.260
- 2.717
- 2.174
- 1.630
- 1.087
- 0.543
- 0.000

周囲の風速4.1m/s

フィン間の風速2.8m/s．
周囲とくらべて風速が遅い

（b）断面位置の拡大

検証15…境界層

対流距離が長くなるほど境界層が厚くなり，上部ほど放熱性能は低下する．長さを2倍にしても放熱性能は2倍にならない．

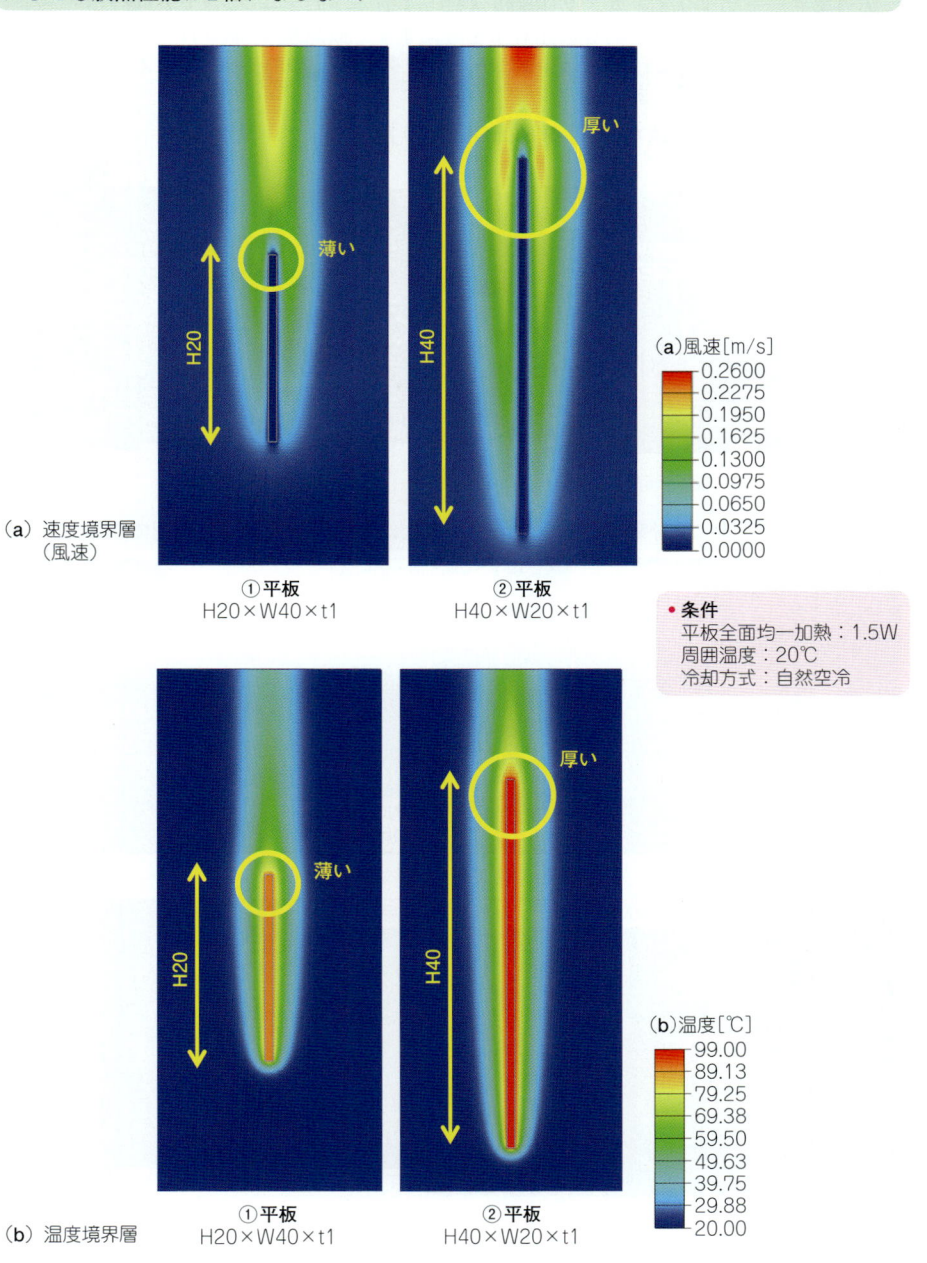

（a）速度境界層
　　（風速）

①平板
H20×W40×t1

②平板
H40×W20×t1

（a）風速[m/s]
- 0.2600
- 0.2275
- 0.1950
- 0.1625
- 0.1300
- 0.0975
- 0.0650
- 0.0325
- 0.0000

• 条件
平板全面均一加熱：1.5W
周囲温度：20℃
冷却方式：自然空冷

（b）温度境界層

①平板
H20×W40×t1

②平板
H40×W20×t1

（b）温度[℃]
- 99.00
- 89.13
- 79.25
- 69.38
- 59.50
- 49.63
- 39.75
- 29.88
- 20.00

検証16…放熱が必要な場所を検出する最新型「赤外線サーモグラフィ・カメラ」の効果

［検証方法］

赤外線サーモグラフィ・カメラ（R500EX-Pro：日本アビオニクス）でZYBOボード全体の温度を測定し，具体的な放熱対策を考えます．放熱条件（取り付け方向，ヒートシンクの表面処理，ZYNQ-7000とヒートシンク間の接触熱抵抗）を変えた場合の放熱効果の違いを確認します．

● 実験に使ったFPGAボード「ZYBO（Digilent）」

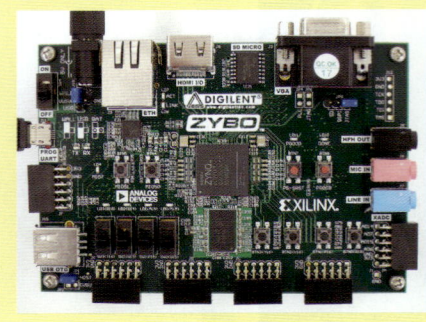

（a）表面　　　　　　　　　　　　　　（b）裏面

ZYNQ-7000以外に熱対策の必要な部品が基板上にないかを視覚的に確認できる．

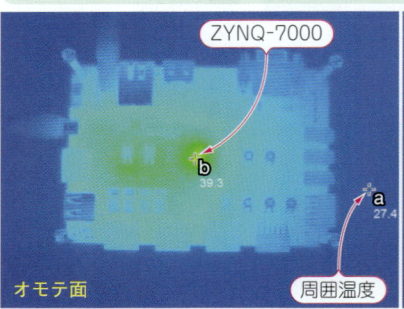
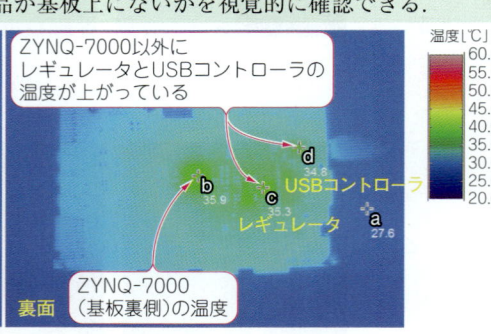

（a）電源投入時（基板への供給電力1.24W）

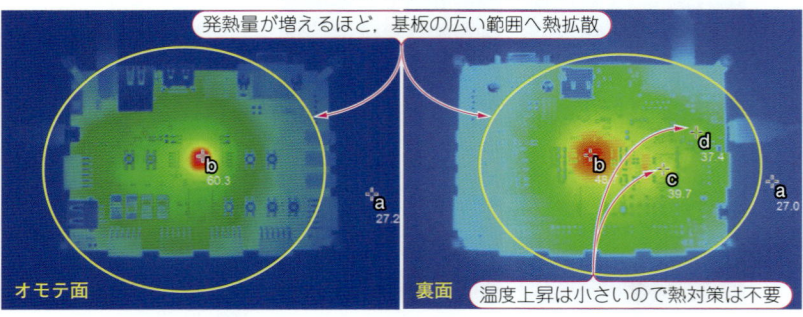

（b）消費電力のユニットを5個動作（基板への消費電力2.42W）

POWER ELECTRONICS

ヒートシンクとファンによる
熱設計の基礎と実践

熱しやすく冷めやすい先進半導体の最高性能を引き出す

深川栄生 [著]
Shigeo Fukagawa

CQ出版社

はじめに

　電子機器の小型化や，電子機器に使われている半導体素子の高速化・高集積化にともなって，半導体素子をとりまく温度環境は厳しさを増しています．
　半導体素子は熱に弱く，温度が上がるほど寿命が短くなります．場合によっては，壊れてしまうこともあります．
　「ヒートシンク」を使えば，効率良く半導体素子の温度を下げることができます．ただし，間違った選び方や使い方をすると，温度が下がらないばかりか，さまざまなトラブルの原因になります．

　本書では，ヒートシンクの正しい選び方や使い方，放熱性能の確認方法について実例をあげて解説します．プリント基板や筐体など，ヒートシンク以外の熱設計にも応用可能な内容になっています．

　執筆にあたり，次の点を考慮しました．
- ヒートシンクの素材としてもっとも活用されている「アルミ押出材」を使ったヒートシンクをメインに取り上げて解説します．
- 代表的な冷却方式である「自然空冷」と「強制空冷」に絞って解説します．
- 理論的に最適なヒートシンクであっても，さまざまな制限事項によって製品化できない場合があります．実用性を重視し，机上の空論にならないように，製品または製品化が可能なヒートシンクを取り上げて解説します．
- 目に見えずイメージしづらい「温度分布」や「流体の流れ」を，熱流体解析ツールを使って可視化して解説します．
- 熱設計に関する検証は「実測」が基本です．熱流体解析の検証にも実測は欠かせません．実測例と実測上の注意点を取り上げて解説します．

本書は7つの章で構成しています.

第1章 …… ヒートシンクの基礎知識

第2章 …… ヒートシンクを使いこなすための基礎知識

第3章 …… 熱設計に関する失敗事例(62事例)

第4章 …… DC-DCコンバータ回路による熱設計事例

第5章 …… FPGA開発ボード「ZYBO」による熱対策事例

第6章 …… アナログ回路シミュレータ「LTspice」による非定常熱解析

第7章 …… 「熱伝達率」の考え方と求め方

　本書でヒートシンクや熱設計についての理解を深め，実践に役立てていただければ幸いです.

　最後に，本書の出版にあたって尽力いただきましたCQ出版社の寺前裕司さんと堀越純一さんに感謝いたします.

2019年9月

深川　栄生

目次

本書は月刊『トランジスタ技術』2017年11月号 別冊付録 アナログウェア No.4
「まちがいだらけの熱対策 ホントにあった話30」の内容を再編集・加筆してまと
めたものです.

第1章
ヒートシンクの基礎知識

「ヒートシンク」を使えば，効率良く半導体素子の温度を下げることができます．
ただし，間違った選び方や使い方をすると，温度が下がらないばかりか，
さまざまなトラブルの原因になります．
本章では，ヒートシンクを選ぶために必要な「カタログ・データの見方」や
ヒートシンクを使うために必要な「熱設計の基本」について解説します．

1-1	カタログ・データの見方

● 垂直取り付けか？　水平取り付けか？

　本書では，図1に示すようにヒートシンクの各部名称を統一しています．

　ヒートシンクの取り付け方向は，大きく「垂直取り付け」と「水平取り付け」の
2つに分類されます．垂直取り付けとは，図2(a)に示すように，ヒートシンクの断
面を上下にした取り付け方です．また，水平取り付けとは，図2(b)，図2(c)，図

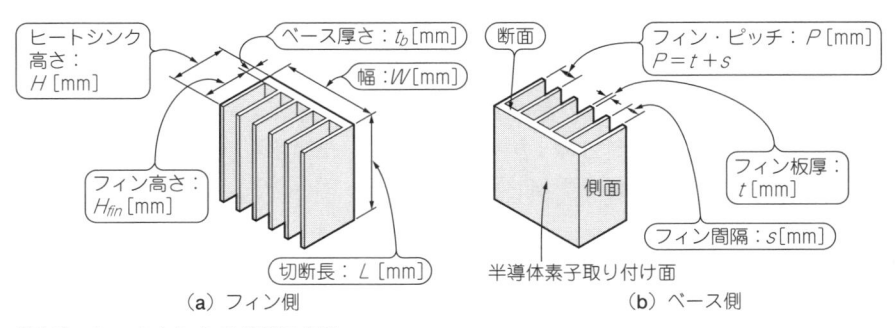

[図1]　ヒートシンクの各部の名称
フィン間隔sは，となりあうフィンの空間距離をいう．フィン間隔sにフィン板厚tをたした値がフィ
ンピッチになる($p = s + t$)

出典：深川 栄生：まちがいだらけの熱対策 ホントにあった話30，アナログウェア No.4，
トランジスタ技術，2017年11月号，別冊付録，CQ出版社．

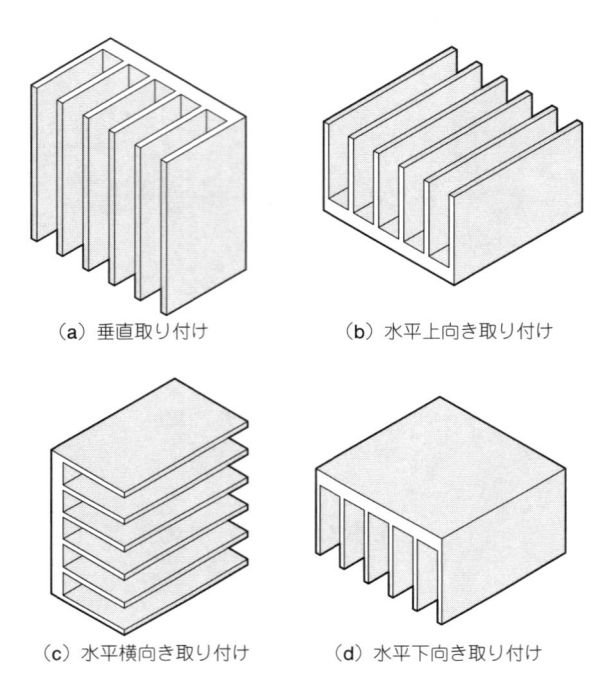

（a）垂直取り付け　　　　　　（b）水平上向き取り付け

（c）水平横向き取り付け　　　　（d）水平下向き取り付け

[図2] ヒートシンクの取り付け方向
出典：深川 栄生；まちがいだらけの熱対策 ホントにあった話30，アナログウェア No.4，トランジスタ技術，2017年11月号，別冊付録，CQ出版社．

2(d)に示すように，ヒートシンクの断面を横方向にした取り付け方です．

水平取り付けには，**図2(b)** の水平上向き取り付け，**図2(c)** の水平横向き取り付け，**図2(d)** の水平下向き取り付けの3方向があります．単に水平取り付けと呼ぶ場合は，**図2(b)** の水平上向き取り付けを指します．

● カタログ・データ掲載内容

一般にヒートシンクのカタログには製品名と外形図に加えてグラフと表が掲載されています．

グラフはヒートシンクの放熱性能を表しています．自然空冷と強制空冷では，グラフの横軸と縦軸の項目が異なります．

表にはグラフから読み取った熱抵抗の代表値を掲載しています．

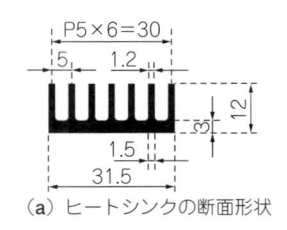

（a）ヒートシンクの断面形状

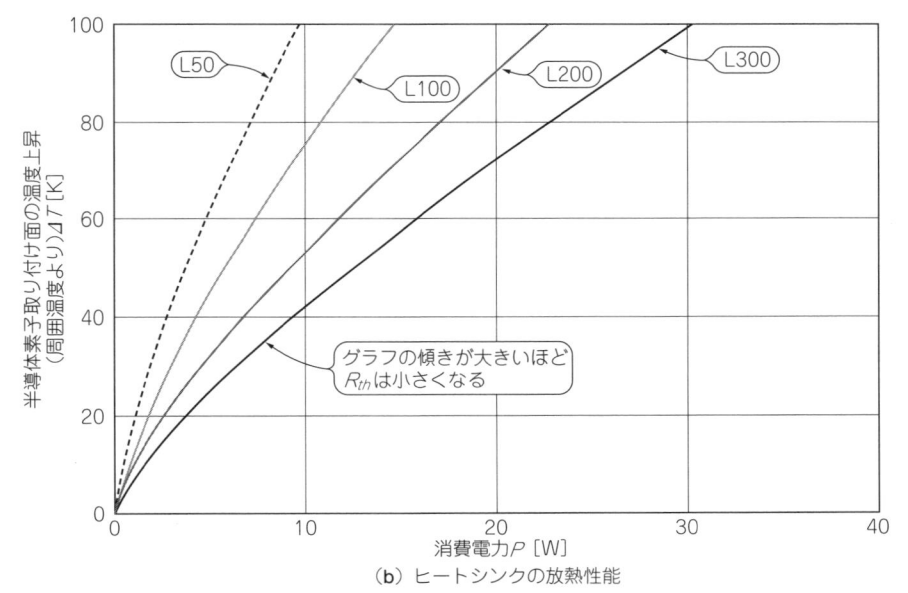

（b）ヒートシンクの放熱性能

[図3] 自然空冷用のヒートシンク（12BS031：三協サーモテック）

● 自然空冷か？ 強制空冷か？

▶自然空冷

　図3に示すヒートシンク12BS031（三協サーモテック）を例に自然空冷におけるカタログ・データについて，解説します．自然空冷のグラフは，図3(b)に示すように，横軸が半導体素子の消費電力P[W]，縦軸が半導体素子取り付け面の温度上昇ΔT[K]を表しています．

　グラフの傾き$\Delta T/P$が，熱抵抗R_{th}[K/W]になります．ΔTとPの値によって熱抵抗が変わるので，グラフは曲線になります．ΔTが大きいほど，傾きが小さくなりR_{th}が小さくなります．これは，ΔTが大きいほど対流が促進するためです．

[表1] 自然空冷用のヒートシンクの熱抵抗と質量(12BS031：三協サーモテック)

切断寸法 [mm]	熱抵抗 [K/W]	質量 [g]
L50	14.08	25
L100	8.85	49
L200	5.51	98
L300	4.02	147

$\Delta T = 50$ K時の代表値

[表2] 強制空冷用のヒートシンクの熱抵抗と質量(124CB124：三協サーモテック)

切断寸法 [mm]	熱抵抗 [K/W] 風速3 m/s時	質量 [g]
L50	0.356	625
L100	0.223	1249
L200	0.142	2498
L300	0.110	3747

$V = 3$ m/s時の代表値

　表1には代表値として$\Delta T = 50$ K時の熱抵抗を掲載しています．熱抵抗は，ΔTが50 Kより低い場合は代表値よりも大きくなり，50 Kより高い場合は代表値よりも小さくなります．

▶強制空冷

　図4に示すヒートシンク124CB124(三協サーモテック)を例に強制空冷におけるカタログ・データついて，解説します．強制空冷のグラフは，図4(b)に示すように，横軸が風速V[m/s]，縦軸が熱抵抗R_{th}[K/W]です．

　自然空冷の場合は，温度上昇ΔTによって熱抵抗R_{th}が変化しましたが，強制空冷の場合は強制的に空気を流すので，ΔTによるR_{th}の変化は実用上ありません．自然空冷のグラフと同様に横軸をP，縦軸をΔTとした場合のグラフは直線になります．直線の傾きであるR_{th}を縦軸にして，新たなパラメータとして風速Vを横軸としています．

　表2には，代表値として$V = 3$ m/s時の熱抵抗を掲載しています．

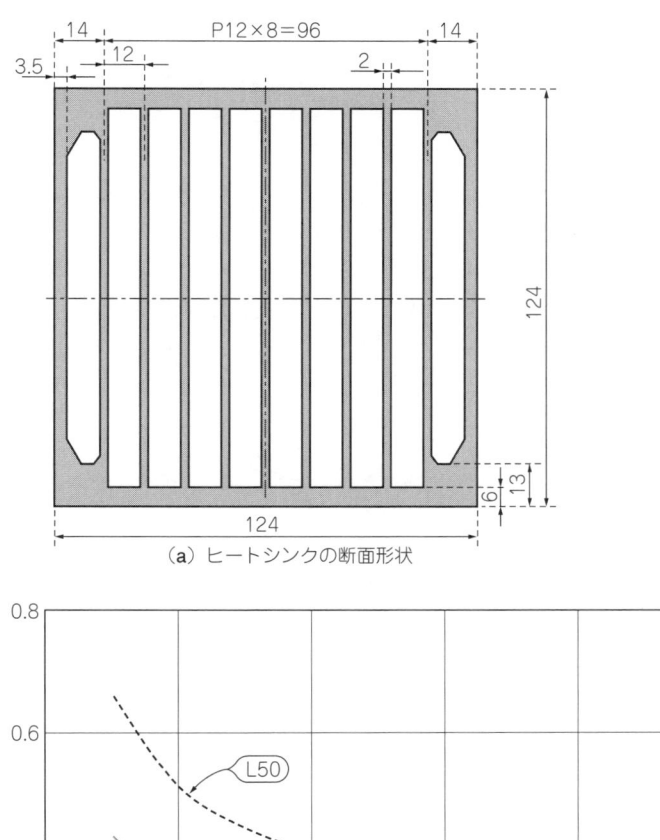

（a）ヒートシンクの断面形状

（b）ヒートシンクの放熱性能

ΔTに関係なくR_{th}は一定

熱抵抗 R_{th} [K/W]

風速 V [m/s]

[図4]　強制空冷用のヒートシンク（124CB124：三協サーモテック）

● ヒートシンクの性能は熱抵抗で表す

ヒートシンクの性能を表す代表的な値として，熱抵抗R_{th}[K/W]があります．

熱抵抗は単位消費電力P[W]あたりの温度上昇ΔT[K]で表されます．消費電力P[W]が同じ場合は，熱抵抗R_{th}[K/W]が小さいほど，温度上昇ΔT[K]も小さくなります．熱抵抗R_{th}[K/W]が小さいほど，放熱性能は高いといえます．

$$R_{th} = \Delta T / P \cdots\cdots (1)$$

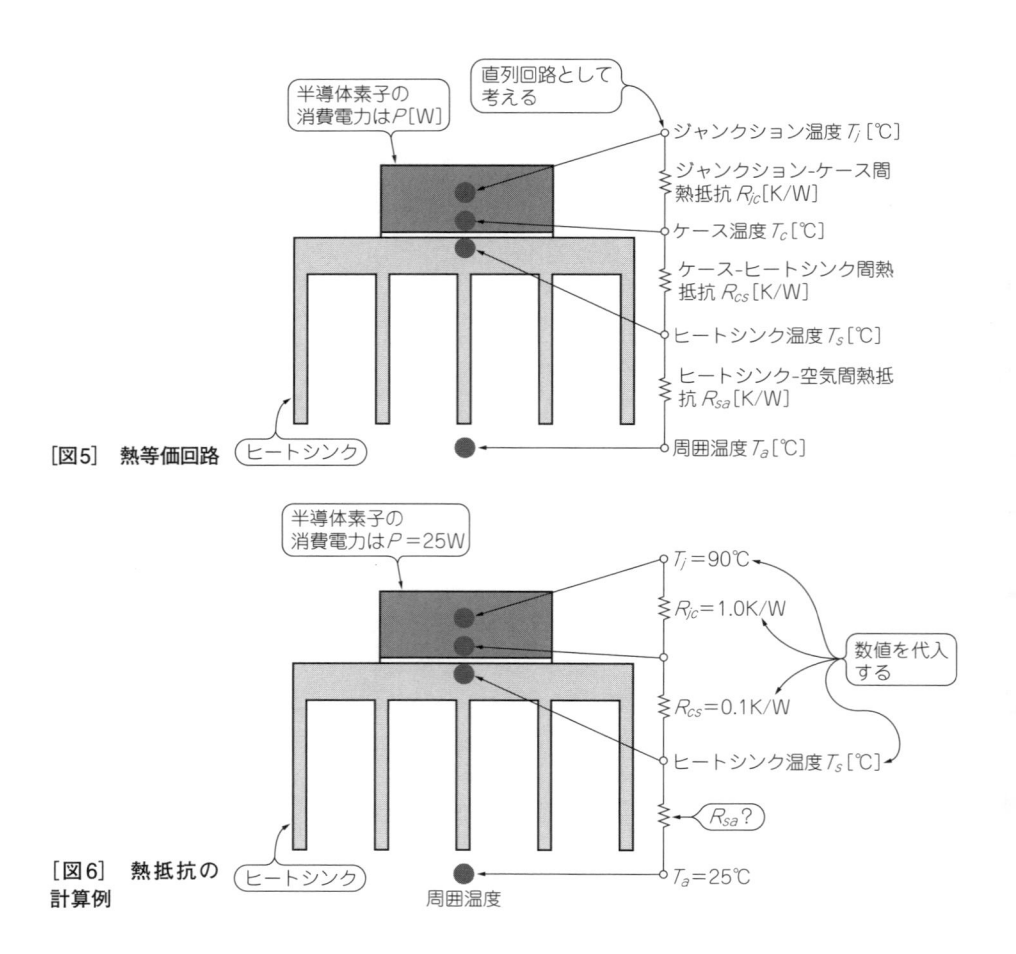

[図5] 熱等価回路

[図6] 熱抵抗の計算例

● 電気回路に置き換えると理解しやすい

　熱抵抗[K/W]は，電気抵抗[Ω]に置き換えて考えることができます．

　熱抵抗[K/W]を電気抵抗[Ω]に置き換えると，消費電力[W]が電流[A]，温度[K]が電圧[V]に相当します．

> 熱抵抗[K/W]→ 電気抵抗[Ω]
> 消費電力[W] → 電流[A]
> 温度[K]　　 → 電圧[V]

● 基本は直列回路

　半導体素子にヒートシンクを取り付けると，**図5**のように直列回路で考えることができるので次に示す関係が成り立ちます．

$$R_{jc} + R_{cs} + R_{sa} = (T_j - T_a)/P \cdots\cdots (2)$$

　例えば，**図6**に示すように，周囲温度$T_a = 25\,℃$，ジャンクション温度$T_j = 90\,℃$，半導体素子の消費電力$P = 25\,W$におけるヒートシンクの熱抵抗$R_{sa}[K/W]$を求めてみます．ジャンクション-ケース間熱抵抗を$R_{jc} = 1.0\,K/W$，ケース-ヒートシンク間熱抵抗を$R_{cs} = 0.1\,K/W$とします．

　式(2)より

$$R_{sa} = \frac{T_j - T_a}{P} - (R_{jc} + R_{cs})$$

$$= \frac{90 - 25}{25} - (1.0 + 0.1) = 1.5\,K/W \cdots\cdots (3)$$

となり，ヒートシンクの熱抵抗は$1.5\,K/W$となります．

温度の定義が約50年ぶりに改定

熱力学温度（絶対温度）の単位であるケルビンの定義が約50年ぶりに改定されました.

ここでは，2019年5月20日から適用された新しいSI基本単位と，SI基本単位の中で熱設計に一番関係の深いケルビンの定義について解説します.

● SI基本単位の改定

2018年11月16日にSI基本単位の定義を改定する決議案が第26回国際度量衡総会（CGPM）で承認され，2019年5月20日（世界計量記念日）から適用されました.

今回の改定は，国際単位系（SI）が誕生した1960年以降最大規模であり，7つのSI基本単位のうち，キログラム[kg]，アンペア[A]，ケルビン[K]，モル[mol]の4つの定義が見直されました.

改定により，全てのSI基本単位を基礎物理定数で表わすことができるようになり，特定の物質に頼らなくてすむようになりました.

● ケルビンの改定

▶定義

今回の改定でケルビンの定義が根本的に見直されました.

改定前は，水の状態が変化する温度を用いて「水の三重点の熱力学温度の273.16分の1」と定義されていましたが，改定後は，水に限定されることなく，温度と運動エネルギを関連付ける基礎物理定数「ボルツマン定数（$k_B = 1.380649 \times 10^{-23}$ J/K）」で定義されました.

▶改定前の問題点と解決策

改定前の定義では，水の三重点温度は高い精度で測定できますが，測定温度が水の三重点から離れるほど不確かさが大きくなり同じ精度で測定できないといった不安定要素がありました.

将来的に極高温や極低温での温度測定が困難になることも予想されます. 基礎物理定数で定義することにより，どの温度でも同等の精度で測定が行えるようになります. また，水という限定された物質に頼ることもなくなりました.

▶改定後の温度測定への影響

基礎物理定数を十分小さい不確かさで決定しているので，改定前に使っていた測定機を改定後も意識することなく引き続き使うことができます.

定義が変わったからといって，これまで使っていた温度計が使えなくなるということもありません.

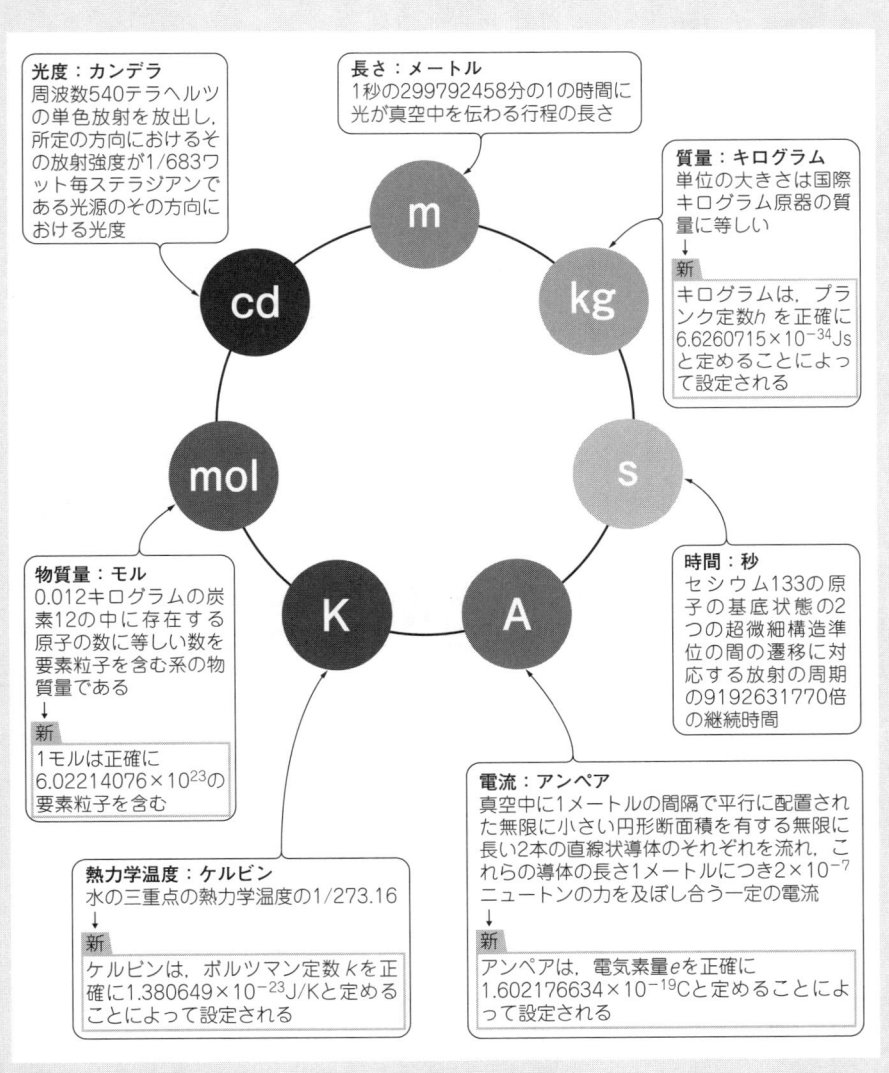

光度：カンデラ
周波数540テラヘルツの単色放射を放出し，所定の方向におけるその放射強度が1/683ワット毎ステラジアンである光源のその方向における光度

長さ：メートル
1秒の299792458分の1の時間に光が真空中を伝わる行程の長さ

質量：キログラム
単位の大きさは国際キログラム原器の質量に等しい
新
キログラムは，プランク定数hを正確に$6.6260715 \times 10^{-34}$Jsと定めることによって設定される

物質量：モル
0.012キログラムの炭素12の中に存在する原子の数に等しい数を要素粒子を含む系の物質量である
新
1モルは正確に$6.02214076 \times 10^{23}$の要素粒子を含む

熱力学温度：ケルビン
水の三重点の熱力学温度の1/273.16
新
ケルビンは，ボルツマン定数kを正確に1.380649×10^{-23}J/Kと定めることによって設定される

時間：秒
セシウム133の原子の基底状態の2つの超微細構造準位の間の遷移に対応する放射の周期の9192631770倍の継続時間

電流：アンペア
真空中に1メートルの間隔で平行に配置された無限に小さい円形断面積を有する無限に長い2本の直線状導体のそれぞれを流れ，これらの導体の長さ1メートルにつき2×10^{-7}ニュートンの力を及ぼし合う一定の電流
新
アンペアは，電気素量eを正確に$1.602176634 \times 10^{-19}$Cと定めることによって設定される

[図A]　2019年5月20日から適用された新しいSI基本単位
引用元：産総研Webサイト，https://www.aist.go.jp/aist_j/news/au20181116.html

単位系と単位

● 国際単位系(SI)

国際単位系(SI，The International System of Units)は1960年の国際度量衡総会で採択されたメートル系の標準的単位系です.

SIは合理的な単位系で一貫性があり，SIへの移行が世界的に進んでいます. SIは表Aに示す「基本単位」からなり，それ以外の単位は物理法則に従って組み合わせた「組み立て単位」で表します.

伝熱に関する組み立て単位を表Bに示します. これらの単位に表Cに示す「SI接頭語」をつけて10の整数乗倍で表記します. 伝熱に関する代表的な物理量と単位を表Dに示します.

[表A]　SI基本単位[1]

量	名　称	記　号
長さ length	メートル meter	m
質量 mass	キログラム Kilogram	kg
時間 time	秒 second	s
電流 electric current	アンペア ampere	A
熱力学温度 thermodynamic temperature	ケルビン Kelvin	K
物質量 amount of substance	モル mole	mol
光度 luminous intensity	カンデラ candela	cd

[表B]　SI組み立て単位[1]

量	名　称	記号	定　義
力 force	ニュートン newton	N	$kg \cdot m/s^2$
圧力・応力 pressure, stress	パスカル pascal	Pa	N/m^2
エネルギ・仕事・熱量 energy, work, heat	ジュール joule	J	$N \cdot m$
仕事率(工率) power	ワット watt	W	J/s
セルシウス温度 celsius temperature scale	セルシウス度 celsius degree	℃	$T[℃] = T[K] + 273.15$

● 温度の単位

温度の単位は，ケルビン[K]（熱力学温度の単位）またはセルシウス度[℃]（セルシウス温度の単位）で表します．

ケルビン[K]は表Aに示すように「基本単位」として扱われ，セルシウス度[℃]は表Bに示すように固有の名称をもつ「組み立て単位」として扱われます．

ケルビンで表した温度の数値Tとセルシウス度で表した温度の数値tとの間には

$$t[℃] = T[K] - 273.15$$

の関係があります．

図Bに主な温度におけるケルビンとセルシウス度の関係を示します．

● 本書であつかう温度の単位

本書では「温度」の表記に日常生活でなじみのあるセルシウス度[℃]を用い，それ以外の「温度差」や「物性値の単位」などの表記にはケルビン[K]を用います．

◆参考文献◆

(1) 日本機械学会；JSMEテキスト・シリーズ，伝熱工学.

[表C] SI 接頭語(1)

倍数	接頭語	記号
10^{18}	エクサ	E
10^{15}	ペタ	P
10^{12}	テラ	T
10^9	ギガ	G
10^6	メガ	M
10^3	キロ	k
10^2	ヘクト	h
10^1	デカ	da
10^{-1}	デシ	d
10^{-2}	センチ	c
10^{-3}	ミリ	m
10^{-6}	マイクロ	μ
10^{-9}	ナノ	n
10^{-12}	ピコ	p
10^{-15}	フェムト	f
10^{-18}	アト	a

[表D] 伝熱の物理量と単位(1)

物理量	単位
体積	m^3
密度	kg/m^3
速度・流速	m/s
熱容量	J/K
比熱	$J/(kg・K)$
伝熱量	W
熱流束	W/m^2
熱伝導率	$W/(m・K)$
熱伝達率	$W/(m^2・K)$
熱拡散率	m^2/s
粘度	$Pa・s$
動粘度	m^2/s
表面張力	N/m
質量濃度	kg/m^3
物質伝達率	$kg/(m^2・s)$
物質拡散係数	m^2/s

間違いやすい

373.15K —— 100℃（水の沸点[標準状態下]）
273.16K —— 0.01℃（水の三重点）
273.15K —— 0℃（水の融点[標準状態下]）
0K —— −273.15K

[図B] ケルビンとセルシウス度の相関関係

ヒートシンクの製品情報や技術情報を入手する方法

　本書で紹介している三協サーモテック製のヒートシンクの詳しい情報は，図Cに示すWebカタログでご覧いただけます．

　ヒートシンクに関する製品情報や技術情報を三協サーモテック社のホームページ（http://www.sankyo‐thermotech.jp/）で公開しています．

　[図C]　三協サーモテックヒートシンクWEBカタログNo.201901（http://apps.st-grp.co.jp/iportal/CatalogViewInterfaceStartUpAction.do?method = startUp&mode = PAGE&catalogCategoryId = &catalogId = 13174660000&pageGroupId = 1&volumeID = SMTWC001&designID = SMTR001）

JIS規格の内容を確認する方法

　日本工業標準調査会のホームページ（http://www.jisc.go.jp/app/jis/general/GnrJISSearch.html）で，JIS規格の内容を閲覧できます（図D）．

　「規格番号」，「規格名称」および「使用されている単語」から検索可能です．

　[図D]　JIS規格の内容を公開している日本工業標準調査会のホームページ

第2章

伝熱の基礎と温度測定

本章では，ヒートシンクを使いこなすために必要な基礎知識について解説します．
ヒートシンクを使いこなすためには，「冷却方式」や「伝熱」，
「温度測定」に関する知識が必要になります．
更に，「ヒートシンクの種類や特徴」に関する知識も必要です．

2-1	冷却方式

　冷却方式やヒートシンクの種類を知らないと，熱設計をどのように進めてよいのか見当がつきません．放熱のことを考えずに設計を進めて，設計途中で半導体素子の温度が上がりすぎていることに気付き，ヒートシンクを追加しなければならなくなり，開発の遅れやコストアップにつながることがあります．

● 冷却方式の種類と特徴

　冷却方式を知っていると，設計の初期段階において，冷却方式にあわせた装置構造を決められるので，効率よく設計を進めることができます．

　ヒートシンクの冷却方式には，「自然空冷」，「強制空冷」，「強制液冷」があります．電子機器やプリント基板の放熱には，自然空冷と強制空冷がよく使われます．

▶自然空冷

　自然に発生する対流を利用して冷却する方式です．ヒートシンクの温度が上がると，ヒートシンクの回りの空気が温められて軽くなり，自然に対流が発生します．冷却のために特別な装置は必要ありません．

▶強制空冷

　ファンなどを使って強制的に空気を流して冷却する方式です．自然空冷よりも放熱性能が上がるので，ヒートシンクを小さくできます．

▶強制液冷

　ポンプなどを使って強制的に液体を流して冷却する方式です．強制空冷よりも放

シリーズ名	外　観	固定方法		推奨基板取付方向	特　徴
		半導体素子	基　板		
PH		ワンタッチ	–	水平	クリップ・タイプで半導体素子にワンタッチで実装可能
IC		ねじ	ねじ	水平	はんだ付けできない場合に使用
UOT		ワンタッチ	はんだ付け	水平	ばねで半導体素子にワンタッチ固定
OSH		ねじ	はんだ付け	水平	水平取り付け基板用スタンダード・タイプ

（a）プリント基板搭載用ヒートシンク

［図1］　空冷用ヒートシンクの種類（三協サーモテック）

熱性能が上がります.

2-2　ヒートシンクの種類

図1に主な空冷用ヒートシンクを紹介します.

● プリント基板搭載用ヒートシンク

図1(a)に示すプリント基板搭載用ヒートシンクは，プリント基板上に実装した半導体素子に取り付けて使います. 基板に固定する方法として，「ねじ固定」，「丸ピンはんだ付け」，「端子はんだ付け」などがあります.

シリーズ名	外　観	固定方法		推奨基板取付方向	特　徴
		半導体素子	基　板		
OSV		ねじ	はんだ付け	垂直	垂直取り付け基板用スタンダード・タイプ
NOSV		ねじ	はんだ付け	垂直	端子自動機加工タイプ
FSH		はんだ付け	はんだ付け	垂直	表面実装半導体素子用.固定は端子はんだ付け
IC		接着/熱伝導シートなど	－	垂直/水平	風の流れる方向に影響されない

● **自然空冷用ヒートシンク**

　図1(b)に示す自然空冷用ヒートシンク「BSシリーズ」は，民生機器から産業機器まで幅広い分野で使われているヒートシンクです．主に自然空冷用として使われます．

● **強制空冷用ヒートシンク**

　図1(b)に示す強制空冷用ヒートシンクは，強制空冷において放熱性能を発揮するように設計したヒートシンクです．主に発熱量の多い産業機器や重電機器などに使われます．

用　途	シリーズ名	外　観	特　徴
自然空冷用ヒートシンク	BS		押出形材による，くし型形状．民生機器から産業機器まで幅広い用途に使用可能
強制空冷用ヒートシンク	FPK		かしめ接合によりフィン板厚，フィン・ピッチの自由度が高く，最適設計が可能
	WC		コルゲート・フィンの採用により，フィンの薄型化を実現．隣接フィンとの接触のない安定した構造
	CB		押出一体形材による風洞型素子4面実装タイプ
	WKBS		かしめ接合による狭ピッチ風洞型素子両面実装タイプ
	WBSX		押出形材組み合わせによる設計自由度の高い風洞型素子4面実装タイプ

（b）自然空冷や強制空冷用のヒートシンク

[図1]　空冷用ヒートシンクの種類（三協サーモテック）（つづき）

● 最適なヒートシンクを選ぶことが重要

　より適しているヒートシンクがあるにもかかわらず，知らないばかりに取り付けで苦労したり，ヒートシンクの放熱性能を活かしきれなかったりする場合があります．

例えば，プリント基板用ヒートシンクにおいて，基板への固定方法やヒートシンクの取り付け方向が適していないヒートシンクを選ぶと，固定に苦労をしたり，放熱性能が悪くなったりします．

2-3	熱の伝わり方の基礎

● 熱の伝わり方は3形態
　熱の伝わり方には，表1に示す「熱伝導」「対流熱伝達」「熱放射」の3つの形態があります．

　熱の伝わり方がわかれば，半導体素子で発生した熱が周囲の空気までどのように伝わるかイメージできます．ヒートシンクに限らず装置全体の熱設計に活かせます．
▶熱伝導[1]
　結合している分子や原子間の振動の伝播や自由電子の移動，分子同士の衝突などにより，巨視的に高温部から低温部へ熱エネルギが移動する現象を「熱伝導」といいます．熱伝導は，固体だけではなく，静止した気体や液体などの流体でも起こります．
▶対流熱伝達[1]
　固体表面と，固体表面に触れる流体との間に温度差があるとき，両者の間に生ずる熱移動を「対流熱伝達」といいます．「熱伝達」という場合もあります．
　流体の流れをファンなどで強制的に起こす場合を「強制対流熱伝達」といい，流体内の温度の不均一にもとづく密度差によって流動が誘起されている場合を「自然対流熱伝達」といいます．両者が同時に起こっている場合を「共存対流熱伝達」といいます．
▶熱放射[1]
　物質のもつエネルギを，電磁波の形で放出したり，電磁波を吸収して励起したりする現象を「放射」といいます．熱に関する放射を「熱放射」といいます．「熱ふく射」という場合もあります．
　熱伝導と対流熱伝達は熱を伝えるための媒体が必要ですが，熱放射は媒体のない

[表1]　熱の伝わり方の3形態[1]
（熱伝導，対流熱伝達，熱放射）

熱の伝わり方	原　理
熱伝導	物体内の温度こう配による熱移動
対流熱伝達	流体の移動による熱移動
熱放射	電磁波による熱移動

真空中でも起こります.

　ここからは，3つの伝熱形態である「熱伝導」，「対流熱伝達」，「熱放射」それぞれの熱抵抗の基本式を使って，ヒートシンクの設計ポイントについて解説します.

2-4	熱伝導

● 熱抵抗の基本式

　熱伝導における熱抵抗の基本式を次に示します.

$$R_{th\,(\mathrm{cond})} = \frac{L}{\lambda\,A} \quad\cdots\cdots\cdots\cdots\cdots\cdots\cdots\cdots\cdots\cdots\cdots\cdots\cdots\cdots\cdots (1)$$

　ただし，$R_{th\,(\mathrm{cond})}$：熱伝導熱抵抗[K/W]，λ：熱伝導率[W/(m・K)]，A：伝熱面積[m^2]，L：距離[m]

　式(1)から，熱伝導率を高く，距離を短く，伝熱面積を広くすれば，熱抵抗が小さくなることがわかります.

● 熱伝導率と密度

　代表的な物質の熱伝導率を**図2**に，密度を**図3**に示します. 金属の熱伝導率は，空気の約10000倍，樹脂の約1000倍あります.

▶アルミと銅の比較

　熱伝導率と密度のバランスがとれているアルミが，ヒートシンクの材料として最も多く使われています. 次に銅がよく使われていますが，**表2**に示すように銅はアルミに比べて重く（密度3.3倍），材料費が高い（同一体積において8.3倍）ので，用途が限られます.

▶アルミ合金の熱伝導率

　図4に，純アルミとアルミ合金の熱伝導率を示します. 純アルミに比べるとアルミ合金の熱伝導率は低く，合金によっては最大2倍以上の差があります.

[表2]　アルミと銅の比較

※2019年6月現在

材質	密度 [$\mathrm{kg/m}^3$]	熱伝導率 [W/(m・K)]	基準価格※ [円/kg]	体積あたりの材料費 [円/m^3]
アルミ	2688	237	270	725,760
銅	8880	398	680	6,038,400
銅／アルミ比	3.3	1.7	2.5	8.3

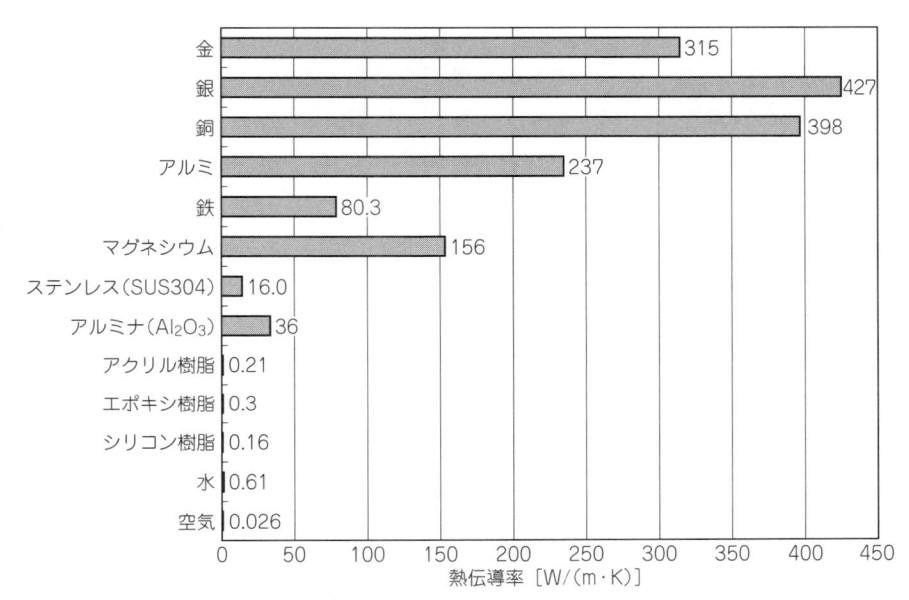

[図2]　代表的な物質の熱伝導率[1]
金属の熱伝導率は，空気の約10000倍，樹脂の約1000倍

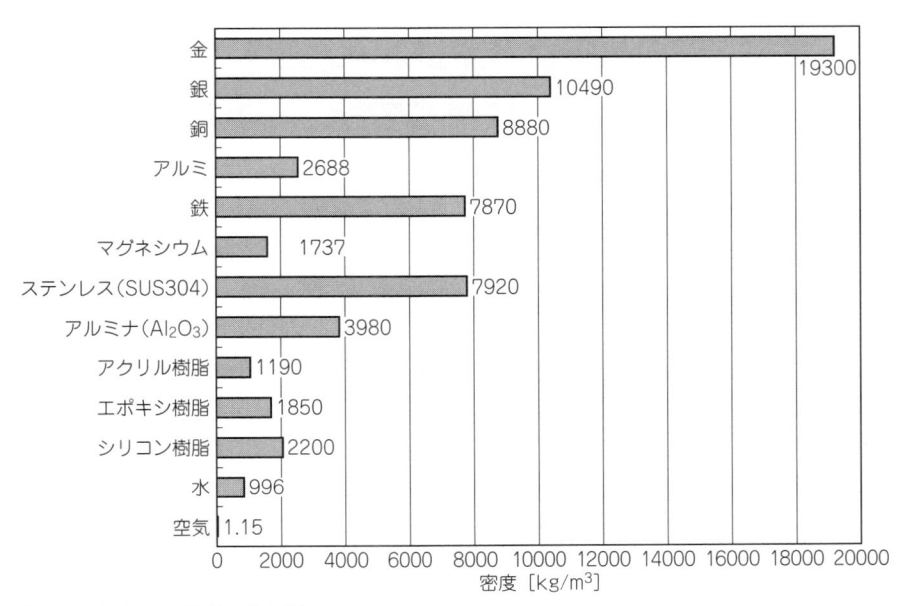

[図3]　代表的な物質の密度[1]

● 接触面の距離を短くした場合

　図5に示すのは，ヒートシンクとの接触面積が10×10 mm^{2}の発熱素子を，熱伝導率の高い銅製のヒート・スプレッダを使って熱拡散した場合の解析モデルです．

　図6(a)は熱伝導シートの厚さが1 mm，図6(b)は0.5 mmでの解析結果です．熱伝導シートを薄くすれば接触面間の距離が短くなり，放熱性能は上がります．

● 伝熱面積を広くした場合

　ヒート・スプレッダの面積を広くした場合について解説します．

　図7(a)は図6(b)と同じ解析モデルです．ヒート・スプレッダの面積は図7(a)が20×20 mm^2，図7(b)が40×40 mm^{2}です．

　ヒート・スプレッダの面積が広いほど熱が拡がりやすくなり，放熱性能は上がります．

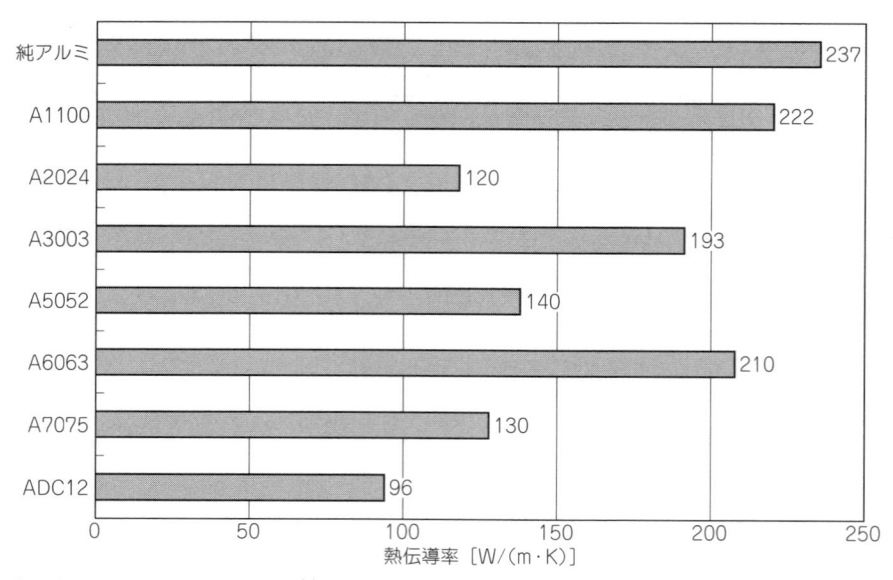

[図4]　アルミ合金の熱伝導率[1]
純アルミに比べるとアルミ合金は熱伝導率が低い

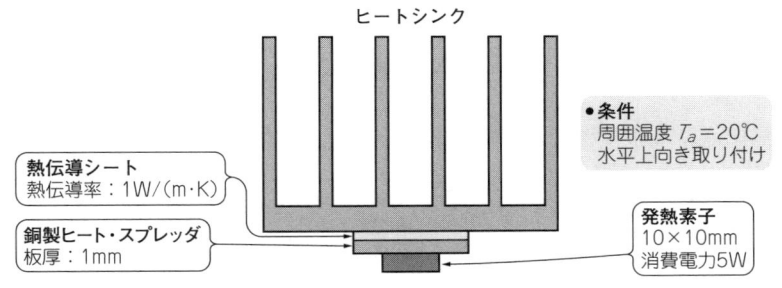

ヒートシンク

・条件
周囲温度 $T_a=20℃$
水平上向き取り付け

熱伝導シート
熱伝導率：1W/(m·K)

銅製ヒート・スプレッダ
板厚：1mm

発熱素子
10×10mm
消費電力5W

[図5]　熱伝導シートとヒート・スプレッダを使った解析モデル

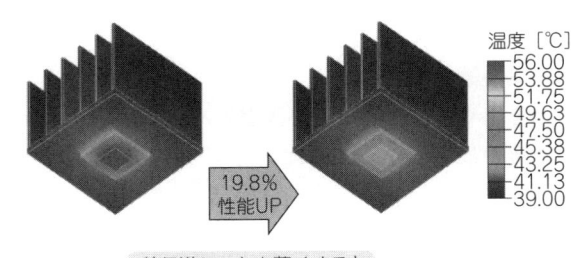

温度［℃］
56.00
53.88
51.75
49.63
47.50
45.38
43.25
41.13
39.00

19.8%
性能UP

[図6]　熱伝導シートの厚みの違いによる影響（結果：カラー・ページp.1，検証1参照）

熱伝導シートを薄くすると放熱性能は向上する

(a) 熱伝導シート $t=1.0mm$
温度55.7℃

(b) 熱伝導シート $t=0.5mm$
温度49.8℃

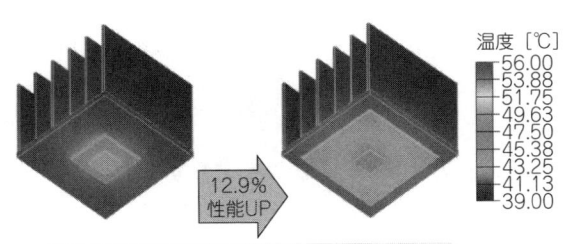

温度［℃］
56.00
53.88
51.75
49.63
47.50
45.38
43.25
41.13
39.00

12.9%
性能UP

[図7]　熱伝導シート，ヒート・スプレッダ・サイズの違いによる影響（結果：カラー・ページp.1，検証1参照）

スプレッダ面積を広げると放熱性能は向上する

(a) 放熱シート，スプレッダ
面積 $S=20×20mm^2$
温度49.8℃

(b) 放熱シート，スプレッダ
面積 $S=40×20mm^2$
温度46.4℃

対流熱伝達における熱抵抗の基本式を次に示します.

$$R_{th(\text{conv})} = \frac{1}{h \cdot A} \quad\text{.. (2)}$$

ただし，$R_{th(\text{conv})}$：対流熱伝達熱抵抗[K/W]，h：熱伝達率[W/(m^2・K)]，A：伝熱面積[m^2]

式(2)から，熱伝達率を高く，伝熱面積を広くすれば，熱抵抗が小さくなることがわかります.

ここでは，フィンを放射状に配列したLED用ヒートシンクを取り上げて自然空冷における最適な形状について解説します. 自然空冷では，フィン枚数を増やして伝熱面積を広くすれば熱抵抗が下がるわけではありません.

熱抵抗が最小となる最適なフィン間隔があります.

● 熱伝達率と伝熱面積のバランス

図8に，LED用ヒートシンクの解析モデルと解析条件を示します. ヒートシンクを垂直に取り付け，発熱素子であるLEDモジュールをヒートシンクの下端面に取り付けます.

図9にフィン枚数が24枚の場合のヒートシンクの断面形状と質量を，図10に解析結果を示します. 図10(a)の断面速度分布から，フィン間の速度が遅く対流が妨げられていることがわかります. フィン枚数を減らし，フィン間隔を広げる必要があります.

● 最適フィン枚数までフィンを減らす

図11にフィンを24枚から18枚に減らしてフィン枚数の最適化を図った場合の断

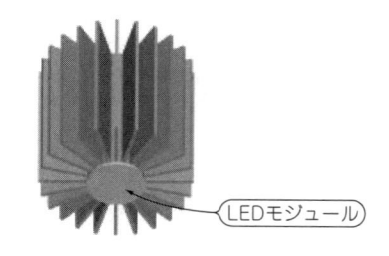

■条件
● 自然空冷
● 垂直取り付け
● 切断長：∠80mm
● 断面直径：φ80mm
● LED消費電力：8W
● 周囲温度：30℃

[図8] LED用ヒートシンクの解析モデルと解析条件

LEDモジュール

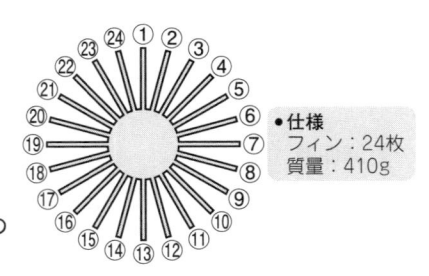

• 仕様
フィン：24枚
質量：410g

[図9] フィン枚数が24枚の場合の
ヒートシンクの断面形状と質量

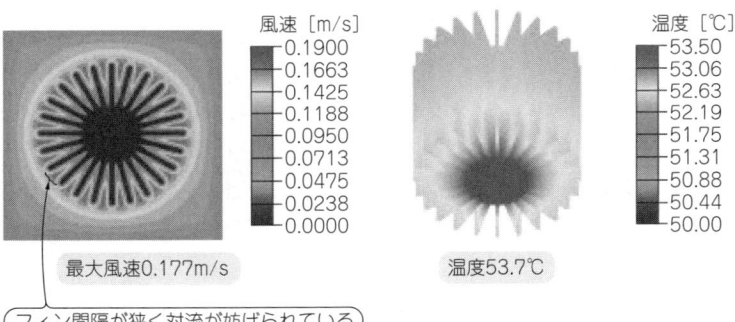

風速［m/s］
0.1900
0.1663
0.1425
0.1188
0.0950
0.0713
0.0475
0.0238
0.0000

温度［℃］
53.50
53.06
52.63
52.19
51.75
51.31
50.88
50.44
50.00

[図10] フィン枚数が24枚の場合のヒートシンクの解析結果（結果：カラー・ページp.1, 検証2参照）

最大風速0.177m/s

フィン間隔が狭く対流が妨げられている

（a）断面速度分布　　　　（b）表面温度分布

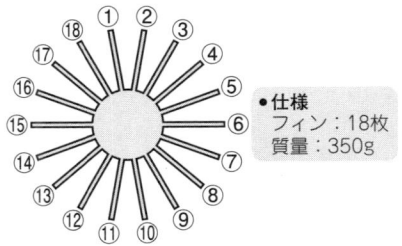

• 仕様
フィン：18枚
質量：350g

[図11] フィン枚数が18枚の場合
のヒートシンクの断面形状と質量

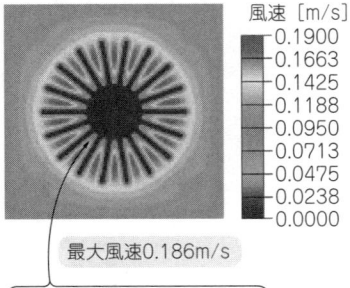

風速［m/s］
0.1900
0.1663
0.1425
0.1188
0.0950
0.0713
0.0475
0.0238
0.0000

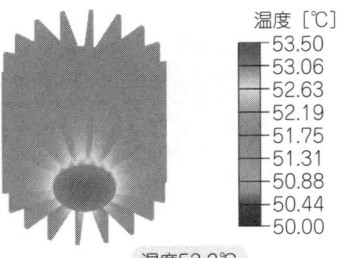

温度［℃］
53.50
53.06
52.63
52.19
51.75
51.31
50.88
50.44
50.00

[図12] フィン枚数が18枚の場合のヒートシンクの解析結果（結果：カラー・ページp.1, 検証2参照）

最大風速0.186m/s

フィン間隔が狭い根元付近の対流が妨げられている

温度53.2℃

• 図9と比較して図11は同一包絡体積でありながら2つの優位性がある
①14.6％軽量化
②2.2％放熱性能アップ

（a）断面速度分布　　　　（b）表面温度分布

面形状と質量を，図12に解析結果を示します．図9のヒートシンクの形状に比べて2.2％放熱性能が上がり，14.6％軽量化できました．

● 平行フィンで対流促進

　図11の形状は，まだ改良点があります．図12(a)の断面風速分布をみると，狭くなっているフィンの根元付近の対流が妨げられています．フィンをなるべく平行に配列し，対流が妨げられている部分を減らしてフィン形状を最適化します．

　最適化したヒートシンクの断面形状を図13，解析結果を図14に示します．図14(a)の速度分布を見ると，フィンの根元付近まで対流が発生していることがわかります．図11のヒートシンク形状よりもさらに放熱性能が5.5％上がり，1.4％軽量化できました．

　いかに対流を妨げずに伝熱面積を広げるかが，放熱性能を高めるためのポイントです．図13の最適形状を応用した製品が，写真1のCRシリーズです．

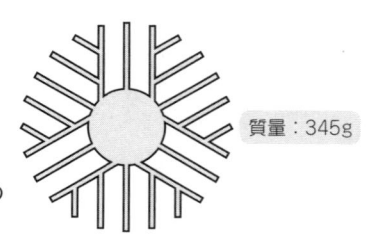

質量：345g

[図13] フィン形状を最適化したヒートシンクの **断面形状**（平行フィン）

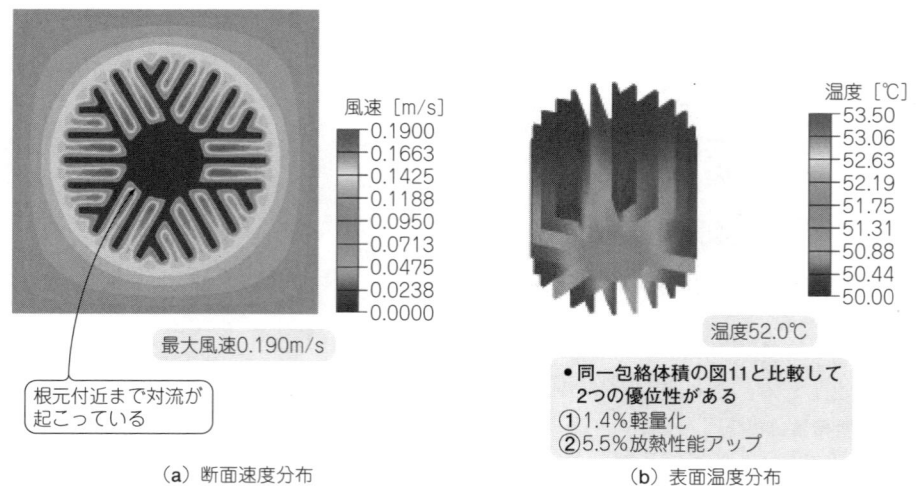

風速 [m/s]
- 0.1900
- 0.1663
- 0.1425
- 0.1188
- 0.0950
- 0.0713
- 0.0475
- 0.0238
- 0.0000

最大風速0.190m/s

根元付近まで対流が起こっている

温度 [℃]
- 53.50
- 53.06
- 52.63
- 52.19
- 51.75
- 51.31
- 50.88
- 50.44
- 50.00

温度52.0℃

- 同一包絡体積の図11と比較して2つの優位性がある
  ① 1.4％軽量化
  ② 5.5％放熱性能アップ

（a）断面速度分布　　　　　　　　　　　　（b）表面温度分布

[図14] フィン形状を最適化したヒートシンクの**解析結果**（結果：カラー・ページp.1，検証2参照）

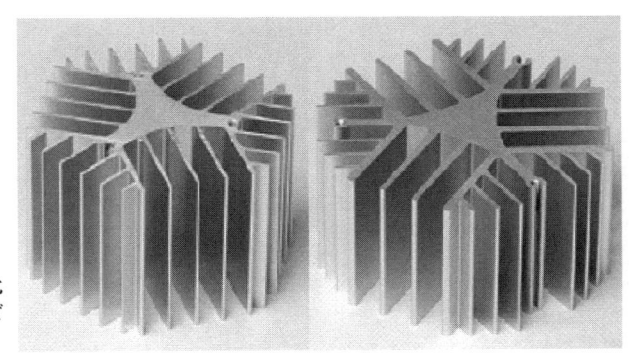

[写真1] フィン形状を最適化したヒートシンクCRシリーズの外観（三協サーモテック）

2-6	熱放射

熱放射における熱抵抗の基本式を次に示します[2].

$$R_{th\,(rad)} = \frac{1}{4\,\varepsilon \cdot A \cdot \sigma \cdot T_m{}^3} \quad\cdots\cdots (3)$$

ただし，$R_{th\,(rad)}$：熱放射熱抵抗[K/W]，ε：放射率，A：伝熱面積[m²]，σ；ステファン-ボルツマン定数 5.67×10^{-8}[W/(m²・K⁴)]，T_m：ヒートシンクの温度と周囲温度の平均[K]

式(3)から，平板では放射率を高く，伝熱面積を広くすれば，熱抵抗が小さくなることがわかります.

ただし，くし型ヒートシンクでは，同じ包絡体積においてフィン枚数を増やして伝熱面積を広くしても放射放熱量はそれほど増えないので，ここでは放射率について解説します.

● 放射率の高い表面処理

表面処理をしていないアルミは放射率が低いので，放射率の高い表面処理をすることによって放熱性能を高められます.

放射率が高いといわれている4つの表面処理について，放熱性能を実測した結果を表3に，実験に使ったヒートシンクの形状を写真2に示します. 黒色アルマイトの放熱性能が一番高く，表面処理をしていないヒートシンクに比べて放熱性能が10.2％上がっています.

表3の放射率は，各メーカの公表値もしくは一般値です. 放射率が高いほど放熱

・仕様
高さ ：85 mm
幅 ：125 mm
切断長：100 mm
フィン：13枚

[写真2] 実験に使用したヒートシンクの形状および寸法(85BS125-L100：三協サーモテック)

[表3] 比較した表面処理の放射率および放熱性能向上率

No.	表面処理	色	メーカ公表放射率(一般値)	温度上昇	放熱性能向上率
1	なし	−	(0.05 〜 0.2)	49.9 K	基準
2	黒色アルマイト	黒	(0.95)	45.3 K	10.2%
3	吹き付け塗装	黒	データなし	45.4 K	9.9%
4	白色電着塗装	白	0.88	46.4 K	7.5%
5	粗面化処理	無色艶消	0.93	48.0 K	4.0%

性能も高くなるはずですが，**表3**の実測結果は異なります．

　原因として，同じ条件で放射率を測っていないことが考えられます．放射率は，波長領域，測定方法，表面の状態，温度などの条件によって変わるので，**表3**に示した放射率は参考値と考えてください．

● くし型ヒートシンクにおける放射伝熱の割合

　図15に，黒色アルマイト品の対流伝熱量と放射伝熱量の割合を示します．自然空冷用ヒートシンク85BS125-L100の場合は，対流熱伝達による伝熱量が全体の77

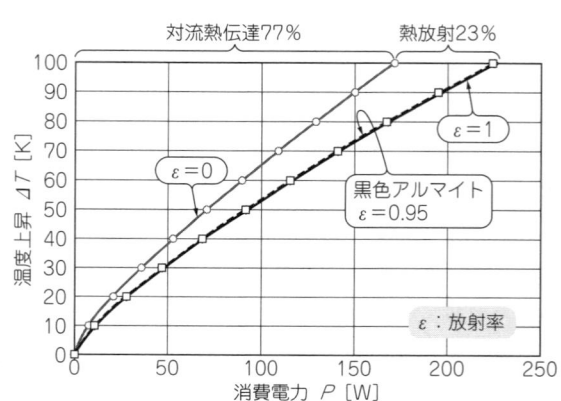

[図15] アルマイト処理品における対流伝熱量と放射伝熱量の割合 (85BS125-L100)

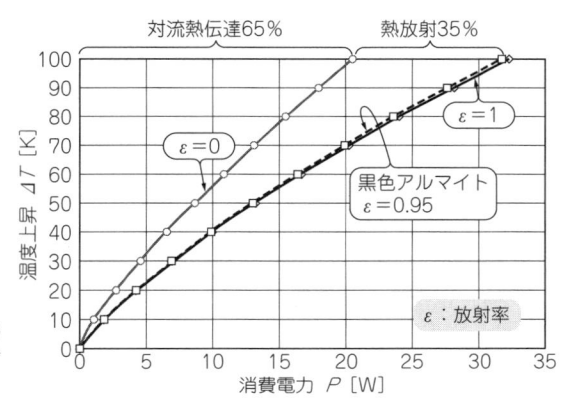

[図16] アルマイト処理品における対流伝熱量と放射伝熱量の割合[アルミプレート(W125 × H100 × t1)]

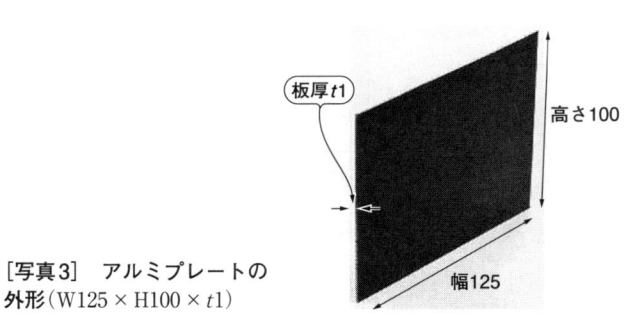

[写真3] アルミプレートの外形(W125 × H100 × t1)

％を占めています．くし型ヒートシンクはフィンの伝熱面積が広く，対流が起こりやすいので対流熱伝達による伝熱量の割合が高くなります．

● 平板における放射伝熱の割合

図16に，アルミプレート(写真3)における対流伝熱量と放射伝熱量の割合を示します．対流伝熱量比が全体の65％とくし型ヒートシンクに比べて放射伝熱量の割合が高くなります．放射率を高めた平板の有効な利用法として，対流熱伝達が期待できない狭い空間に置かれた発熱素子へ貼り付けるといった使い方があります．

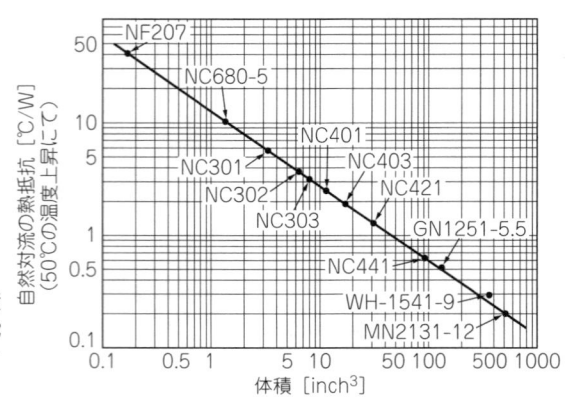

[図17] 熱抵抗−包絡体積グラフ（リョーサンの1972年版ヒートシンク・カタログより）

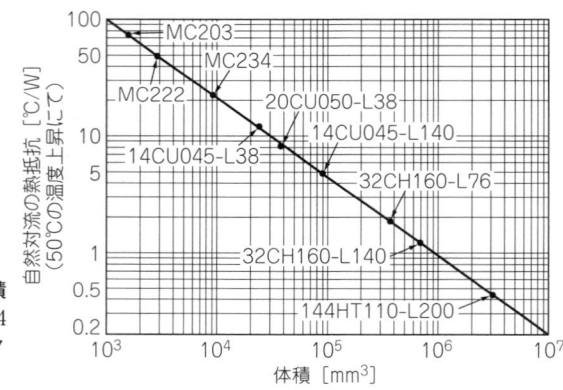

[図18] 熱抵抗−包絡体積グラフ（リョーサンの1984年版ヒートシンク・カタログより）

2-7 | 自然空冷と強制空冷の使い分け

　自然空冷と強制空冷では，放熱構造が異なるので，設計の初期段階でどちらにするか決めなければなりません．

　自然空冷で十分放熱可能なのに，強制空冷で設計するとコストアップになります．逆に強制空冷でなければ放熱しきれないのに自然空冷で設計すると，設計途中で強制空冷に変更しなければならなくなり，装置全体の再設計によるコストアップや開発の遅れの原因になります．

● 熱抵抗−包絡体積特性

　自然空冷用ヒートシンクの放熱性能を表すグラフに，**図17**，**図18**に示す「熱抵

抗-包絡体積特性」があります.

　図17は，三協サーモテックの前身であるリョーサンの1972年版のカタログに技術資料として掲載されたものです. 単位系を見直したのが図18で，1984年版のカタログを最後に掲載されなくなりましたが，その後も自然空冷ヒートシンクの設計基準として，さまざまな記事や書籍に取り上げられています.

　カタログの技術資料として掲載された図17，図18は，ヒートシンクの条件などが明記されておらず，グラフだけがひとり歩きしている状況です. 図17，図18では，自然空冷において包絡体積が決まれば，形状に関係なく熱抵抗が決まりそうですが，そうはなりません.

[表4]　ヒートシンクの条件

条　件	内　容
取り付け方向	垂直取り付け
熱源サイズ	素子取り付け面を全面均一加熱
表面処理	アルマイト処理
周辺条件	周辺にはなにもない状態
温度上昇	$\Delta T = 50\,\mathrm{K}$

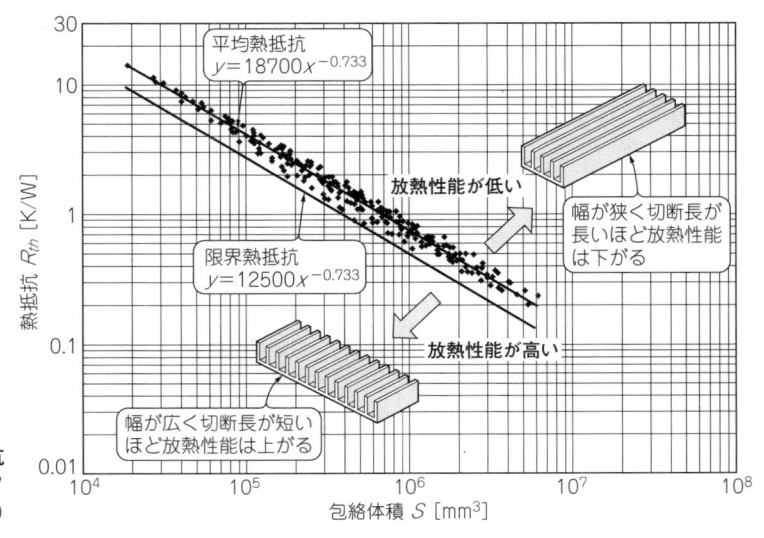

平均熱抵抗
$y = 18700x^{-0.733}$

限界熱抵抗
$y = 12500x^{-0.733}$

放熱性能が低い

幅が狭く切断長が長いほど放熱性能は下がる

放熱性能が高い

幅が広く切断長が短いほど放熱性能は上がる

縦軸：熱抵抗 R_{th} [K/W]
横軸：包絡体積 S [mm³]

[図19]　熱抵抗
-包絡体積グラフ
（自然空冷の場合）

● 自然空冷における放熱性能

図17, 図18のように横軸を包絡体積, 縦軸を熱抵抗とした場合に, ヒートシンクの放熱性能が一直線に並ぶかどうか, 実際に製品化されたヒートシンクを使って検証します.

三協サーモテックのカタログに掲載されているデータの中から, くし型ヒートシンク(BSシリーズ)の断面形状64種類×切断長4種類(L50, 100, 200, 300)計256形状について, 包絡体積と熱抵抗の関係をプロットしたグラフを**図19**に示します. **表4**は, **図19**を求めるための条件を示します.

図19において, プロットした点にバラツキがあります. 要因として, ヒートシンクの幅, 高さ, 切断長, フィン板厚, フィン高さ, フィン・ピッチ, ベース厚の違いなどが考えられます.

この中で特に放熱性能に影響を与えるのが, 幅と切断長です. 同じ包絡体積において, 幅が広く切断長が短いほど放熱性能は上がります. 逆に, 幅が狭く切断長が長いほど放熱性能は下がります. 熱抵抗と包絡体積は比例しません.

● 自然空冷の限界

ここでは,「熱抵抗-包絡体積特性」グラフを使って, 自然空冷の限界について解説します.

図19において2本ある直線のうち, 上の直線は256プロットの平均です. 下の直線は限界線で, この線より下の領域では自然空冷は難しいと考えてください. 対数グラフは正確な読み取りが難しいので, 近似式を追記しました.

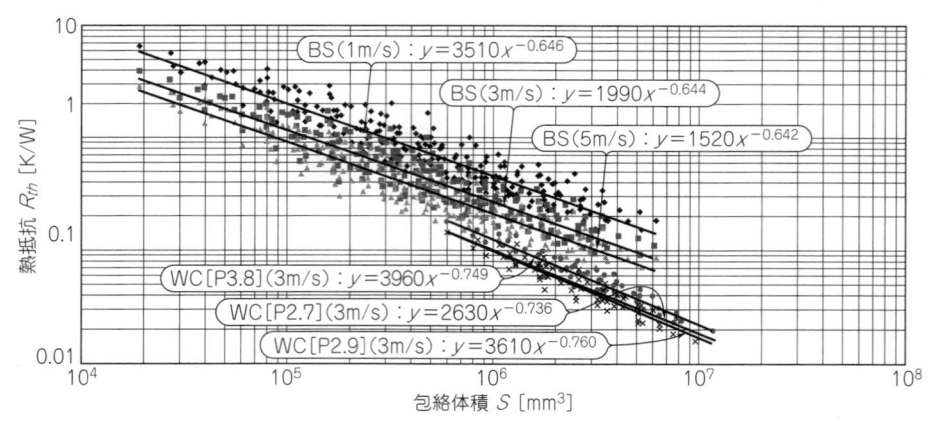

[図20]　**熱抵抗-包絡体積グラフ**(強制空冷の場合)

平均を表す近似式が$y = 18700x^{-0.733}$，自然空冷の限界を表す近似式が$y = 12500x^{-0.733}$です．この近似式を使えば，簡単に包絡体積から熱抵抗を求められます．

例えば，包絡体積が$10^6\,\mathrm{mm}^3$（1リットル）の場合は，

$$平均熱抵抗は y = 18700 \times 1{,}000{,}000^{-0.733}$$
$$= 0.75\ \mathrm{K/W} \quad\cdots\cdots\cdots\cdots\cdots\cdots\cdots\cdots\cdots\cdots\cdots\cdots\cdots (4)$$
$$限界熱抵抗は y = 12500 \times 1{,}000{,}000^{-0.733}$$
$$= 0.50\ \mathrm{K/W} \quad\cdots\cdots\cdots\cdots\cdots\cdots\cdots\cdots\cdots\cdots\cdots\cdots\cdots (5)$$

となります．

式(5)から，包絡体積が$10^6\,\mathrm{mm}^3$において，0.50 K/W 未満の熱抵抗が必要な場合は，自然空冷をあきらめて強制空冷を検討しなければなりません．

● 強制空冷における放熱性能

強制空冷における熱抵抗と包絡体積の関係を**図20**に示します．くし型ヒートシンク（BSシリーズ）は，**図19**と同様に256形状について，風速1，3，5 m/sをプロットしています．強制空冷専用ヒートシンク（WCシリーズ）は，カタログに掲載し

[写真4]　自然空冷のくし型ヒートシンク「BSシリーズ」の外観（三協サーモテック）

[写真5]　強制空冷専用のヒートシンク「WCシリーズ」の外観（三協サーモテック）

ている180形状（高さ4パターン×幅5パターン×切断長3パターン×フィン・ピッチ3パターン），風速3 m/sの熱抵抗をプロットしています．直線は，それぞれの平均値です．

　風速が速いほど放熱性能は上がります．押出形材を素材としたBSシリーズよりもWCシリーズのほうがさらに上がります．

　強制空冷は自然空冷と比べてどのくらい放熱性能が上がるのか，くし型ヒートシンク（BSシリーズ[**写真4**]）と強制空冷専用ヒートシンク（WCシリーズ[**写真5**]）に

温度境界層と速度境界層

● 温度境界層

　図A，図Bに示すように，低温の流体が高温の固体上を流れる場合，流体の温度は固体表面では固体と等しく，固体表面から離れるにつれて低くなります．このとき，固体表面近傍に形成される温度が変化する領域のことを「温度境界層」といいます．

　固体表面近傍の速度が速く，流体の粘性が低いほど温度境界層は薄くなります．熱伝達率と温度境界層の厚みには相関関係があり，一般に温度境界層が薄いほど熱伝達率は高くなります．

● 速度境界層

　自然空冷と強制空冷では境界層内の速度分布が異なります．

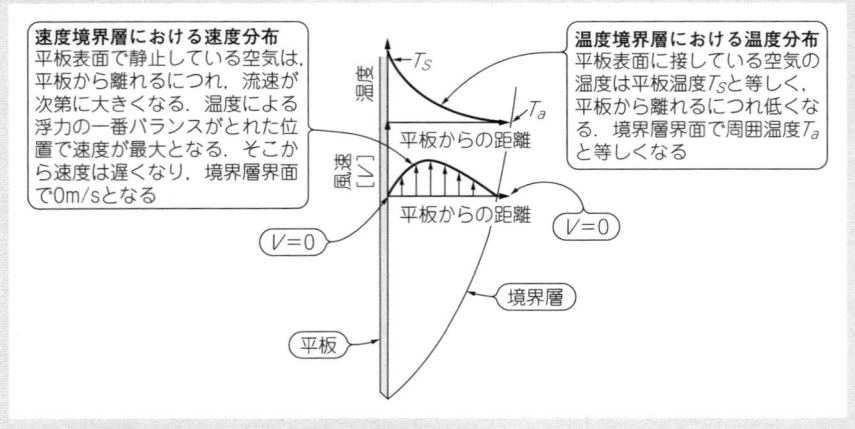

速度境界層における速度分布
平板表面で静止している空気は，平板から離れるにつれ，流速が次第に大きくなる．温度による浮力の一番バランスがとれた位置で速度が最大となる．そこから速度は遅くなり，境界層界面で0m/sとなる

温度境界層における温度分布
平板表面に接している空気の温度は平板温度T_Sと等しく，平板から離れるにつれ低くなる．境界層界面で周囲温度T_aと等しくなる

T_S　頂頭　平板からの距離　T_a

風速 [V]　平板からの距離

$V=0$　$V=0$　境界層　平板

[**図A**]　自然空冷境界層の温度分布と速度分布[(1)]

ついて，同じ包絡体積で計算してみました．

▶包絡体積が $10^6\,\mathrm{mm}^3$ の場合

- BSシリーズ（風速3 m/s）

$$y = 1990 \times 1{,}000{,}000^{-0.644} = 0.27 \mathrm{\ K/W} \cdots\cdots\cdots\cdots\cdots\cdots\cdots\cdots\cdots (6)$$

- WCシリーズのフィン・ピッチ2.9 mm（風速3 m/s）

$$y = 3610 \times 1{,}000{,}000^{-0.76} = 0.10 \mathrm{\ K/W} \cdots\cdots\cdots\cdots\cdots\cdots\cdots\cdots\cdots (7)$$

▶自然対流速度境界層

図Aに示すように，固体表面で静止している流体は，固体表面から離れるにつれて流体の粘性の影響で流速が次第に大きくなります．温度による浮力の一番バランスがとれた位置で速度が最大となり，そこから速度は遅くなり境界層界面で0 m/sになります．

この速度変化のある領域を「自然対流速度境界層」と呼びます．

▶強制対流速度境界層

図Bに示すように，自然対流と同じように，固体表面から離れるにつれ，流体の粘性の影響で流速が次第に大きくなります．最終的に粘性の影響を受けない領域である「主流」と同じ速度になります．

この速度変化のある領域を「強制対流速度境界層」と呼びます．

◆参考文献◆

(1) 日本機械学会；JSMEテキスト・シリーズ伝熱工学．

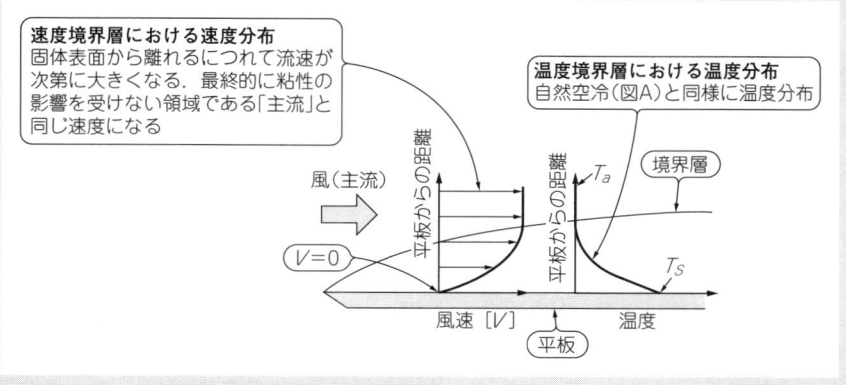

速度境界層における速度分布
固体表面から離れるにつれて流速が次第に大きくなる．最終的に粘性の影響を受けない領域である「主流」と同じ速度になる

温度境界層における温度分布
自然空冷（図A）と同様に温度分布

[図B]　強制空冷境界層の温度分布と速度分布[1]

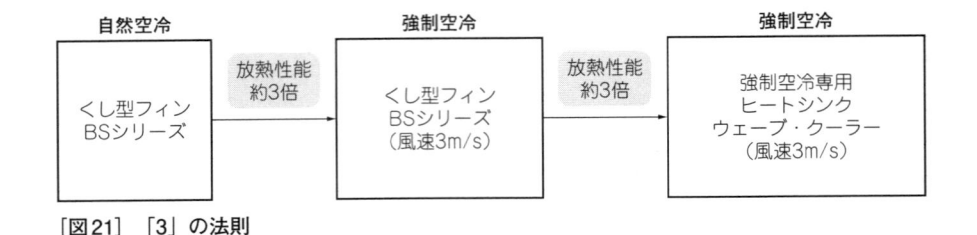

[図21] 「3」の法則

● 放熱性能「**3**」の法則

自然空冷と強制空冷の放熱性能の関係を，**図21**に示します．風速3 m/sにおけるくし型ヒートシンクBSシリーズに対して，強制専用ヒートシンクWCシリーズの放熱性能は約3倍になります．

おおよその放熱性能は，「3」の法則で表せます．

2-8	フィン効率

● ヒートシンクの対流伝熱量と伝熱面積の関係を表す「フィン効率」

ヒートシンクの放熱性能を高める方法のひとつに表面積を増やす方法があります．

表面積を増やして放熱性能を高めたヒートシンクの代表的な形状が**図22**に示す「くし型ヒートシンク」です．ただし，放熱性能は表面積に比例するわけではありません．比例しない要因として「フィン効率」があげられます．

ここでは，放熱性能に影響をおよぼすフィン効率について解説します．

● 伝熱面積が広いほど対流伝熱量が増える

対流伝熱量は式(8)で表すことができます．

$$Q = h \cdot S \cdot \Delta T \cdots\cdots\cdots (8)$$

ただし，Q：対流伝熱量[W]，h：熱伝達率[W/(m^2・K)]，S：伝熱面積[m^2]，ΔT：温度上昇[K]

式(8)より，伝熱面積が広くなるほど，対流伝熱量が増えることが分かります．

● 伝熱面積と対流伝熱量は比例しない

図22に示す「くし型ヒートシンク」はフィンを矢印方向に伸ばすほど伝熱面積が広くなります．式(8)から伝熱面積に比例して対流伝熱量も増えそうに思われますが，そうはなりません．自然空冷において最適フィン間隔以上にあけたフィン配

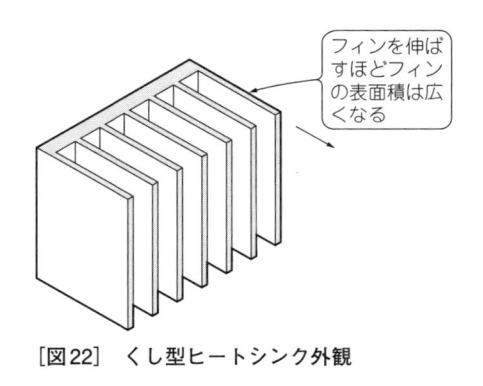

[図22] くし型ヒートシンク外観

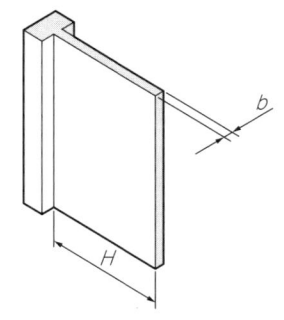

[図23] 矩形フィン

列であっても比例しません.

　フィンを伸ばすほどフィン先端の温度が下がり，式(8)のΔTが小さくなるので，対流伝熱量は伝熱面積に比例しないことがわかります.

　対流伝熱量と伝熱面積の関係を表すのが「フィン効率」です．フィン効率について，図23に示す1枚のフィンで解説します.

　フィン効率ηは，式(9)に示すように「実際の放熱量」と「フィン全体が根元温度に等しいときの放熱量」との比で定義され，式(10)に示すように「フィン根元の温度T_hと周囲温度T_aの温度差」と「フィン表面の平均温度T_mと周囲温度T_aとの温度差」の比として表すことができます.

$$\eta = \frac{(実際の放熱量)}{(フィン全体が根元温度と等しいときの放熱量)} \quad\cdots\cdots (9)$$

$$= (T_m - T_a)/(T_h - T_a) \quad\cdots\cdots (10)$$

　ただし，η：フィン効率，T_a：周囲温度，T_h：フィン根元温度，T_m：フィン表面の平均温度

図23に示すフィン根元とフィン先端の厚さが同じ矩形フィンのフィン効率は式(11)で表すことができます.

$$\eta = \frac{\tanh(mH)}{mH} \quad\cdots\cdots (11)$$

$$m = \sqrt{\frac{2h}{\lambda b}} \quad\cdots\cdots (12)$$

　ただし，H：フィン高さ[m]，b：フィン板厚[m]，h：熱伝達率$[\mathrm{W}/(\mathrm{m^2 \cdot K})]$，$\lambda$：熱伝導率$[\mathrm{W}/(\mathrm{m \cdot K})]$

● フィン効率へ影響を与える物理量

式(11)と式(12)からフィン効率へ影響を与える物理量を確認します.

図24にmHとフィン効率の関係を示します. mHが大きくなるほどフィン効率が低くなることから,フィン効率と各物理量の間には図25の関係が成り立ちます.

「フィン高さが高くなるほど」,「フィン板厚が薄くなるほど」,「熱伝達率が高くなるほど」,「熱伝導率が低くなるほど」フィン効率は低下します.

図25の関係はヒートシンクの放熱性能を理解する上でとても重要です.

● フィン効率計算例

下記にフィン効率の計算例を示します.

- フィン高さ $H = 20$ mm $= 0.02$ m
- フィン板厚 $b = 1.5$ mm $= 0.0015$ m
- 熱伝導率 $\lambda = 210$ W/(m・K)
- 熱伝達率 $h = 4.5$ W/(m²・K)

式(12)より

$$\text{m} = \sqrt{\frac{2h}{\lambda b}} = \sqrt{\frac{2 \times 4.5}{210 \times 0.0015}} = 5.35 \quad \cdots\cdots\cdots\cdots\cdots\cdots\cdots\cdots\cdots\cdots \text{(13)}$$

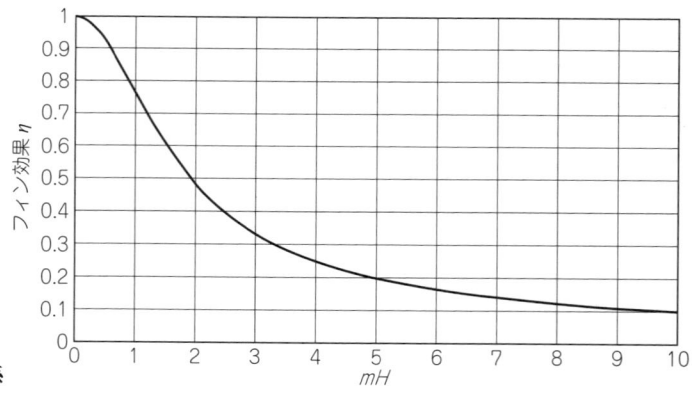

[図24]
mHとフィン効率の関係

[図25]
フィン効率が低下する要因

- フィン高さが高くなる
- フィン板厚が薄くなる
- 熱伝達率が高くなる
- 熱伝導率が低くなる

⇒ フィン効率が低下する

式(13)の計算結果を式(11)に代入

$$\eta = \frac{\tanh(mH)}{mH} = \frac{\tanh(5.35 \times 0.02)}{5.35 \times 0.02} = 0.996$$

2-9	温度測定

　ヒートシンクの放熱性能を確認する上で温度測定は欠かすことができません.
　ここでは,「温度計の種類と特徴」と温度計の中でもっとも使われている「熱電対」について解説します.

● 温度計の種類と特徴
　温度計の種類と特徴を**表5**に示します.

● 熱電対の特徴
　表5の温度計のなかでヒートシンクの温度測定にもっとも使われているのが熱電対です. 熱電対はヒートシンクの温度測定に限らず, 産業界で広く使われており, 次のような特徴があります.

- 安価で入手しやすい
- 感温部が小さく応答性に優れている
- 構造がシンプルなため丈夫で耐久性に優れている
- 狭い空間や小さな物体の温度を測定できる
- 測定物と計器間の距離を大きく取ることができる
- 簡単に測定できる
- 熱電対自体が熱起電力により電圧信号を出す

● 熱電対の原理
▶熱電対とは
　2種類の金属線の先端同士をつないで, 発生する熱起電力から温度差を測定する温度計のことを「熱電対」といいます.
▶熱起電力で温度差を測る
　導電性のある物質内の2点間の温度差によって生じる起電力を「熱起電力」といいます. 熱起電力の大きさは温度差と物質の種類で決まります.
　図26に示すような2種類の金属線A, Bで閉回路をつくり, 2つの接点の一方を

[表5]　各種温度計の特徴および誤差要因（JIS Z 8710‐1993）

方式	種　類	特　徴	誤差要因
接触方式	抵抗温度計	(1) 測定値は，数 cm^3（検出素子の大きさ）程度の温度の平均値となる． (2) 約 − 273 〜 + 500℃で精度の良い温度測定に適する． (3) 強い振動がある対象には適さない．	• 温度の変化速度 • 検出器の経年変化 • 自己加熱 • 測定導線からの熱の流出入
	サーミスタ温度計	(1) 測定値は，数 mm^3（検出素子の大きさ）程度の温度の平均値となる． (2) 導線抵抗に比べて検出器の抵抗が大きい． (3) 1つの検出器での使用温度範囲が狭い． (4) 衝撃に弱い．	• 検出器の経年変化 • 自己加熱 • 測定導線からの熱の流出入
	熱電温度計	(1) 原理的には，接点の大きさ程度の空間の温度を測定することができる． (2) 応答がよい． (3) 振動・衝撃に強い． (4) 温度差が測定できる． (5) 高温での測定ができる． (6) 規準接点が必要である．	• 基準接点の安定度 • 補償導線の影響 • 寄生起電力 • 検出器の経年変化 • 熱電対線などからの熱の流出入
	ガラス製温度計 ［水銀封入ガラス製温度計 液体（水銀以外）封入ガラス製温度計］	(1) 簡便で信頼度が高い． (2) 衝撃に弱い． (3) 高精度の温度測定も可能である．	• 液切れ • 露出部影響 • 経年変化
非接触方式	放射温度計	(1) 高温域の温度測定に適する． (2) 遠隔測定が可能である． (3) 移動または回転している物体の表面温度が測定できる． (4) 被測定物の温度を乱すことが少ない． (5) 原理的に遅れが少ない測定が可能である．	• 放射率の不正確さ • 放射率の変動 • 光路中の吸収，散乱 • 迷光（外来光・反射光） • 経年変化

高い温度 T_h，他方を低い温度 T_c に保つと，両接点間に電位差が生じます．この現象を「ゼーベック効果」といいます．

　低温側 T_c 接点において，電流が金属Aから金属Bへ流れるとき，金属Aは金属Bに対して正（プラス）であるといいます．

　表6に熱電系列を示します．**表6**の上位にある金属が正となります．例えばアルメルとクロメルで熱電回路をつくると，クロメルが正になります．均質な異種金属であれば，発生する熱起電力は接点の温度だけで決まります．

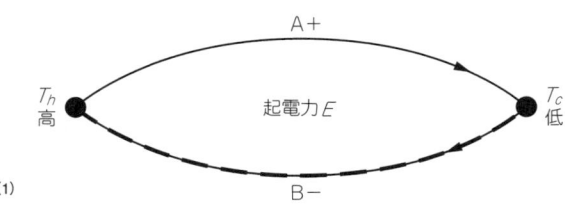

[図26]
ゼーベック効果の原理[1]

[表6]
熱電系列$(100℃)$ [1][2][3]

+	アンチモン
	クロメル$(10Cr + 90Ni)$
	鉄
	ニクロム$(80Ni + 20Cr)$
	銅
	金
	銀
	ロジウム
	白金
	パラジウム
	アルメル$(94Ni + 3Al + 2Mn + 1Si)$
	ニッケル
−	コンスタンタン
	ビスマス

図26において，一方の接点の温度を基準値に保てば，起電力は他方の接点の温度だけで決まります．熱電回路の一方の接点を氷点$(0℃)$に固定するのが一般的です．

● **熱電対の種類と特徴**

JIS C 1602に，熱電対9種類(B，R，S，N，K，E，J，T，C)が規定されています．それぞれの熱電対には特徴があり，用途に合わせて選択します．

表7に熱電対の構成材料を，表8に熱電対の特徴を示します．

● **熱電対の使い方**

熱電対を使った温度測定回路の代表例を図27に示します．

基本回路を図27(a)に示します．実際には熱電対以外に補償導線や延長導線を使うことが多いため図27(b)の回路を用います．基準接点を0℃に維持できない場合は，図27(c)のように基準接点補償回路を内蔵した直流電圧計を使います．

[表7]　熱電対の種類と構成材料（JIS C 1602 - 2015）

種類の記号	構成材料	
	＋側導体	－側導体
B	ロジウム30％を含む白金ロジウム合金	ロジウム6％を含む白金ロジウム合金
R	ロジウム13％を含む白金ロジウム合金	白金
S	ロジウム10％を含む白金ロジウム合金	白金
N	ニッケル，クロムおよびシリコンを主とした合金（ナイクロシル）	ニッケルおよびシリコンを主とした合金（ナイシル）
K	ニッケルおよびクロムを主とした合金（クロメル）	ニッケルおよびアルミニウムを主とした合金（アルメル）
E	ニッケルおよびクロムを主とした合金（クロメル）	銅およびニッケルを主とした合金（コンスタンタン）
J	鉄	銅およびニッケルを主とした合金（コンスタンタン）
T	銅	銅およびニッケルを主とした合金（コンスタンタン）
C	レニウム5％を含むタングステン・レニウム合金	レニウム26％を含むタングステン・レニウム合金

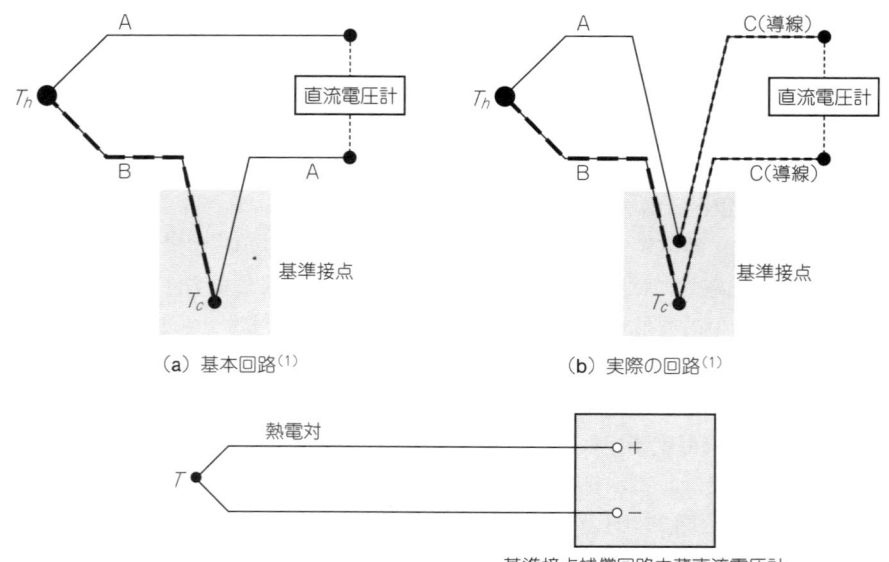

（a）基本回路[1]　　　　　（b）実際の回路[1]

（c）冷接点を0℃に維持するのが難しい場合に使う回路

[図27]　代表的な熱電対による温度測定回路[1]

[表8] 熱電対の種類と特徴(JIS Z 8710 - 1993)

記号	特 徴
B	常温での熱起電力がきわめて小さい. 安定性がよい. 酸化性雰囲気に適する. 水素,金属蒸気に弱い. 補償導線の誤差が大きい.
R S	安定性がよい. 標準熱電対に適する. 酸化性雰囲気に適する. 水素,金属蒸気に弱い. 熱起電力が小さい. 補償導線の誤差が大きい.
K	起電力の直線性が良い. 酸化性雰囲気に適する. 金属蒸気に弱い.
E	熱起電力が大きい. 非磁性である. K熱電対より安価. やや熱履歴変化がある.
J	起電力がやや大きい. 起電力の直線性がよい. 還元性雰囲気に適する. 安価,特性,品質のばらつきが大きい. さびやすい. 高温で熱履歴変化がある.
T	低温での特性がよい. 均質性がよい. 安価,還元性雰囲気に適する. 熱伝導誤差が大きい.

● 基準熱起電力

　基準熱起電力は,基準関数によって定義されています.基準関数は式(14)で表されます.ただしK熱電対の$0 \sim 1372\,℃$の温度範囲は,式(15)で表されます.

$$E = a_0 + \sum_{i=1}^{n} a_i t^i \cdots\cdots\cdots\cdots\cdots\cdots\cdots\cdots\cdots\cdots\cdots\cdots\cdots\cdots\cdots (14)$$

$$E = b_0 + \sum_{i=1}^{n} b_i t^i + c_0 \exp[c_1(t - 126.9686)^2] \cdots\cdots\cdots\cdots\cdots\cdots (15)$$

　ただし,E = 規準熱起電力(単位:μV),t:任意温度(単位:℃),
　a_0, b_0, a_i, b_i, c_0 及び c_1:定数

　式(14)と式(15)に代入する定数として,**表9**にK熱電対の基準関数定数,**表10**にT熱電対の基準関数定数を示します.基準関数から算出した1Kごとの基準熱起電力がJIS C 1602に掲載されています.熱電対は正しく使えば0.1Kの温度差を測定できるため,1Kごとの熱起電力では不十分です.

[表9] **K熱電対の基準関数定数**（JIS C 1602 - 2015）

温度範囲 [℃]	式の次数および定数
$0 \sim 1\,372$	$n = 9$ $b_0 = -1.760\,041\,368\,6 \times 10^1$ $b_1 = 3.892\,120\,497\,5 \times 10^1$ $b_2 = 1.855\,877\,003\,2 \times 10^{-2}$ $b_3 = -9.945\,759\,287\,4 \times 10^{-5}$ $b_4 = 3.184\,094\,571\,9 \times 10^{-7}$ $b_5 = -5.607\,284\,488\,9 \times 10^{-10}$ $b_6 = 5.607\,505\,905\,9 \times 10^{-13}$ $b_7 = -3.202\,072\,000\,3 \times 10^{-16}$ $b_8 = 9.715\,114\,715\,2 \times 10^{-20}$ $b_9 = -1.210\,472\,127\,5 \times 10^{-23}$ $c_0 = 1.185\,976 \times 10^2$ $c_1 = -1.183\,432 \times 10^{-4}$

[表10] **T熱電対の基準関数定数**（JIS C 1602 - 2015）

温度範囲 [℃]	式の次数および定数
$0 \sim 400$	$n = 8$ $a_0 = 0.000\,000\,000\,0 \times 10^1$ $a_1 = 3.874\,810\,636\,4 \times 10^1$ $a_2 = 3.329\,222\,788\,0 \times 10^{-2}$ $a_3 = 2.061\,824\,340\,4 \times 10^{-4}$ $a_4 = -2.188\,225\,684\,6 \times 10^{-6}$ $a_5 = 1.099\,688\,092\,8 \times 10^{-8}$ $a_6 = -3.081\,575\,877\,2 \times 10^{-11}$ $a_7 = 4.547\,913\,529\,0 \times 10^{-14}$ $a_8 = -2.751\,290\,167\,3 \times 10^{-17}$

　式(15)から，0.1 K ごとに求めた K 熱電対の基準熱起電力を**表11**に示します．

◆参考文献◆

(1) 日本機械学会；伝熱工学資料，第3版〜第5版．
(2) 日本機械学会；JSMEテキスト・シリーズ伝熱工学．
(3) 国立天文台編：理科年表2019，丸善出版．

[表11] 0.1Kごとに求めたK熱電対の基準熱起電力

[単位：μV]

温度[℃]	0	0.1	0.2	0.3	0.4	0.5	0.6	0.7	0.8	0.9
0	0	4	8	12	16	20	24	28	32	36
1	39	43	47	51	55	59	63	67	71	75
2	79	83	87	91	95	99	103	107	111	115
3	119	123	126	130	134	138	142	146	150	154
4	158	162	166	170	174	178	182	186	190	194
5	198	202	206	210	214	218	222	226	230	234
6	238	242	246	249	253	257	261	265	269	273
7	277	281	285	289	293	297	301	305	309	313
8	317	321	325	329	333	337	341	345	349	353
9	357	361	365	369	373	377	381	385	389	393
10	397	401	405	409	413	417	421	425	429	433
11	437	441	445	449	453	457	461	465	469	473
12	477	481	485	489	493	497	501	505	509	513
13	517	521	525	529	533	537	541	545	549	553
14	557	561	565	569	573	577	581	585	589	593
15	597	601	605	609	613	617	621	625	629	633
16	637	641	645	649	653	657	661	665	669	673
17	677	681	685	689	693	697	701	705	709	714
18	718	722	726	730	734	738	742	746	750	754
19	758	762	766	770	774	778	782	786	790	794
20	798	802	806	810	814	818	822	826	830	834
21	838	843	847	851	855	859	863	867	871	875
22	879	883	887	891	895	899	903	907	911	915
23	919	923	927	931	935	940	944	948	952	956
24	960	964	968	972	976	980	984	988	992	996
25	1,000	1,004	1,008	1,012	1,016	1,021	1,025	1,029	1,033	1,037
26	1,041	1,045	1,049	1,053	1,057	1,061	1,065	1,069	1,073	1,077
27	1,081	1,085	1,089	1,094	1,098	1,102	1,106	1,110	1,114	1,118
28	1,122	1,126	1,130	1,134	1,138	1,142	1,146	1,150	1,154	1,159
29	1,163	1,167	1,171	1,175	1,179	1,183	1,187	1,191	1,195	1,199
30	1,203	1,207	1,211	1,215	1,220	1,224	1,228	1,232	1,236	1,240
31	1,244	1,248	1,252	1,256	1,260	1,264	1,268	1,273	1,277	1,281
32	1,285	1,289	1,293	1,297	1,301	1,305	1,309	1,313	1,317	1,321
33	1,326	1,330	1,334	1,338	1,342	1,346	1,350	1,354	1,358	1,362
34	1,366	1,370	1,374	1,379	1,383	1,387	1,391	1,395	1,399	1,403
35	1,407	1,411	1,415	1,419	1,423	1,428	1,432	1,436	1,440	1,444
36	1,448	1,452	1,456	1,460	1,464	1,468	1,473	1,477	1,481	1,485
37	1,489	1,493	1,497	1,501	1,505	1,509	1,513	1,518	1,522	1,526
38	1,530	1,534	1,538	1,542	1,546	1,550	1,554	1,559	1,563	1,567

［単位：μV］

温度 ［℃］	0	0.1	0.2	0.3	0.4	0.5	0.6	0.7	0.8	0.9
39	1,571	1,575	1,579	1,583	1,587	1,591	1,595	1,599	1,604	1,608
40	1,612	1,616	1,620	1,624	1,628	1,632	1,636	1,640	1,645	1,649
41	1,653	1,657	1,661	1,665	1,669	1,673	1,677	1,682	1,686	1,690
42	1,694	1,698	1,702	1,706	1,710	1,714	1,718	1,723	1,727	1,731
43	1,735	1,739	1,743	1,747	1,751	1,755	1,760	1,764	1,768	1,772
44	1,776	1,780	1,784	1,788	1,792	1,797	1,801	1,805	1,809	1,813
45	1,817	1,821	1,825	1,829	1,834	1,838	1,842	1,846	1,850	1,854
46	1,858	1,862	1,867	1,871	1,875	1,879	1,883	1,887	1,891	1,895
47	1,899	1,904	1,908	1,912	1,916	1,920	1,924	1,928	1,932	1,937
48	1,941	1,945	1,949	1,953	1,957	1,961	1,965	1,969	1,974	1,978
49	1,982	1,986	1,990	1,994	1,998	2,002	2,007	2,011	2,015	2,019
50	2,023	2,027	2,031	2,035	2,040	2,044	2,048	2,052	2,056	2,060
51	2,064	2,068	2,073	2,077	2,081	2,085	2,089	2,093	2,097	2,101
52	2,106	2,110	2,114	2,118	2,122	2,126	2,130	2,135	2,139	2,143
53	2,147	2,151	2,155	2,159	2,163	2,168	2,172	2,176	2,180	2,184
54	2,188	2,192	2,196	2,201	2,205	2,209	2,213	2,217	2,221	2,225
55	2,230	2,234	2,238	2,242	2,246	2,250	2,254	2,258	2,263	2,267
56	2,271	2,275	2,279	2,283	2,287	2,292	2,296	2,300	2,304	2,308
57	2,312	2,316	2,321	2,325	2,329	2,333	2,337	2,341	2,345	2,350
58	2,354	2,358	2,362	2,366	2,370	2,374	2,378	2,383	2,387	2,391
59	2,395	2,399	2,403	2,407	2,412	2,416	2,420	2,424	2,428	2,432
60	2,436	2,441	2,445	2,449	2,453	2,457	2,461	2,465	2,470	2,474
61	2,478	2,482	2,486	2,490	2,494	2,499	2,503	2,507	2,511	2,515
62	2,519	2,523	2,528	2,532	2,536	2,540	2,544	2,548	2,553	2,557
63	2,561	2,565	2,569	2,573	2,577	2,582	2,586	2,590	2,594	2,598
64	2,602	2,606	2,611	2,615	2,619	2,623	2,627	2,631	2,635	2,640
65	2,644	2,648	2,652	2,656	2,660	2,664	2,669	2,673	2,677	2,681
66	2,685	2,689	2,694	2,698	2,702	2,706	2,710	2,714	2,718	2,723
67	2,727	2,731	2,735	2,739	2,743	2,747	2,752	2,756	2,760	2,764
68	2,768	2,772	2,777	2,781	2,785	2,789	2,793	2,797	2,801	2,806
69	2,810	2,814	2,818	2,822	2,826	2,830	2,835	2,839	2,843	2,847
70	2,851	2,855	2,860	2,864	2,868	2,872	2,876	2,880	2,884	2,889
71	2,893	2,897	2,901	2,905	2,909	2,914	2,918	2,922	2,926	2,930
72	2,934	2,938	2,943	2,947	2,951	2,955	2,959	2,963	2,968	2,972
73	2,976	2,980	2,984	2,988	2,992	2,997	3,001	3,005	3,009	3,013
74	3,017	3,022	3,026	3,030	3,034	3,038	3,042	3,046	3,051	3,055
75	3,059	3,063	3,067	3,071	3,076	3,080	3,084	3,088	3,092	3,096
76	3,100	3,105	3,109	3,113	3,117	3,121	3,125	3,130	3,134	3,138
77	3,142	3,146	3,150	3,154	3,159	3,163	3,167	3,171	3,175	3,179

温度 [℃]	0	0.1	0.2	0.3	0.4	0.5	0.6	0.7	0.8	0.9
78	3,184	3,188	3,192	3,196	3,200	3,204	3,208	3,213	3,217	3,221
79	3,225	3,229	3,233	3,238	3,242	3,246	3,250	3,254	3,258	3,262
80	3,267	3,271	3,275	3,279	3,283	3,287	3,292	3,296	3,300	3,304
81	3,308	3,312	3,316	3,321	3,325	3,329	3,333	3,337	3,341	3,346
82	3,350	3,354	3,358	3,362	3,366	3,370	3,375	3,379	3,383	3,387
83	3,391	3,395	3,400	3,404	3,408	3,412	3,416	3,420	3,424	3,429
84	3,433	3,437	3,441	3,445	3,449	3,454	3,458	3,462	3,466	3,470
85	3,474	3,478	3,483	3,487	3,491	3,495	3,499	3,503	3,508	3,512
86	3,516	3,520	3,524	3,528	3,532	3,537	3,541	3,545	3,549	3,553
87	3,557	3,562	3,566	3,570	3,574	3,578	3,582	3,586	3,591	3,595
88	3,599	3,603	3,607	3,611	3,615	3,620	3,624	3,628	3,632	3,636
89	3,640	3,645	3,649	3,653	3,657	3,661	3,665	3,669	3,674	3,678
90	3,682	3,686	3,690	3,694	3,698	3,703	3,707	3,711	3,715	3,719
91	3,723	3,728	3,732	3,736	3,740	3,744	3,748	3,752	3,757	3,761
92	3,765	3,769	3,773	3,777	3,781	3,786	3,790	3,794	3,798	3,802
93	3,806	3,810	3,815	3,819	3,823	3,827	3,831	3,835	3,839	3,844
94	3,848	3,852	3,856	3,860	3,864	3,868	3,873	3,877	3,881	3,885
95	3,889	3,893	3,897	3,902	3,906	3,910	3,914	3,918	3,922	3,926
96	3,931	3,935	3,939	3,943	3,947	3,951	3,955	3,960	3,964	3,968
97	3,972	3,976	3,980	3,984	3,989	3,993	3,997	4,001	4,005	4,009
98	4,013	4,018	4,022	4,026	4,030	4,034	4,038	4,042	4,047	4,051
99	4,055	4,059	4,063	4,067	4,071	4,076	4,080	4,084	4,088	4,092
100	4,096	4,100	4,105	4,109	4,113	4,117	4,121	4,125	4,129	4,133
101	4,138	4,142	4,146	4,150	4,154	4,158	4,162	4,167	4,171	4,175
102	4,179	4,183	4,187	4,191	4,195	4,200	4,204	4,208	4,212	4,216
103	4,220	4,224	4,229	4,233	4,237	4,241	4,245	4,249	4,253	4,257
104	4,262	4,266	4,270	4,274	4,278	4,282	4,286	4,290	4,295	4,299
105	4,303	4,307	4,311	4,315	4,319	4,324	4,328	4,332	4,336	4,340
106	4,344	4,348	4,352	4,357	4,361	4,365	4,369	4,373	4,377	4,381
107	4,385	4,390	4,394	4,398	4,402	4,406	4,410	4,414	4,418	4,423
108	4,427	4,431	4,435	4,439	4,443	4,447	4,451	4,455	4,460	4,464
109	4,468	4,472	4,476	4,480	4,484	4,488	4,493	4,497	4,501	4,505
110	4,509	4,513	4,517	4,521	4,526	4,530	4,534	4,538	4,542	4,546
111	4,550	4,554	4,558	4,563	4,567	4,571	4,575	4,579	4,583	4,587
112	4,591	4,596	4,600	4,604	4,608	4,612	4,616	4,620	4,624	4,628
113	4,633	4,637	4,641	4,645	4,649	4,653	4,657	4,661	4,665	4,670
114	4,674	4,678	4,682	4,686	4,690	4,694	4,698	4,702	4,707	4,711
115	4,715	4,719	4,723	4,727	4,731	4,735	4,739	4,743	4,748	4,752
116	4,756	4,760	4,764	4,768	4,772	4,776	4,780	4,785	4,789	4,793

［単位：μV］

温度 [℃]	0	0.1	0.2	0.3	0.4	0.5	0.6	0.7	0.8	0.9
117	4,797	4,801	4,805	4,809	4,813	4,817	4,821	4,826	4,830	4,834
118	4,838	4,842	4,846	4,850	4,854	4,858	4,863	4,867	4,871	4,875
119	4,879	4,883	4,887	4,891	4,895	4,899	4,903	4,908	4,912	4,916
120	4,920	4,924	4,928	4,932	4,936	4,940	4,944	4,949	4,953	4,957
121	4,961	4,965	4,969	4,973	4,977	4,981	4,985	4,989	4,994	4,998
122	5,002	5,006	5,010	5,014	5,018	5,022	5,026	5,030	5,035	5,039
123	5,043	5,047	5,051	5,055	5,059	5,063	5,067	5,071	5,075	5,079
124	5,084	5,088	5,092	5,096	5,100	5,104	5,108	5,112	5,116	5,120
125	5,124	5,129	5,133	5,137	5,141	5,145	5,149	5,153	5,157	5,161
126	5,165	5,169	5,173	5,178	5,182	5,186	5,190	5,194	5,198	5,202
127	5,206	5,210	5,214	5,218	5,222	5,226	5,231	5,235	5,239	5,243
128	5,247	5,251	5,255	5,259	5,263	5,267	5,271	5,275	5,280	5,284
129	5,288	5,292	5,296	5,300	5,304	5,308	5,312	5,316	5,320	5,324
130	5,328	5,332	5,337	5,341	5,345	5,349	5,353	5,357	5,361	5,365
131	5,369	5,373	5,377	5,381	5,385	5,389	5,394	5,398	5,402	5,406
132	5,410	5,414	5,418	5,422	5,426	5,430	5,434	5,438	5,442	5,446
133	5,450	5,455	5,459	5,463	5,467	5,471	5,475	5,479	5,483	5,487
134	5,491	5,495	5,499	5,503	5,507	5,511	5,516	5,520	5,524	5,528
135	5,532	5,536	5,540	5,544	5,548	5,552	5,556	5,560	5,564	5,568
136	5,572	5,576	5,580	5,585	5,589	5,593	5,597	5,601	5,605	5,609
137	5,613	5,617	5,621	5,625	5,629	5,633	5,637	5,641	5,645	5,649
138	5,653	5,658	5,662	5,666	5,670	5,674	5,678	5,682	5,686	5,690
139	5,694	5,698	5,702	5,706	5,710	5,714	5,718	5,722	5,726	5,730
140	5,735	5,739	5,743	5,747	5,751	5,755	5,759	5,763	5,767	5,771
141	5,775	5,779	5,783	5,787	5,791	5,795	5,799	5,803	5,807	5,811
142	5,815	5,819	5,824	5,828	5,832	5,836	5,840	5,844	5,848	5,852
143	5,856	5,860	5,864	5,868	5,872	5,876	5,880	5,884	5,888	5,892
144	5,896	5,900	5,904	5,908	5,912	5,917	5,921	5,925	5,929	5,933
145	5,937	5,941	5,945	5,949	5,953	5,957	5,961	5,965	5,969	5,973
146	5,977	5,981	5,985	5,989	5,993	5,997	6,001	6,005	6,009	6,013
147	6,017	6,021	6,025	6,030	6,034	6,038	6,042	6,046	6,050	6,054
148	6,058	6,062	6,066	6,070	6,074	6,078	6,082	6,086	6,090	6,094
149	6,098	6,102	6,106	6,110	6,114	6,118	6,122	6,126	6,130	6,134

第**3**章

まちがいだらけの熱設計 ホントにあった話

温度分布や空気の流れは目に見えないため,
間違った熱設計をしても気付かない場合があります.
熱設計が正しかったとしても,実装方法や温度の測り方を間違えると,
設計が正しいかどうかの判断がつきません.
ここでは,多くの失敗事例をあげて,
熱設計と熱評価のポイントについて解説します.

自然空冷 / 強制空冷共通

ここでは,自然空冷と強制空冷に共通する失敗例を紹介します.

[自然空冷 / 強制空冷共通]

3-1 カタログ・データの測定条件を確認しないで,ヒートシンクを選んだ

● 要点

ヒートシンクの放熱性能は,測定条件によって変わります.カタログ・データの測定条件よりも厳しい環境でヒートシンクを使うと,放熱性能が足らなくなり,ヒートシンクの選び直しになることがあります.

● カタログにおけるヒートシンクの測定条件

自然空冷の場合は,ヒートシンクの取り付け方向や熱源のサイズ,温度の測定場所,基板の有無などがあります.

強制空冷の場合は,風速の測定場所や風洞サイズなどがあります.

● カタログ・データの理解がヒートシンク選定の基本

測定条件によって放熱性能は変わります.カタログに掲載されているデータの測定条件を把握することが,ヒートシンクを選ぶ上での基本となります.

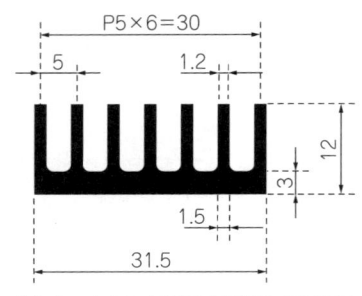

（a） ヒートシンク断面形状（押し出し形材単品の場合は，断面寸法を記載する）

[表1-1]　**自然空冷用ヒートシンクのカタログ例**（12BS031）
代表切断寸法（L50，L100，L200，L300）のヒートシンクの$\Delta T = 50$ K時の熱抵抗と質量

$\Delta T = 50$ K時の消費電力Pを読み取り $R_{th} = \Delta T/P$で算出した数値

切断寸法 [mm]	熱抵抗 [K/W]	質量 [g]
L50	14.08	25
L100	8.85	49
L200	5.51	98
L300	4.02	147

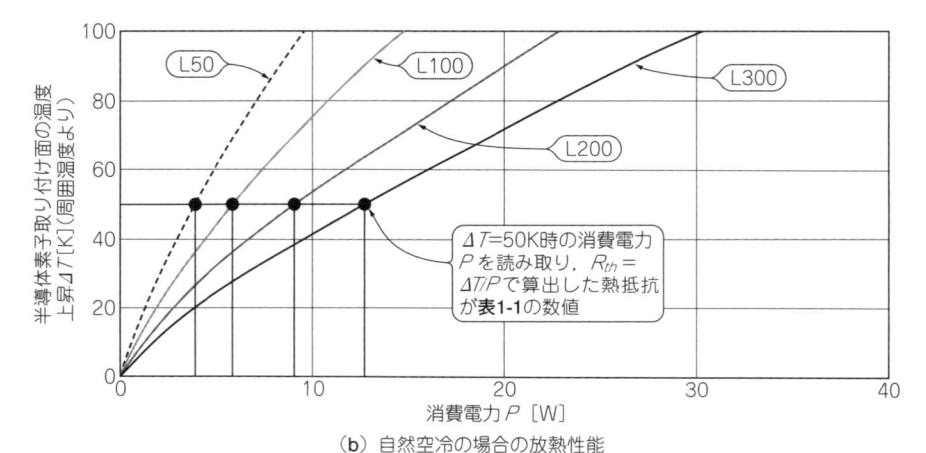

$\Delta T = 50$K時の消費電力Pを読み取り，$R_{th} = \Delta T/P$で算出した熱抵抗が**表1-1**の数値

（b） 自然空冷の場合の放熱性能

[図1-1]　**自然空冷用ヒートシンクのカタログ例**（12BS031：三協サーモテック）

　図1-1に自然空冷，**図1-2**に強制空冷で使われるヒートシンクのカタログ・データの例を示します．一般に，ヒートシンクの形状[**図1-1(a)**，**図1-2(a)**]，放熱特性グラフ[**図1-1(b)**，**図1-2(b)**]，熱抵抗と質量（**表1-1**，**表1-2**）などが掲載されています．

● **測定条件はヒートシンクの種類や用途によって変わる**

　表1-3に，三協サーモテック製ヒートシンクの自然空冷における測定条件を示します．プリント基板に搭載するヒートシンクの放熱性能は，発熱素子とヒートシンクを基板に実装した状態で測っています．**表1-3**に示すように，製品シリーズによって，熱源のサイズや取り付け方向が異なります．汎用のくし形ヒートシンク

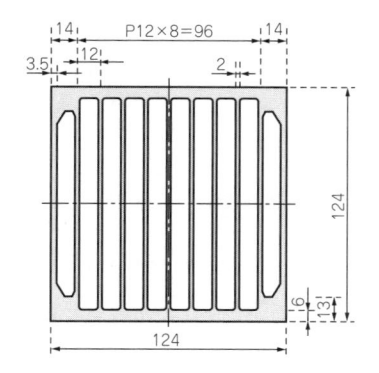

（a） ヒートシンクの断面形状
（押出形材単品の場合，断面寸法を掲載）

［表1-2］　強制空冷用ヒートシンクのカタログ例
（124CB124）
代表切断寸法（L50，L100，L200，L300）のヒートシンクの$\Delta T = 50$ K時の熱抵抗と質量

風速3 m/s時の熱抵抗を読み取った値

切断寸法 [mm]	熱抵抗 [K/W] 風速3 m/s	質量 [g]
L50	0.356	625
L100	0.223	1249
L200	0.142	2498
L300	0.110	3747

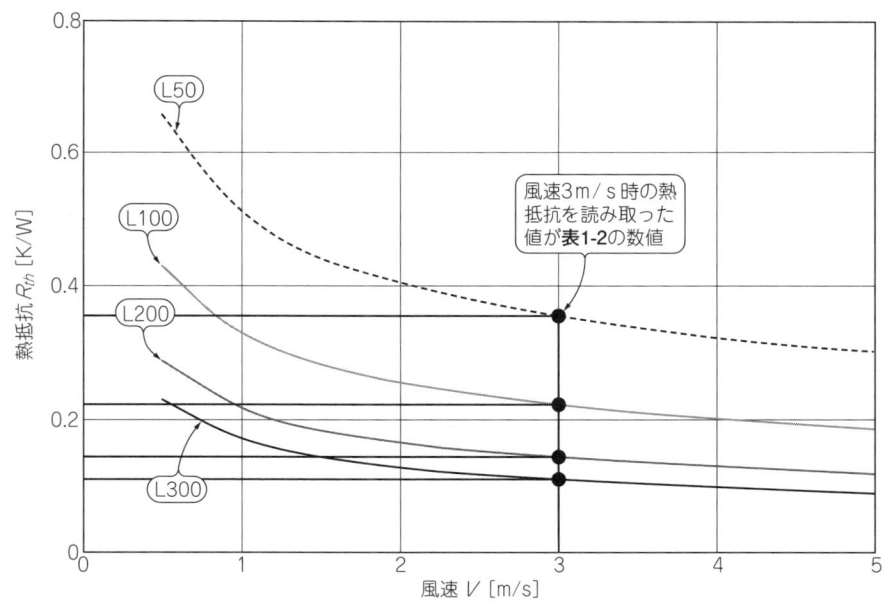

風速3m/s時の熱抵抗を読み取った値が**表1-2**の数値

（b） ヒートシンクの断面形状（強制空冷の場合，グラフの横軸は風速 V[m/s]，縦軸は熱抵抗 R_{th}[K/W]

［図1-2］　強制空冷用ヒートシンクのカタログ例（124CB124：三協サーモテック）

（BSシリーズ）の測定条件は，全面均一加熱で周囲に何もない状態です．

　表1-4に，強制空冷における測定条件を示します．強制空冷の場合は，ヒートシンクの種類が違っても基本的に測定条件は同じです．熱源は片面全面均一加熱で，風速は前面（風上）を測っています．

[表1-3] 自然空冷用ヒートシンクの測定条件(製品シリーズにより条件が異なる)

ヒートシンクの種類	熱源	周囲部品(ヒートシンク,熱源以外)	取り付け方向	ヒートシンク	基板	温度測定点
基板搭載用PHシリーズ	TO220型トランジスタ	基板		垂直	水平	熱源中央1点
基板搭載用UOT, OSHシリーズ	TO220型トランジスタ	基板		垂直	水平	熱源中央1点
基板搭載用NOSV, OSVシリーズ	TO220型トランジスタ	基板		垂直	垂直	熱源中央1点
基板搭載用FSHシリーズ	□30(熱源の基板側を断熱)	基板		垂直	垂直	熱源中央1点
汎用BSシリーズ	ヒートシンクのベース幅×切断長と同サイズ(素子取り付け面全面均一加熱)	何もない		垂直	なし	熱源中央1点

[表1-4] 強制空冷用ヒートシンクの測定条件(製品シリーズに関係なく条件は共通)

項　目	条　件
熱源サイズ	ヒートシンクのベース幅×切断長と同サイズ(素子取り付け面全面均一加熱)
熱源個数	1個
風速	前面(風上)における平均風速
温度測定点	ヒートシンクとの接触面熱源中央1点
風洞断面形状	製品幅×製品高さ

3-2	筐体の外の温度を周囲温度とした

● 要点
　周囲温度とは筐体内において発熱の影響を受けない場所の温度のことです．筐体の外の温度ではありません．

● 周囲温度の正しい場所
　図2-1に示すように，室内に装置があり，装置筐体内に発熱素子と発熱素子を冷却するためのヒートシンクが入っているとします．この場合の周囲温度は，筐体が置かれている室内温度①ではなく，筐体内②の発熱の影響を受けない場所の温度です．

● 周囲温度の場所で発熱素子の温度が変わる
　筐体内に発熱素子があると，通常は，図2-1に示す室内温度①よりも筐体内の温度②のほうが高くなります．例えば，室内温度①を25℃，筐体内温度②を45℃とすると，図2-2および表2-1に示すように実際には発熱素子のケース温度が78℃まで上がっているのに室内温度を周囲温度としてしまうと計算上は，58℃までしか上がっていないと勘違いしてしまいます．

● 周囲温度の測定が困難な場合は工夫が必要
　筐体内の空間が狭く，周囲温度を測れない場合は，近くにある発熱しない部品の

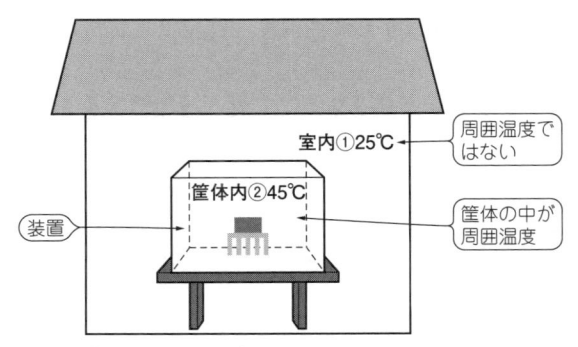

［図2-1］　周囲温度はどこ？
筐体内②の発熱の影響を受けない場所が周囲温度になる

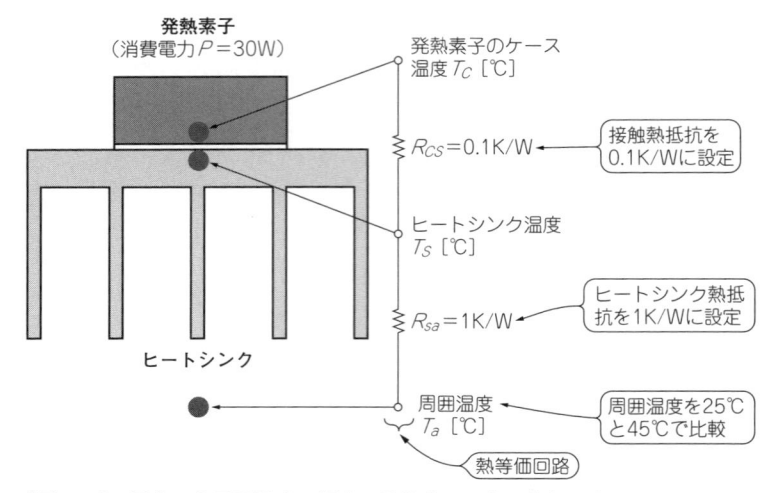

[図2-2] 異なった周囲温度の場合の発熱素子温度の等価回路
ヒートシンクの熱抵抗R_{sa}＝1 K/W，接触熱抵抗R_{cs}＝0.1 K/W，半導体の消費電力P＝30 Wにおける周囲温度の発熱素子温度への影響を調べる

[表2-1] 周囲温度の発熱素子温度への影響（$T_a = 25$℃，$T_a = 45$℃の場合のT_s，T_c）

実際には発熱素子ケース温度が78℃まで上がっているのに58℃までしか上がっていないと勘違いする

発熱素子ケース温度T_c	58℃	78℃
ヒートシンク温度T_s	55℃	75℃
周囲温度T_a	25℃	45℃

表面温度を測るなどの工夫が必要です.

　室内温度は周囲温度ではないと説明しましたが，室内温度と筐体内温度の相関関係がわかっていれば，室内温度から周囲温度を推定できます.

[自然空冷／強制空冷共通]

3-3 ヒートシンクの切断長を2倍にすれば放熱性能も2倍になると思った

● 要点

　風下ほど風上の熱の影響を累積して受けるので放熱性能が悪くなります. ヒートシンクの切断長を2倍にしても放熱性能は2倍にはなりません.

● 放熱面積が2倍になれば放熱性能も2倍？

　ヒートシンクの切断長を2倍にすると放熱面積が約2倍になるので，放熱性能も

約2倍になりそうですが，そうはなりません．

　カタログ・データで切断長を2倍にしたときの放熱性能を確認します．

▶自然空冷の場合

　図1-1(a)の12BS031を使って解説します．図3-1および表3-1より，L50（切断長50 mm）の熱抵抗が14.08 K/Wであるのに対して，切断長が2倍になったL100（切断長100 mm）では8.85 K/Wです．比率は14.08/8.85 = 1.70なので，放熱性能は2倍にはなりません．切断長が2倍になっても放熱性能が2倍にならないのは，風下は風上の熱の影響を受けるためです．

　L100とL200の熱抵抗を比べると8.85/5.51 = 1.60となり，L50/L100の比よりも小さくなります．これは，切断長が長くなるほど風上の熱の影響を累積して受けて放熱性能が下がるためです．

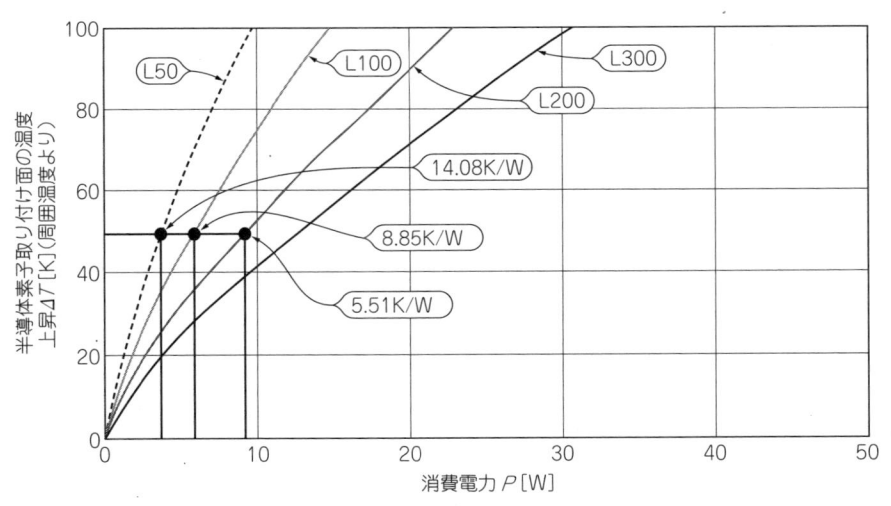

[図3-1]　自然空冷用ヒートシンクの放熱性能を表すグラフ（12BS031）
自然空冷の場合，グラフの横軸を消費電力P [W]，縦軸を半導体素子の取り付け面の温度上昇ΔT [K]とすると，交点の傾きが熱抵抗R_{th} [K/W] になる

[表3-1]　自然空冷用のヒートシンクの熱抵抗と質量（12BS031）
L50とL100，L100とL200の熱抵抗を比較すると，切断長が2倍になっても熱抵抗は1/2にはならない

L200の熱抵抗はL100の1/2にならない

切断寸法 [mm]	熱抵抗 [K/W]	質量 [g]
L50	14.08	25
L100	8.85	49
L200	5.51	98
L300	4.02	147

L100の熱抵抗はL50の1/2にならない

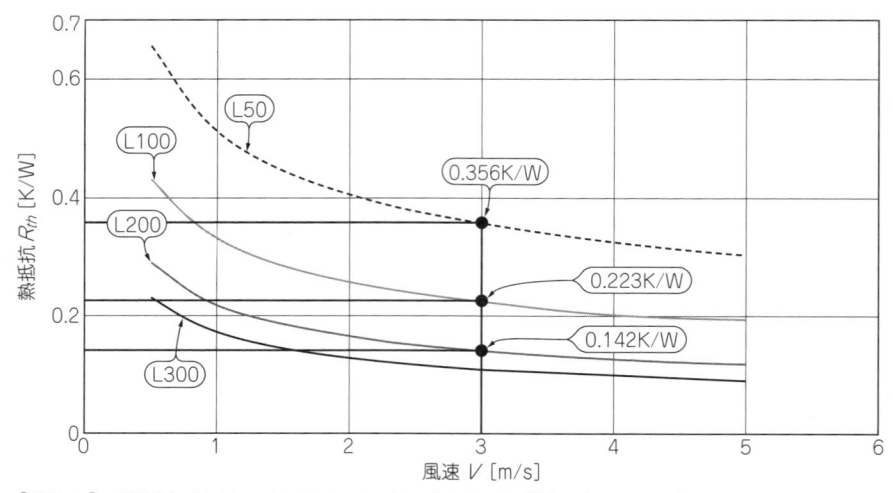

[図3-2] 強制空冷用ヒートシンクの放熱性能を表すグラフ (124CB124)
強制空冷の場合，グラフの横軸は風速 V [m/s]，縦軸は熱抵抗 R_{th} [K/W]

[表3-2] 強制空冷用のヒートシンクの熱抵抗と質量 (124CB124)
L50とL100，L100とL200の熱抵抗を比較すると，切断長が2倍になっても熱抵抗は1/2にはならない

切断寸法 [mm]	熱抵抗 [K/W] 風速3 m/s時	質量 [g]
L50	0.356	625
L100	0.223	1249
L200	0.142	2498
L300	0.110	3747

L200の熱抵抗はL100の1/2にならない

L100の熱抵抗はL50の1/2にならない

▶強制空冷の場合

図1-2の124CB124を例に解説します．図3-2および表3-2より，L50/L100比は $0.356/0.223 = 1.60$，L100/L200比は $0.223/0.142 = 1.57$ です．自然空冷の場合と同様に2倍にはなりません．

[自然空冷/強制空冷共通]

3-4 ヒートシンクの高さを2倍にすれば放熱性能も2倍になると思った

● 要点

　フィンの高さが高くなるほどフィン効率が下がり温度境界層が厚くなります．ヒートシンクの高さを2倍にしても放熱性能は2倍になりません．

● 放熱面積が2倍になれば放熱性能も2倍？

ヒートシンクの高さを2倍にすると表面積が2倍近くになるので，放熱性能も約2倍になりそうですが，そうはなりません．

カタログ・データで解説します．

▶ヒートシンクの高さが2倍の場合

図4-1に示す10FSH036と，ヒートシンクの高さが2倍の**図4-2**に示す20FSH036の熱抵抗を比べてみます．10FSH036が10.8 K/W（**表4-1**），20FSH036が7.28 K/W（**表4-2**）ですので，熱抵抗比は10.8/7.28 = 1.48となり，2倍にはなりません．

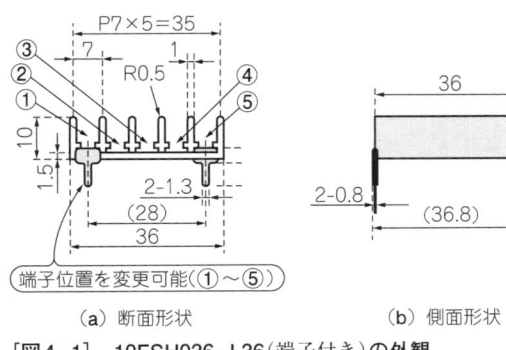

（a）断面形状 （b）側面形状

[図4-1] 10FSH036-L36（端子付き）の外観
はんだ付けで端子を基板に固定するタイプのヒートシンク

[表4-1] 10FSH036-L36の熱抵抗と質量

切断寸法	熱抵抗[K/W]	質量 [g]
L36	10.8	16.8

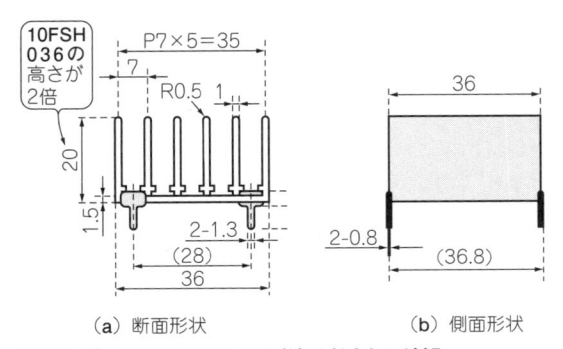

（a）断面形状 （b）側面形状

[図4-2] 20FSH036-L36（端子付き）の外観
図4-1の10FSH036-L36に比べて製品高さが2倍になっている

[表4-2] 20FSH036-L36の熱抵抗と質量

切断寸法	熱抵抗[K/W]	質量 [g]
L36	7.28	22.6

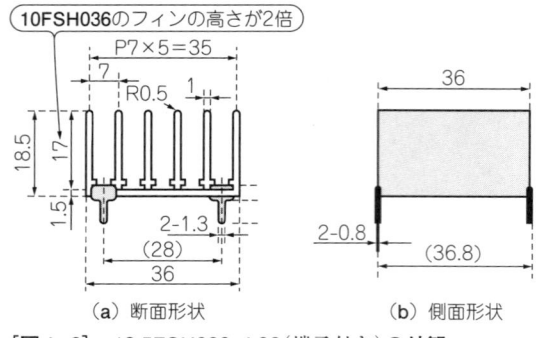

（a）断面形状　　　　　　　（b）側面形状

［図4-3］　18.5FSH036-L36（端子付き）の外観
図4-1の10FSH036-L36に比べてフィンの高さが2倍になっている

［表4-3］　18.5FSH036-L36の熱抵抗と質量

切断寸法	熱抵抗[K/W]	質量[g]
L36	7.68	21.7

▶フィンの高さが2倍の場合

　10FSH036とフィンの高さが2倍の**図4-3**に示す18.5FSH036の放熱性能を比較します．**表4-3**より熱抵抗は7.68 K/Wなので，熱抵抗比は10.8/7.68 ＝ 1.41となり，ヒートシンクの高さを2倍にした場合よりも，放熱性能は悪くなります．

　自然空冷の場合と同様に，強制空冷の場合も2倍にはなりません．高さが2倍になっても放熱性能が2倍にならないのは，フィンの高さが高くなるほどフィン効率が下がるとともに温度境界層が厚くなり放熱性能が低下するためです．

［自然空冷／強制空冷共通］

3-5　　発熱素子とヒートシンク間の接触熱抵抗を気にしなかった

● 要点

　接触抵抗の大きさに比例して発熱素子の温度が上がります．接触抵抗を考慮した熱設計が必要です．

● 接触熱抵抗とは

　図5-1に示すように，発熱素子からヒートシンクへ熱が移動するとき，発熱素子とヒートシンクが密着していたとしても温度差が生じます．

　接触面が鏡面に近い状態であっても温度差が生じます[1]．これは，面には必ず粗さがあり，それによって生じるすき間に熱伝導率の低い空気が入り込んで熱抵抗になるためです．接触面に生じる熱抵抗を「接触熱抵抗」といいます．

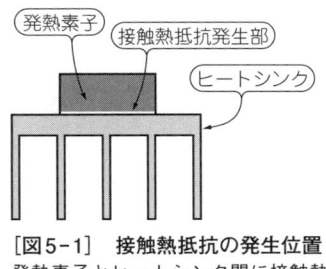

[図5-1] 接触熱抵抗の発生位置
発熱素子とヒートシンク間に接触熱
抵抗が生じる

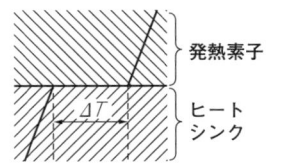

（a）巨視的な接触面
肉眼では隙間がないように
見えるが接触熱抵抗が発生
して，温度差 ΔT が生じる

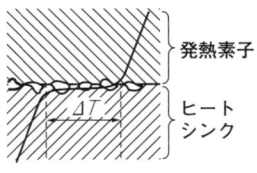

（b）微視的な接触面
表面粗さ程度の狭い範
囲で急勾配の温度差
ΔT が生じる

[図5-2] 接触面近くの温度分布[1]

● 空気の熱伝導率はアルミの1/10000

空気の熱伝導率は0.026 W/(m・K)です．ヒートシンクの主な材質であるアルミ
の熱伝導率237 W/(m・K)に比べると約1/10000と極めて小さく，薄い空気層でも
熱抵抗が発生します．

図5-2に示すように，実際の温度は表面粗さ程度の狭い範囲で急激に変化する
ので，巨視的には不連続に見えます．固体と固体の接触面を拡大すると，図5-2(b)
のように接触している部分と接触していない部分があります．通常接触していない
面積の方が広くなります．

● 接触熱抵抗の低減方法

接触熱抵抗を小さくするには，発熱素子とヒートシンクの間に熱伝導率の高いグ
リースを塗布したり放熱シートを貼り付けたりして，空気層を極力なくす必要があ
ります．空気層が減るほど，接触熱抵抗のバラツキは小さくなります．

● 接触熱抵抗は必ず実測する

接触熱抵抗を求めるための半経験式はありますが[2]，実際の条件にあてはまら
ない場合があります．実験で確認する必要があります．

表5-1に，接触熱抵抗の測定例を示します．

◆参考文献◆
(1) 日本機械学会；伝熱工学資料，第3版～第5版．
(2) 武山 斌郎，大谷 茂盛，相原 利雄 著；伝熱工学，丸善出版．

[表5-1]　接触熱抵抗R_{cs}の測定値[2]
接触熱抵抗を計算値で決めるのは危険. 実際の条件に合わせた実験によって検証する必要がある

接触面の状態		平均温度 [℃]	接触圧力 P_C [MPa]	R_{cs} $[10^{-4}\mathrm{m}^2 \cdot \mathrm{K/W}]$
両面ステンレス, 表面粗さ2.5 μm, 空気		90 〜 200	0.29 〜 2.45	2.6
両面アルミニウム, 表面粗さ2.5 μm, 空気		150	1.2 〜 2.45	0.88
両面酸化 アルミニウム面	シリコン・グリース塗布	パワー・トランジスタの常用温度	パワー・トランジスタの通常取り付け圧	1.6
	シリコン・グリースなし			2.8
両面銅, 表面粗さ1.3 μm, 空気		20	1.2 〜 19.6	0.07
両面銅, 表面粗さ0.25 μm, 真空		30	0.69 〜 6.86	0.88

[自然空冷 / 強制空冷共通]

3-6 　熱伝導シートの接触熱抵抗を考えていなかった

● 要点

　接触熱抵抗を減らすために使う熱伝導シートにも接触する部材との間に接触熱抵抗が発生します.

● 接触熱抵抗が発生する要因

　図6-1に示すように, 発熱素子とヒートシンク間の接触熱抵抗を減らすために熱伝導シートを使った場合, 熱伝導シートの熱抵抗だけではなく, 半導体素子と熱伝導シート間および, 熱伝導シートとヒートシンク間に新たな接触熱抵抗が発生します.

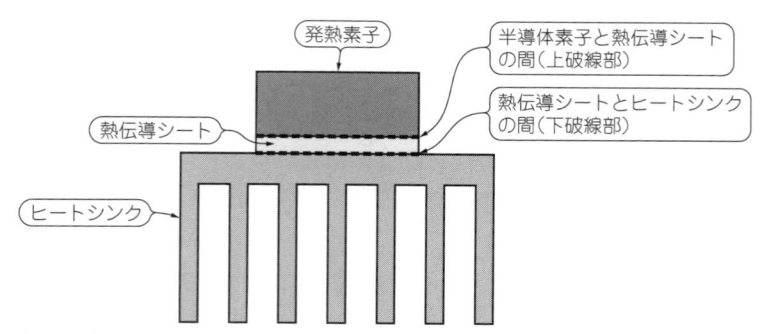

[図6-1]　熱伝導シートを使うことで新たに発生する接触熱抵抗
接触熱抵抗は, 発熱素子やヒートシンクの「表面の状態」や熱伝導シートの「材質」,「密着状態」によって変化する

接触熱抵抗は主に，次に示す3つの要因で発生します.
> (1) 発熱素子およびヒートシンクの表面の状態
> (2) 熱伝導シートの材質
> (3) 圧接力

熱伝導シートの接触熱抵抗を考慮しないと，接触熱抵抗の分だけ発熱素子の温度が上がります.

3-7 押出材の「平らさ」「曲がり」「ねじれ」の影響を考えなかった

● 要点
「平らさ」「曲がり」「ねじれ」が大きいほど，接触熱抵抗も大きくなります.

● 接触熱抵抗に影響を与える「平らさ」「曲がり」「ねじれ」
アルミ押出材を素材としたヒートシンクを使う場合,「平らさ」「曲がり」「ねじれ」に注意しなければなりません. いずれも，ヒートシンクに発熱素子を固定したときの接触熱抵抗に影響を与えます.

「平らさ」「曲がり」「ねじれ」に関する規格として，JIS H 4100「アルミニウム及びアルミニウム合金の押出形材」があります.

● 「平らさ」の許容差
「平らさ」「曲がり」「ねじれ」の基本的な考え方は同じです. ここでは許容差が一番大きくなることの多い「平らさ」を取り上げて解説します.

JIS H 4100の平らさの許容差を**図7-1**に示します. 例えば，**図7-2**に示すベース幅が100 mmのくし型ヒートシンクにおける，素子取り付け面の平らさは普通級で0.8 mm，特殊級で0.4 mmです. TO-220型トランジスタのような小型の発熱素子であれば平らさの影響は小さいのですが，同じ平らさであってもパワー・モジュールのような大型の発熱素子になるほど，ヒートシンクと発熱素子間の隙間が大きくなるので，接触熱抵抗も大きくなります. 素子取り付け面のゆがみが大きい場合は，後加工で平らにしなければなりません.

図7-3に曲がりの許容差を，**図7-4**にねじれの許容差を示します.

幅 w	平らさ							
	普通級		特殊級					
	中実形材 中空形材		中実形材		中空形材			
	測定箇所の最小肉厚 t							
	−		−		5.0以下		5.0を越え	
	任意箇所の幅25につき	全幅 w につき	任意箇所の幅25につき	全幅 w につき	任意箇所の幅25につき	全幅 w につき	任意箇所の幅25につき	全幅 w につき
25以下	−	0.20 以下	−	0.10 以下	−	0.15 以下	−	0.10 以下
25を超え	0.20以下	$0.008\,w$ 以下	0.10以下	$0.004\,w$ 以下	0.15以下	$0.006\,w$ 以下	0.10以下	$0.004\,w$ 以下

（a）許容差　　　　　　　　　　　　　　　　　　（単位：mm）

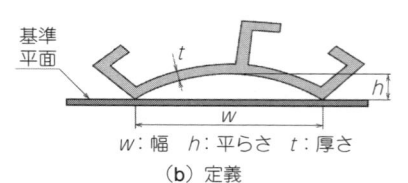

w：幅　h：平らさ　t：厚さ
（b）定義

[図7-1]　平らさ（JIS H 4100）

[図7-2]　ヒートシンクのイメージで見た平らさの許容差

普通級：W100×0.008＝0.8
特殊級：W100×0.004＝0.4

外接円の 直径(1)	最小肉厚	曲がり			
		普通級		特殊級	
		任意箇所の 長さ300につき h_s	全長 (ℓ_t) につき h_t	任意箇所の 長さ300につき h_s	全長 (ℓ_t) につき h_t
38以下	2.4以下	2以下	$6.6 \times \dfrac{\ell_t}{1000}$ 以下	1.3以下	$4.3 \times \dfrac{\ell_t}{1000}$ 以下
	2.4を超え	0.6以下	$2 \times \dfrac{\ell_t}{1000}$ 以下	0.3以下	$1 \times \dfrac{\ell_t}{1000}$ 以下
38を超え300以下	−				
300を超え	−	0.6以下	$2 \times \dfrac{\ell_t}{1000}$ 以下	0.5以下	$1.6 \times \dfrac{\ell_t}{1000}$ 以下

注(1)　外接円とは，形材断面に対する最小外接円のこと.　　　　　　（単位：mm）

（a）許容差

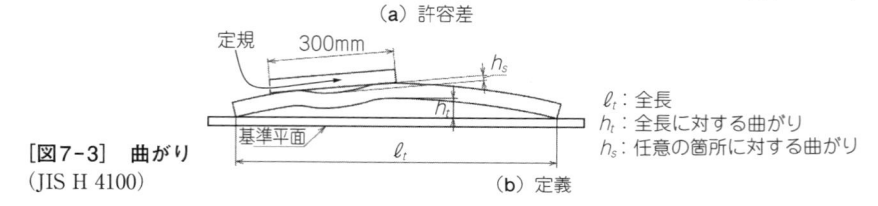

ℓ_t：全長
h_t：全長に対する曲がり
h_s：任意の箇所に対する曲がり

[図7-3]　曲がり
（JIS H 4100）　　　　　　　　　　　　　　　（b）定義

外接円の直径[(1)]	ねじれ [幅(w)1mmにつき]			
	合金グループ1		合金グループ2	
	任意の長さ 1mにつき	全長ℓに つき	任意の長さ 1mにつき	全長ℓに つき
12.5を超え　40以下	0.052以下	0.122以下	0.070以下	0.140以下
40を超え　80以下	0.026以下	0.087以下	0.034以下	0.105以下
80を超え　250以下	0.017以下	0.052以下	0.026以下	0.070以下
250を超え　300以下	0.010以下	0.040以下	0.017以下	0.058以下

注(1)　外接円とは，形状断面に対する最小外接円のこと.　　　　　　　　（単位：mm）

(a) 許容差

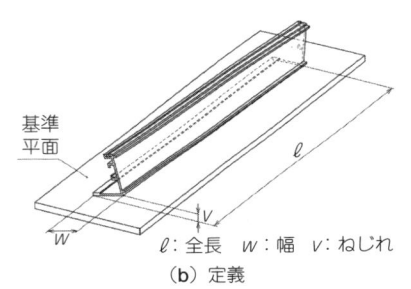

[図7-4] ねじれ
(JIS H 4100)

基準平面

ℓ：全長　w：幅　v：ねじれ

(b) 定義

3-8　ヒートシンクの温度が低いと，発熱素子の温度も低いと思った

● **要点**

　接触熱抵抗が大きいほど熱が伝わらなくなるので，ヒートシンクの温度が低くても発熱素子の温度が高い場合があります.

● **接触熱抵抗が大きいと温度差も大きくなる**

　ヒートシンクの温度が低いからといって発熱素子の温度が低いとは限りません. 実例として，第5章で解説するFPGAボードのZYBO（Digilent）に搭載されているIC「ZYNQ-7000」とヒートシンクの間の熱伝導パッドを1枚から3枚まで増やしたときの実測値を図8-1に示します.

　熱伝導パッドの枚数を増やすほどZYNQ-7000とヒートシンク間の接触熱抵抗は大きくなり，ヒートシンクに伝わる熱量が減少するので，ZYNQ-7000の温度が上がり，ヒートシンクの温度は下がります.

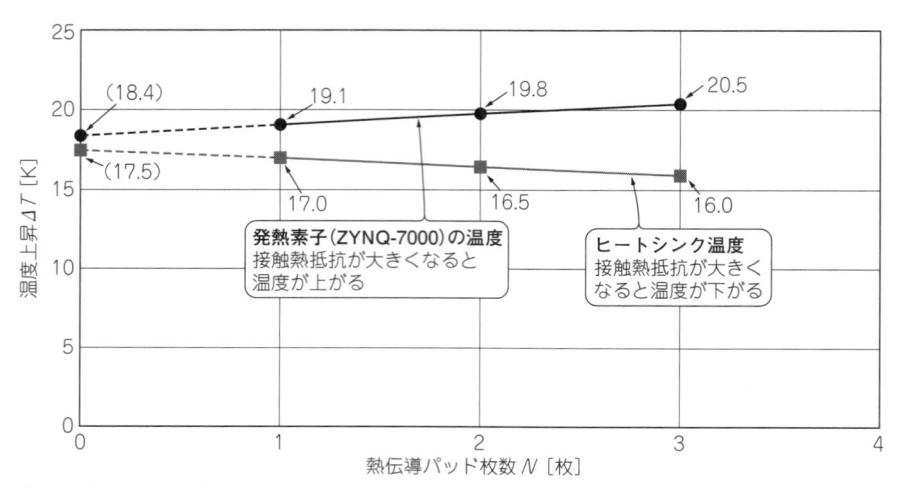

[図8-1]　熱伝導パッド（TC-50CAT-20；信越化学工業製）の枚数を変えた場合の温度上昇
1～3枚での実測値をプロットした．0枚は推定値

● 必ず発熱素子の温度を測定する

　ヒートシンクの温度だけを測って，ヒートシンクの温度から発熱素子の温度を予測することは危険です．発熱素子とヒートシンク間の接触熱抵抗は，わずかな条件の違いで大きく変化する場合があります．発熱素子の温度を測る必要があります．

　ヒートシンクと，発熱素子の温度から，接触熱抵抗を確認しなければなりません．

[自然空冷／強制空冷共通]

3-9　発熱素子のサイズが変わってもヒートシンクの性能は変わらないと思った

● 要点

　発熱素子のサイズが小さいほど発熱密度が高くなるので，温度が上がります．

● 発熱素子が小さいほどヒートシンクに求められる放熱性能は高くなる

　消費電力が同じ場合，発熱素子のサイズが小さいほど発熱密度が高くなるので，温度が上がります．熱流体解析ツールを使って解説します．

　図9-1に示す，サイズの違う3種類の発熱素子で比較します．発熱素子のサイズは図9-1(a)がW50×L50（全面加熱），図9-1(b)がW25×L25（1/4面積加熱），図9-1(c)がW12.5×L12.5（1/6面積加熱）です．解析条件は，自然空冷で，ヒートシンクのサイズがH30×W50×L50，発熱素子の消費電力は10 Wです．発熱素子の

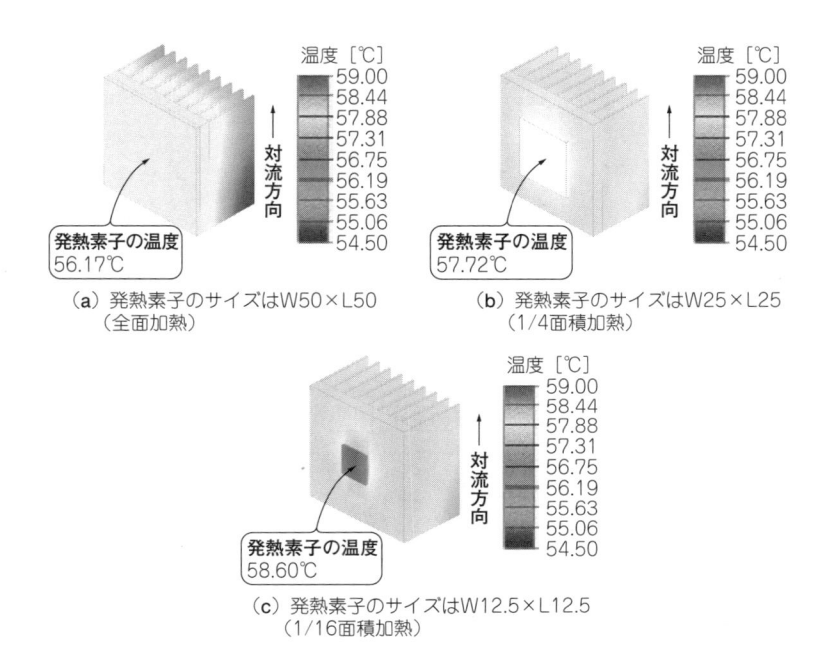

(a) 発熱素子のサイズはW50×L50
（全面加熱）

発熱素子の温度
56.17℃

温度［℃］
59.00
58.44
57.88
57.31
56.75
56.19
55.63
55.06
54.50

対流方向

(b) 発熱素子のサイズはW25×L25
（1/4面積加熱）

発熱素子の温度
57.72℃

温度［℃］
59.00
58.44
57.88
57.31
56.75
56.19
55.63
55.06
54.50

対流方向

(c) 発熱素子のサイズはW12.5×L12.5
（1/16面積加熱）

発熱素子の温度
58.60℃

温度［℃］
59.00
58.44
57.88
57.31
56.75
56.19
55.63
55.06
54.50

対流方向

[図9-1] 発熱素子サイズを変えた場合の温度分布（結果：カラー・ページ p.4,
検証3参照）

サイズが小さくなるほど温度が上がり，放熱性能は低下します．

　このように，発熱素子のサイズによって放熱性能が変わるので，カタログからヒートシンクを選定する場合は，発熱素子のサイズに関する条件を確認しておく必要があります．

[自然空冷/強制空冷共通]

3-10	消費電力が同じ発熱素子を等間隔に配置すれば，発熱素子間に温度差は生じないと思った

● 要点

　空気の流れに沿って発熱素子を並べると，風上と風下で温度差が生じます．発熱素子間で温度バランスをとらなければならない場合には注意が必要です．

● 風下ほど温度が上がる

　発熱素子を空気の流れに沿って並べると，風上の発熱素子の熱の影響を風下の発熱素子が受けるので，風下になるほど温度が上がります．熱流体解析ツールで確認

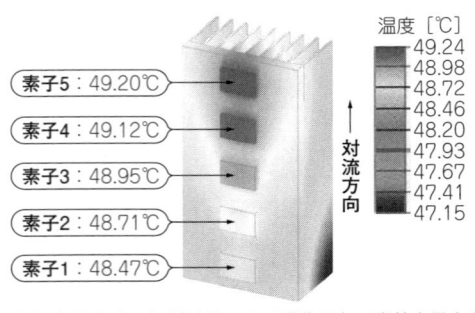

（a）自然空冷の解析結果…同じ消費電力の発熱素子を5個
直列に等間隔に並べた場合，風下ほど温度が上がる

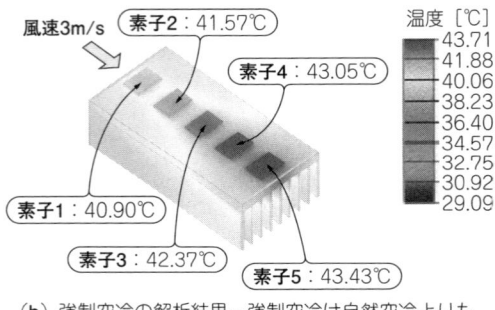

[図10-1]
発熱素子の温度分布
（結果：カラー・ペー
ジp.5，検証6/検証7
参照）

（b）強制空冷の解析結果…強制空冷は自然空冷よりも
温度差が大きい

します．

　解析結果を図10-1に示します．図10-1(a)が自然空冷，図10-1(b)が強制空冷
の場合の解析結果です．

　解析条件は，自然空冷の場合，ヒートシンク・サイズがH30 × W50 × L100，素
子サイズがW15 × L10(5個)，発熱素子の消費電力が1 W(5個)，素子間隔が
20 mmです．強制空冷の場合，ヒートシンク・サイズがH30 × W50 × L100，素子
サイズがW15 × L10(5個)，素子消費電力が10 W(5個)，素子間隔が20 mmです．

　自然空冷，強制空冷ともに風下になるほど温度が上がっています．自然空冷より
も放熱量の多い強制空冷の方が，風上と風下の温度差が大きくなります．

　発熱素子間で温度バランスをとらなければならない場合は，温度差を考慮した設
計が求められます．

Column (1)

熱流体解析の条件

　ヒートシンクの熱特性の解析には，熱流体解析ツールIcepak（アイスパック，ANSYS）を使っています.

　本書において解析条件を省略している場合は，**表A**に示す条件で解析を行っています. **図A**は，温度測定点を示します.

[表A]　熱流体解析条件

冷却方式	条　件
自然空冷・強制空冷共通	周囲温度 $T_a = 20\,℃$ 温度測定点：ヒートシンク接触面 　　　　　　　発熱素子中央（**図A**参照） ヒートシンク−発熱素子間接触熱抵抗：なし ヒートシンク材質：A6063 ヒートシンク表面放射率：0.1
自然空冷	取り付け方向：垂直取り付け
強制空冷	取り付け方向：水平下向き 風速：3 m/s

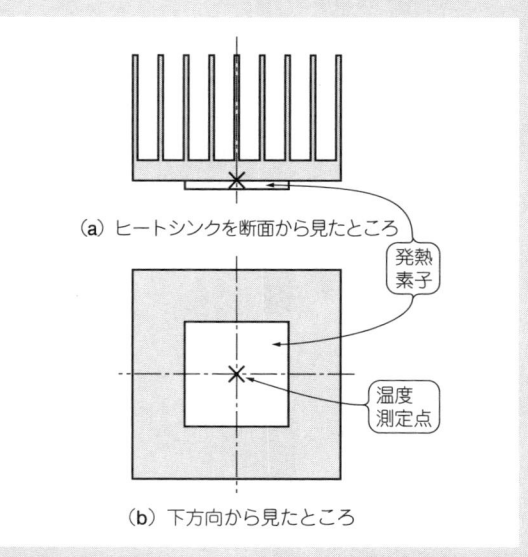

（a）ヒートシンクを断面から見たところ

発熱素子

温度測定点

（b）下方向から見たところ

[図A]　温度測定点

3-11 発熱素子の取り付け場所を変えても放熱性能は変わらないと思った

● **要点**

　同じ発熱量でも取り付ける場所によって放熱性能は変わります．偏った場所ほど放熱性能は悪くなります．

● **偏った場所に発熱素子を取り付けると放熱特性は悪くなる**

　発熱素子の取り付け場所によって放熱性能は変わります．偏った場所に取り付けると放熱特性は悪くなります．熱流体解析ツールを使って解説します．

　強制空冷における解析結果を**図11-1**に示します．この図は，発熱素子の位置を

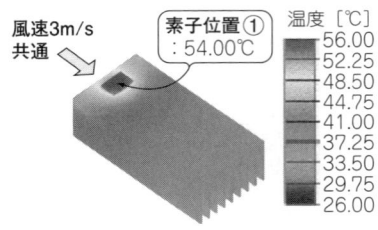

（a）もっとも風上に配置

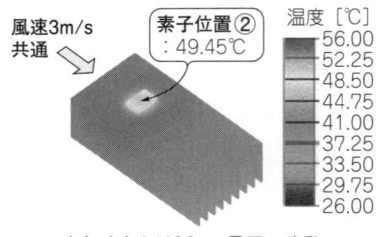

（b）（a）より20mm風下へ移動

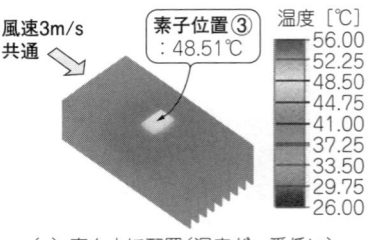

（c）真ん中に配置（温度が一番低い）

[図11-1]
発熱素子の位置の違いによる**熱特性**（強制空冷）の**温度分布**（結果：カラー・ページ p.4，検証5参照）

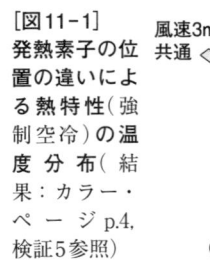

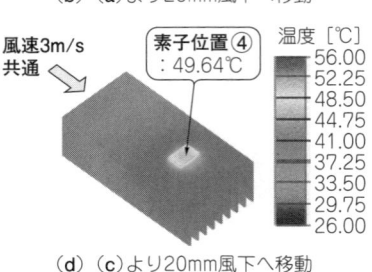

（d）（c）より20mm風下へ移動

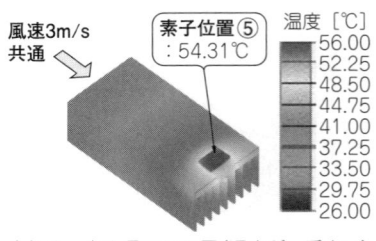

（e）もっとも風下に配置（温度が一番高い）

風上から順に20 mmずつ移動したときの温度分布と発熱素子の温度を示しています．解析条件は，ヒートシンクのサイズがH30 × W50 × L100，発熱素子のサイズがW15 × L10，発熱素子の消費電力が10 Wです．

　ヒートシンクの切断長方向の中央に発熱素子を取り付けたときに一番温度が下がっています．発熱素子の位置を空気の流れに沿って移動した場合は，中央に近いほど効率よく熱拡散されるので温度が下がります．ベース厚が薄く，ヒートシンクのサイズが大きく，風速が速いほど，発熱素子の位置による温度差は大きくなります．

　自然空冷の場合も傾向は同じです．

[自然空冷／強制空冷共通]

3-12 　消費電力が同じ場合は，両面加熱でも片面加熱でも放熱性能は変わらないと思った

● 要点

　両面加熱を片面加熱に変えると，分散していた発熱源が集中して，熱密度が高くなるため放熱性能は下がります．逆に，発熱源を分散すれば放熱性能は上がります．

● 両面加熱と片面加熱の違いを確認する

　熱流体解析ツールで両面加熱と片面加熱の放熱性能を確認します．ヒートシンクは，**写真12-1**に示す両面実装が可能なCBシリーズの92CB092の切断長L150を使っています．冷却方式は，強制空冷で，発熱素子のサイズがW46 × L75です．ヒートシンクのサイズはH92 × W92 × L150です．

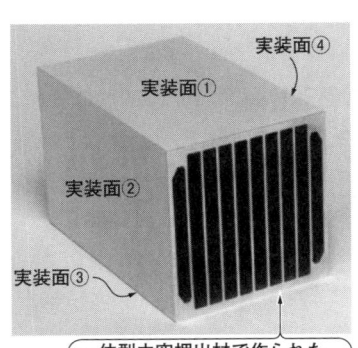

実装面①
実装面②
実装面③
実装面④

一体型中空押出材で作られた
多面実装タイプのヒートシンク

[写真12-1]　4面実装可能なCBシリーズ
（三協サーモテック）

出典：深川 栄生，まちがいだらけの熱対策 ホントにあった話30，アナログウェア No.4，トランジスタ技術2017年11月号別冊付録，CQ出版社（2017）.

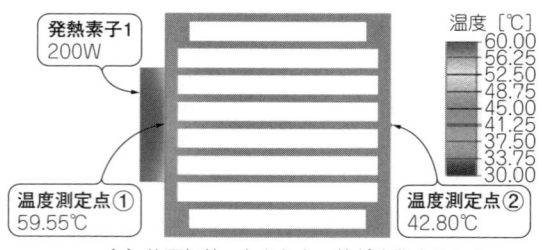

(a) 片面加熱…左から右へ熱が移動するので，
ヒートシンク内の温度差が大きい

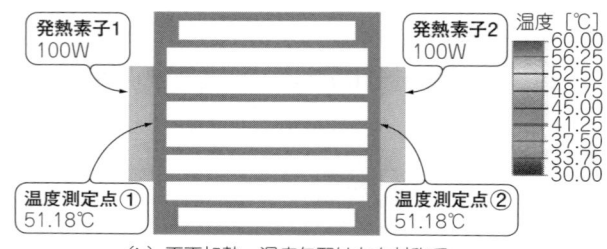

[図12-1] 92CB092-L150の
解析結果(結果：カラー・ペー
ジp.3，検証4参照)

(b) 両面加熱…温度勾配は左右対称で，
ヒートシンク内の温度差が小さい

図12-1(a)に発熱素子1個の片面加熱モデル，図12-1(b)に発熱素子2個の両面加熱モデルを示します．

発熱素子の消費電力は，片面加熱モデルの場合は発熱素子1に200 W，両面加熱モデルの場合は発熱素子1，2それぞれを100 Wとします．図12-1は，風速3 m/sのときの温度分布です．

● 両面加熱と片面加熱では放熱性能が2割以上違う

片面加熱では，発熱素子1のある左側から右側に向かって徐々に温度が下がります．両面加熱では発熱素子がある両側から中央部に向かって温度が下がるため，ヒートシンク内の温度差は片面加熱に比べて小さくなります．

ヒートシンク内の温度差の小さい両面加熱の方がフィン効果が高いので放熱性能がよくなります．図12-1の解析結果から，片面加熱から両面加熱に変えると，放熱性能は26.8 %[= (39.55/31.18) − 1]よくなります．

今回解析に使ったCBシリーズは中空一体形押出材なので，押出の難易度が高く伝熱面積を広くすることは容易ではありません．**写真12-2**に示すWKBSシリーズや**写真12-3**に示すWBSXシリーズといった強制空冷用高性能ヒートシンクを使う

押出ベース＋圧延フィン
かしめ接合

［写真12-2］　両面実装タ
イプのWKBSシリーズ

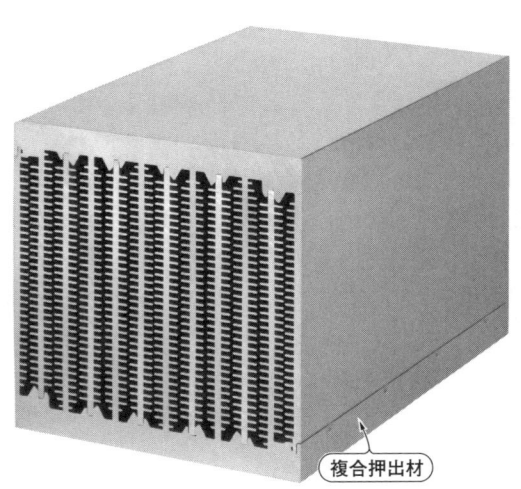

［写真12-3］　4面実装可
能なWBSXシリーズ

複合押出材

と，CBシリーズよりも容易に伝熱面積を広くできるので強制空冷においてさらに
放熱性能を高めることができます.

● 風洞構造でホコリやチリの侵入を防止できる

　多面実装タイプのヒートシンクは，熱を分散するだけではなく，風洞構造によっ
て放熱部と発熱部を分離できるので，放熱フィン部に流れ込んだホコリやチリの発
熱部への侵入を防ぐ効果があります.

3-13 ヒートシンクを分割しても，放熱性能は変わらないと思った

● **要点**

　ヒートシンクを切断長方向に2分割にすると，熱の伝わり方が変わってしまい，2つのヒートシンクの温度差が大きくなります．

● **ヒートシンクを分割すると放熱性能は大きく変化する**

　移動や加工，組み立てなどの作業効率を上げるために大型のヒートシンクを分割したり，逆に部品点数を減らすために複数のヒートシンクを一体化する場合があります．ここでは，ヒートシンクを切断長方向に2分割にした場合の放熱性能の変化を，熱流体解析ツールで確認します．

　図13-1は切断長L100 mmのヒートシンクのモデル，図13-2は切断長L50 mmのヒートシンク2個を5 mm離して並べたモデルです．冷却方式は，自然空冷で，ヒートシンクのサイズがH30×W50，発熱素子のサイズがW25×L25(2個)，発熱素子の消費電力が10 W(2個)です．

　発熱素子1，2の温度差は，一体モデルが0.92 K(= 68.19 − 67.27)，分割モデルが11.20 K(= 70.40 − 59.20)なので，10倍以上の違いがあります．

　一体モデルは，発熱素子1，2が熱伝導率の高いアルミでつながっているので，

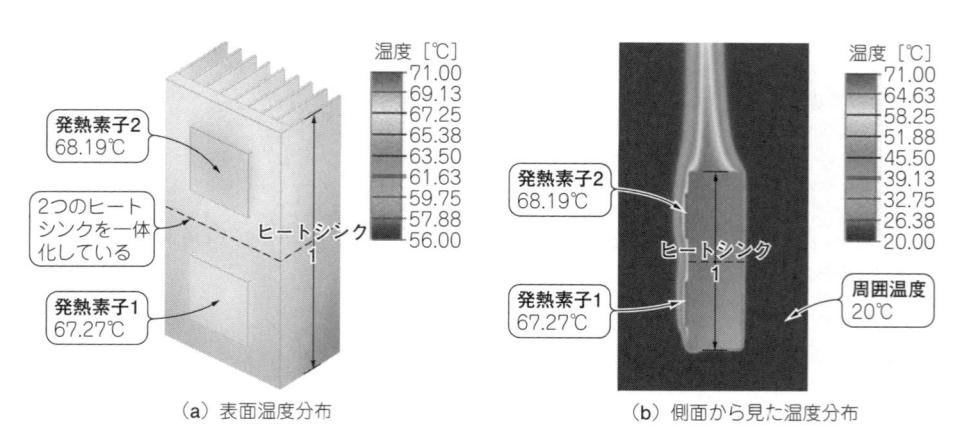

(a) 表面温度分布　　　　　　　　　　　　　(b) 側面から見た温度分布

[図13-1]　**一体化モデルの温度分布**(結果：カラー・ページpp.6-7，検証8参照)
ヒートシンクにおける温度差は小さい

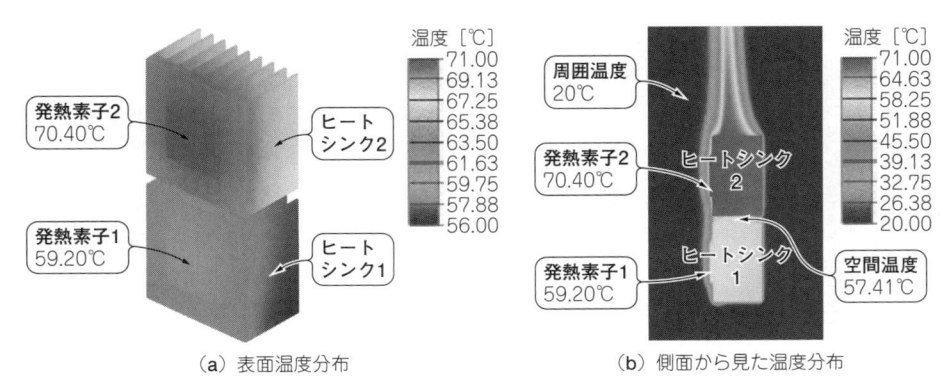

（a）表面温度分布 （b）側面から見た温度分布

[図13-2]　分割して隙間を5mmあけたモデル（結果：カラー・ページpp.6-7，検証8参照）
ヒートシンク1と2の温度差が大きい．周辺に発熱体がある場合の温度イメージ

温度差は小さくなります．分割モデルは，発熱素子1と発熱素子2の間に，熱伝導率がアルミの約1/10000である空気が入るので温度差が大きくなります．

　ヒートシンクを切断長方向に分割すると，放熱特性が大きく変わります．

［自然空冷/強制空冷共通］

3-14 ｜ 周囲の部品からの熱の影響や，周囲の部品への熱の影響を考えなかった

● 要点

　熱設計の初期段階において，周囲の部品への熱の影響や周囲の部品からの熱の影響を確認しなければなりません．

● 周囲の部品からの影響と周囲の部品への影響

　例えば図13-2のヒートシンク2から見ると，風上に発熱部品（ヒートシンク1）があるのでヒートシンク2の温度が上がります．

　ヒートシンク1から見ると，風下にある部品（ヒートシンク2）が放熱の妨げとなるので温度が上がります．

　ヒートシンクに熱の影響を与える部品がないか，ヒートシンクの熱の影響を受けて問題になる部品がないか，熱設計の初期段階において確認する必要があります．

3-15 アルミであれば熱伝導率は変わらないと思った

● **要点**

アルミは，合金の種類によって熱伝導率が変わります．アルミ合金の熱伝導率は純アルミよりも低く純アルミの1/2以下のアルミ合金もあります．

● **アルミ合金は添加物の種類や量で熱伝導率は大きく異なる**

ヒートシンクの材料として，純アルミにケイ素やマグネシウムなどの添加物を加えて，強度や加工性を高めたアルミ合金をよく使います．

添加物の種類や量によって，強度や加工性が変わるだけではなく，熱伝導率も変わります．

図15-1に主なアルミ合金の熱伝導率を示します．純アルミの熱伝導率が一番高く，純アルミの1/2以下のアルミ合金もあります．

アルミであれば，どんな合金であっても熱伝導率は同じだと思い，純アルミの熱

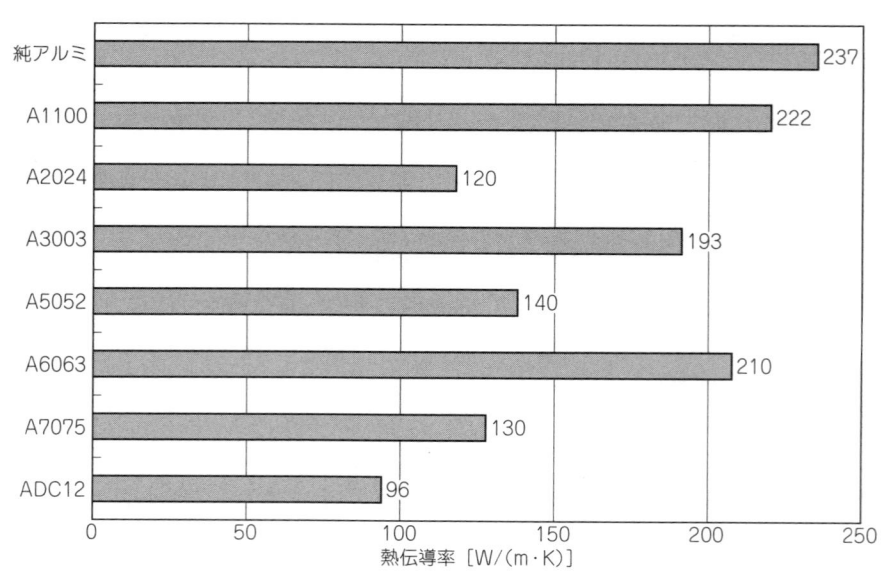

[図15-1] **アルミ合金の熱伝導率**[3]
純アルミに比べるとアルミ合金は熱伝導率が低い

伝導率を使ってヒートシンクを設計してしまうと，放熱性能が足らなくなることがあります．

　アルミ合金については，JIS H 4140「アルミニウムおよびアルミニウム合金鍛造品」が参考になります．

◆参考文献◆

(3) 日本機械学会：伝熱工学資料，第5版．

[自然空冷／強制空冷共通]

3-16　同じアルミ合金であれば熱伝導率は変わらないと思った

● 要点
　調質によって熱伝導率が変わることがあります．ろう付けやはんだ付け，溶接などの高温加工でも熱伝導率が変わることがあります．

● 熱伝導率は「調質」によって変わる
　調質とは，「冷間加工」，「溶体化処理」，「時効硬化処理」および「焼なまし」など，製造工程における加工・熱処理条件の違いによって得られた機械的性質のことをいいます．「質別」ともいいます．

　図16-1に主なアルミ合金の調質と熱伝導率を示します．例えば，アルミ押出材としてよく使われるA6063の熱伝導率は，調質「O」の場合0.22 kW/(m・K)，「$T5$」の場合0.21 kW/(m・K)，「$T6$」の場合0.20 kW/(m・K)です．「$T6$」と比較すると，「O」のほうが約1割熱伝導率が高くなります．

　アルミ合金を放熱材料として使う場合は，合金番号だけではなく調質も確認する必要があります．

▶アルミの調質
　アルミの調質は，アルファベット1文字と，数字で構成されています．アルファベットは，基本記号として，F, O, H, W, Tの5種類があり，Fは「製造したままのもの」，Oは「焼きなまししたもの」，Hは「加工硬化したもの」，Wは「溶体化処理したもの」，Tは「熱処理によってF, O, H以外の安定な調質にしたもの」と定義されています．

　調質が変わると，熱伝導率だけではなく，材料強度や加工性も変わります．「ろう付け」，「はんだ付け」および「溶接」など，熱を加えて加工する場合は，注意しなければなりません．

種類	合金番号	調質	熱伝導性(25℃) kW/(m℃)
1000系	A1050	O	0.23
		H18	0.23
	A1070	O	0.23
		H18	0.23
	A1100	O	0.22
		H19	0.22
2000系	A2011	T3	0.15
		T8	0.17
	A2014	O	0.19
		T4	0.13
		T6	0.15
	A2017	O	0.19
		T4	0.13
	A2024	O	0.19
		T3,T4	0.12
		T6,T81	0.15
	A2618	T6	0.15
3000系	A3003	O	0.19
		H18	0.15
4000系	A4032	O	0.15
		T6	0.14
5000系	A5052	平均	0.14
	A5056	O	0.12
		H38	0.11
	A5083	O	0.12
6000系	A6061	O	0.18
		T4	0.15
		T6	0.17
	A6N01	O	0.21
		T5	0.19
		T6	0.19
	A6063	O	0.22
		T5	0.21
		T6	0.20
7000系	A7075	T6	0.13

[図16-1]
アルミ合金の
熱伝導率[4]
図中に表記され
ているkW/(m℃)
は本書において
kW(m・K) に統
一している

> 同じ合金番号でも
> 調質により熱伝導
> 率が変わる

　調質については，JIS H 0001「アルミニウム，マグネシウムおよびそれらの合金
－質別記号」が参考になります.

◆参考文献◆

(4)　一般財団法人日本アルミニウム協会：アルミニウムハンドブック，第8版.

[自然空冷/強制空冷共通]

3-17　熱抵抗が1/2のヒートシンクを使えば，発熱素子の温度上昇も1/2になると思った

● 要点

　発熱素子の温度上昇に影響を与えるのは，ヒートシンクの熱抵抗だけではありません. 発熱素子のジャンクション－ケース間熱抵抗や接触熱抵抗も影響を与えます.

> 熱抵抗が1/2のヒートシンクを使っても，発熱素子の温度上昇は1/2にはなりません．

● ヒートシンクの熱抵抗を**1/2**にしたときの温度上昇

図17-1(a)のように，消費電力Pを5 W，ジャンクション-ケース間熱抵抗R_{jc1}を5 K/W，ケース-ヒートシンク間熱抵抗(以下：接触熱抵抗)R_{cs1}を0.4 K/W，ヒートシンク-周囲温度間熱抵抗(以下：ヒートシンク熱抵抗)R_{sa1}を10 K/Wとした場合に，ジャンクション-ケース間温度上昇ΔT_{jc1}は25 K，ケース-ヒートシンク間温度上昇ΔT_{cs1}は2 K，ヒートシンク-周囲温度間温度上昇ΔT_{sa1}は50 Kとなります．

ジャンクション-周囲温度間の温度上昇は$\Delta T_{ja1} = \Delta T_{jc1} + \Delta T_{cs1} + \Delta T_{sa1} = 77$ Kとなります．

次に図17-1(b)のように，ヒートシンク熱抵抗R_{sa1}を1/2の$R_{sa2} = 5$ K/Wに置き換えます．$\Delta T_{jc2} = 25$ K，$\Delta T_{cs2} = 2$ K，$\Delta T_{sa2} = 25$ K，$\Delta T_{ja2} = 52$ Kとなります．

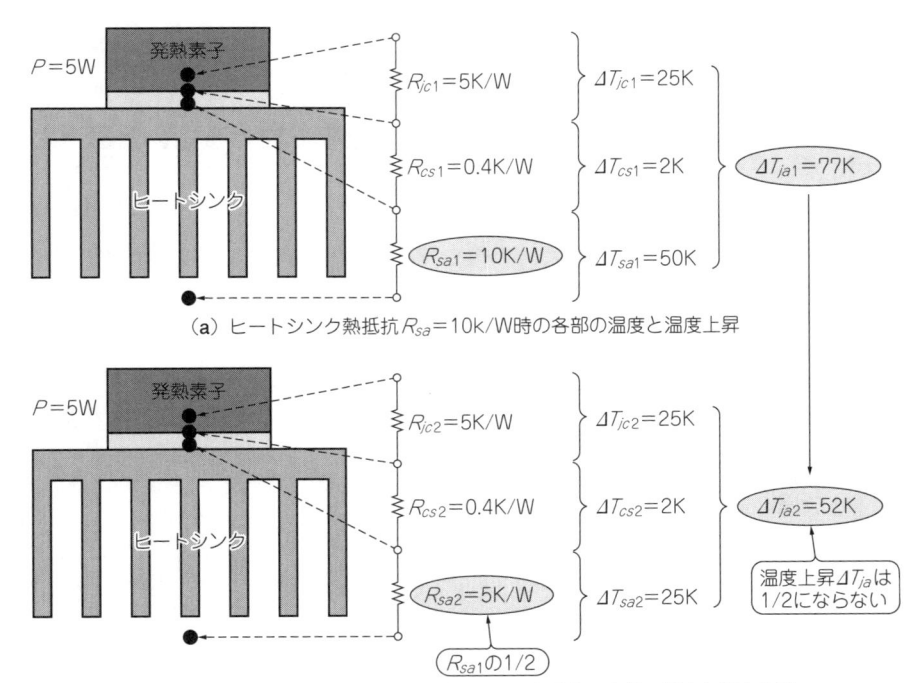

(a) ヒートシンク熱抵抗R_{sa}=10k/W時の各部の温度と温度上昇

(b) (a)のヒートシンク熱抵抗R_{sa}を1/2にした場合の各部の温度と温度上昇

[図17-1] ヒートシンクの熱抵抗を1/2にしたときの温度上昇

[図17-2]　ヒートシンクの熱抵抗 R_{sa} を小さくしたときの放熱効果

ΔT_{ja} の比 $\Delta T_{ja2}/\Delta T_{ja1}$ は，52 K/77 K = 0.68 ですので，熱抵抗が 1/2 になっても，発熱素子の温度は 1/2 にはなりません．

● ヒートシンクの熱抵抗だけではなくジャンクション-ケース間熱抵抗 R_{jc} と接触熱抵抗 R_{cs} を考慮する

ヒートシンクの熱抵抗 R_{sa} を 1/2 にしても，ジャンクション-ケース間熱抵抗 R_{jc} と接触熱抵抗 R_{cs} が 1/2 にならなければ，ΔT_{ja} は 1/2 になりません．ヒートシンク熱抵抗 R_{sa} だけではなく，ジャンクション-ケース間熱抵抗 R_{jc} と接触熱抵抗 R_{cs} を考慮しなければなりません．

ジャンクション-ケース間熱抵抗 R_{jc} と接触熱抵抗 R_{cs} が大きく，ヒートシンク熱抵抗 R_{sa} が小さいほど，ヒートシンクの熱抵抗 R_{sa} だけを小さくしたときの放熱効果は小さくなります（図17-2）．

[自然空冷/強制空冷共通]

3-18　自然空冷でも強制空冷でもフィン効率は変わらないと思った

● 要点

フィン効率は，形状だけではなく，熱伝達率でも変わります．自然空冷に比べて強制空冷のほうが熱伝達率が高いので，フィン効率は低くなります．

● 材質と形状が同じヒートシンクでも熱伝達率が変わるとフィン効率も変わる

フィン根元とフィン先端の厚さが同じ矩形フィンのフィン効率は式(1)で表されます．

$$\eta = \frac{tanh(mH)}{mH} \cdots\cdots\cdots\cdots\cdots\cdots\cdots\cdots\cdots\cdots\cdots\cdots\cdots (18-1)$$

$$m = \sqrt{2h/\lambda b}$$

ただし，H：フィン高さ[m]，b：フィン板厚[m]，h：熱伝達率[W/(m^2・K)]，λ：熱伝導率[W/(m・K)]

式(18-1)より，材質と形状が同じヒートシンクでも，熱伝達率が変わると，フィン効率も変わることがわかります．

[表18-1]　33BS073の熱伝達率とフィン効率
熱伝達率は自然空冷よりも強制空冷が高く，強制空冷において風速が速いほど高い．熱伝達率が高いほどフィン効率は小さくなる

冷却方法		熱伝達率 $[W/(m^2 \cdot K)]$	フィン効率
自然空冷		4.1	0.994
強制空冷	1 m/s	16.8	0.978
	3 m/s	29.0	0.962
	5 m/s	37.5	0.952

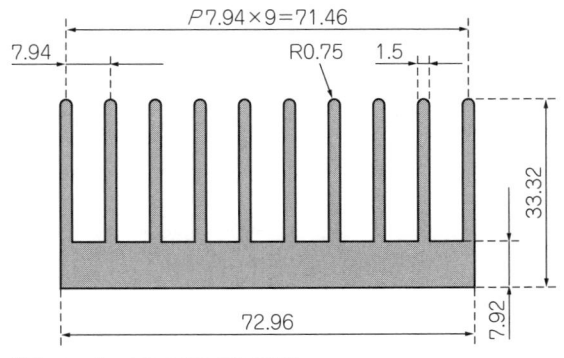

[図18-1]　33BS073断面形状

　三協サーモテックのカタログに掲載されている33BS073の断面形状を**図18-1**，熱伝達率とフィン効率を**表18-1**に示します．熱伝達率は，自然空冷よりも強制空冷のほうが高くなります．また，風速が速いほど高くなります．熱伝達率が高いほどフィン効率は低くなります．

※フィン効率については第2章を参照ください．

[自然空冷／強制空冷共通]

3-19　フィン板厚を2倍にするとフィン効率も2倍になると思った

● 要点
　板厚とフィン効率は比例しないので，フィン板厚が2倍になってもフィン効率は2倍にはなりません．フィンが厚くなるほどフィン効率の変化率は小さくなります．必要以上に厚くしても放熱性能は上がりません．

● フィンの板厚とフィン効率は比例しない
　前項で取り上げた33BS073において，フィン板厚を変えたときのフィン効率を**表19-1**と**図19-1**に示します．**図19-1**から，フィンの板厚とフィン効率は比例しな

[表19-1] フィン高さ25.4 mmにおける
フィン板厚とフィン効率の関係（データ）

フィン板厚 [mm]	フィン効率	
	自然空冷	強制空冷 $V = 3$ m/s時
0.1	0.924	0.652
0.2	0.96	0.781
0.3	0.973	0.84
0.4	0.98	0.874
0.5	0.984	0.896
0.6	0.986	0.912
0.7	0.988	0.923
0.8	0.99	0.932
0.9	0.991	0.939
1	0.992	0.945
1.1	0.992	0.949
1.2	0.993	0.953
1.3	0.994	0.957
1.4	0.994	0.96
1.5	0.994	0.962
1.6	0.995	0.964
1.7	0.995	0.966
1.8	0.995	0.968
1.9	0.996	0.97
2	0.996	0.971

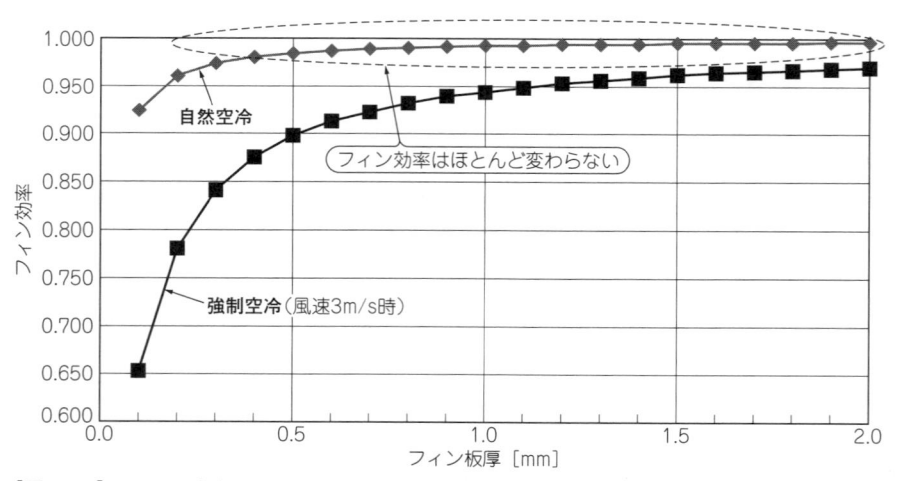

[図19-1] フィン高さ25.4 mmにおけるフィン板厚とフィン効率の関係（グラフ）

いことがわかります．フィンの板厚を2倍にしてもフィン効率は2倍になることはありません．

板厚がある一定以上になると，フィン効率はほとんど変わらなくなります．

3-20 | 同じ包絡体積のヒートシンクにおいて，フィン板厚が薄いと必ず放熱性能は下がると思った

● **要点**

　フィンが厚いほどフィン効率は高くなり放熱性能は上がりますが，フィン板厚が薄くても，フィン枚数を増やすことができれば放熱性能を高めることができます．

● フィン枚数を増やすと放熱性能が高まる場合がある

　フィン板厚が薄いほど，フィン効率が下がり，フィン単体の放熱量は減ります．ただし，**図19-1**の自然空冷のように放熱量が小さい場合は，フィン板厚が薄くなってもフィン効率はほとんど変わらないため，放熱量もほとんど変わりません．

　同じ包絡体積のヒートシンクにおいて，フィン板厚を薄くしてもフィン効率がほとんど変わらない場合は，フィン間隔を変えることなく，フィン枚数を増やすことで放熱性能を高めることができます．

● 自然空冷における具体例

　例えば，包絡体積が同じ，高さ25 mm，幅73 mm，切断長50 mmのヒートシンクで，フィン板厚が$t1.5$ mmと$t1.0$ mmの場合の自然空冷における放熱特性を比べてみます．最適フィン間隔は5 mmとします．フィン板厚$t1.0$ mmのほうがフィンが薄い分，フィン枚数は1枚増えます．

▶フィン効率は変わらない

　図20-1にフィン板厚$t1.5$ mm，**図20-2**にフィン板厚$t1.0$ mmにおけるヒートシンクの断面形状を示します．フィン効率は，フィン板厚が$t1.5$ mmの場合は0.996，$t1.0$ mmの場合は0.994ですので，ほとんど変わりません．

▶5%放熱性能が上がり14%軽くなる

　図20-3にフィン板厚$t1.5$ mmと$t1.0$ mmにおける自然空冷時の温度上昇を示します．フィン板厚$t1.0$ mmのほうが$t1.5$ mmよりも放熱性能が約5％上がり，約14％軽くなります．

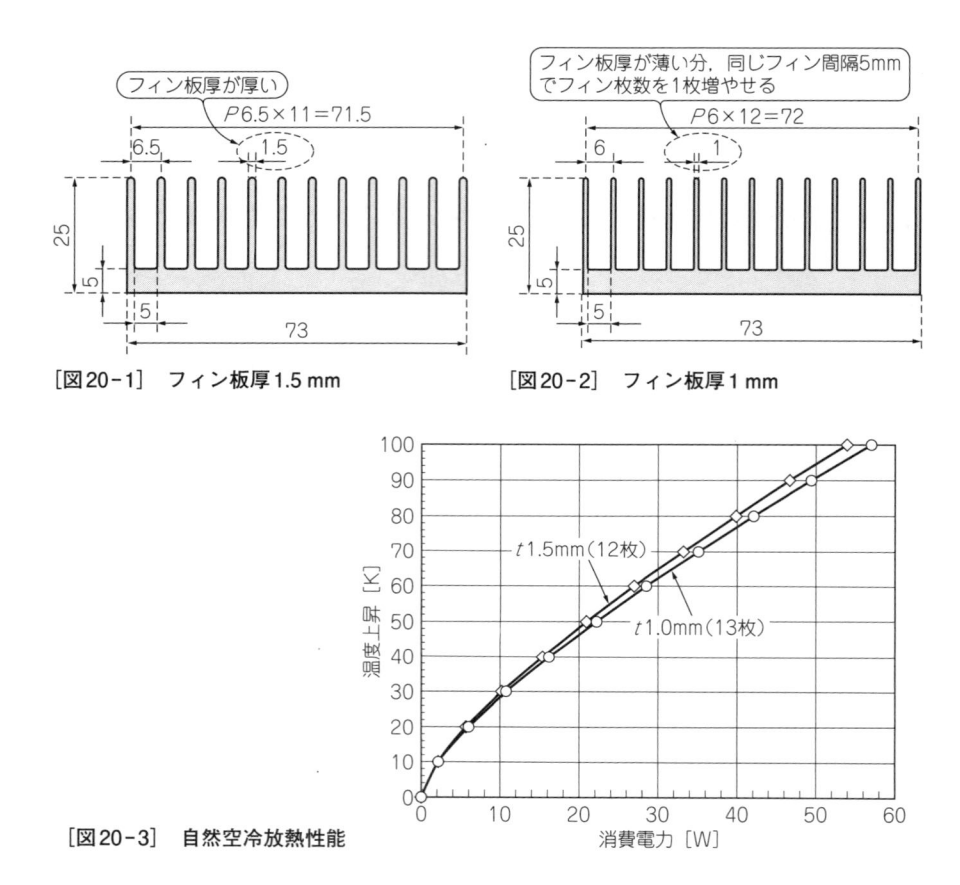

[図20-1] フィン板厚1.5 mm

[図20-2] フィン板厚1 mm

[図20-3] 自然空冷放熱性能

自然空冷

　ここでは，自然空冷の失敗例を紹介します．自然空冷では，熱源によって暖められた空気が上昇することで発生する自然対流を利用しています．ヒートシンクの放熱特性のみで冷却性能が決まるので，ヒートシンクの特徴を十分理解して設計しなければなりません．

3-21 | 表面積が広いほど放熱性能が上がると思い，狭ピッチでフィンをたくさん並べた

● 要点
　フィン枚数が多いほど放熱性能が上がるわけではありません．最適フィン枚数が存在します．

● 伝熱面積と熱伝達率の最適な関係
　ヒートシンクの対流伝熱量を式で表すと次のようになります．

$$Q = hS\Delta T \cdots\cdots\cdots\cdots\cdots\cdots\cdots\cdots\cdots\cdots\cdots\cdots\cdots\cdots\cdots\cdots (21-1)$$

　ただし，Q：対流伝熱量[W]，h：熱伝達率[W/(m²・K)]，S：伝熱面積[m²]，ΔT：温度上昇[K]

　式(21-1)から，伝熱面積が広くて，熱伝達率が高いほど，対流伝熱量が増えることがわかります．

　図21-1に示すくし形ヒートシンクの場合は，フィン枚数を増やせば伝熱面積を広げることができます．しかし，**図21-2**(a)に示すように，伝熱面積を広くするためにフィン枚数を増やすとフィン間隔が狭くなるので，自然対流が抑制されて熱伝達率は低くなります．

　図21-2(b)に示すように熱伝達率を高くするために，フィン間隔を広げて自然対流を促進させると，フィン枚数が減って伝熱面積が狭くなります．

　伝熱面積を広くしようとすると熱伝達率は低くなり，熱伝達率を高くしようとすると伝熱面積が狭くなります．このことは，伝熱面積と熱伝達率の間には対流伝熱量が最大となるポイントが存在することを意味します．対流伝熱量が最大となる場合のフィン間隔を「最適フィン間隔」，フィン枚数を「最適フィン枚数」と呼びます．

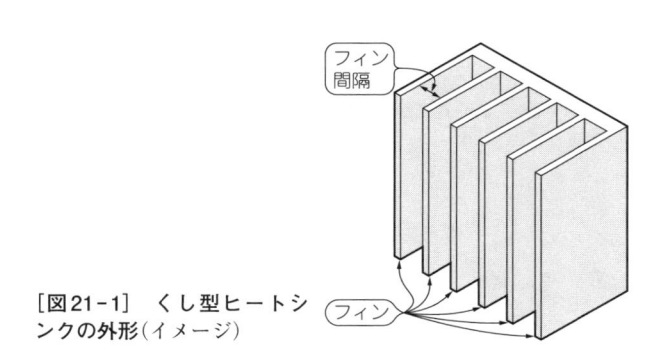

[図21-1]　くし型ヒートシンクの外形(イメージ)

● フィン枚数を増やしていくと放熱性能は頭打ちする

熱流体解析ツールを使って最適フィン枚数を求めます．ヒートシンクには，**図21-3**に示す解析モデルを使います．ヒートシンクの幅を$50\,\mathrm{mm}$に固定し，フィンを5枚から13枚まで1枚ずつ増やしたときの発熱素子の温度を求めます．冷却方式は，自然空冷で，ヒートシンクのサイズが$H30 \times W50 \times L50$，発熱素子のサイズは$W25 \times L25$，発熱素子の消費電力は$10\,\mathrm{W}$です．

▶最適フィン枚数は9枚

フィン枚数と発熱素子温度の関係を**図21-4**に示します．フィン枚数を5枚から1枚ずつ増やしていくと，発熱素子の温度は徐々に下がり9枚のときに一番低くなります．10枚から13枚の間はフィン枚数が増えるほど温度は上がります．最適フィン枚数は9枚です．

▶フィン間の風速と表面積の関係

図21-5に示すように，フィンの枚数が多いほど表面積が増えますが，フィン間の風速は**図21-6**に示すように7枚をピークに下がります．

今回の解析モデルでは，フィン枚数が9枚のときに表面積とフィン間風速のバランスがとれて発熱素子の温度が一番下がりました．

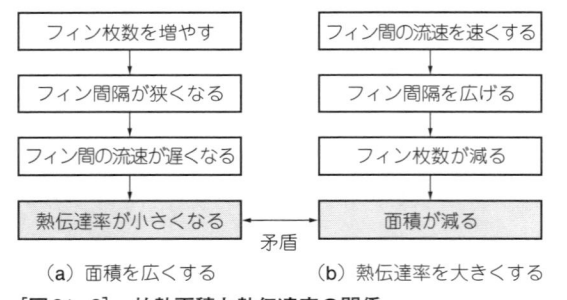

（a）面積を広くする　　　（b）熱伝達率を大きくする

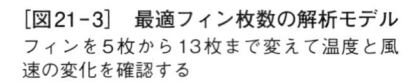

[図21-2]　放熱面積と熱伝達率の関係
どちらも大きくすることは困難．放熱量が最大となる最適フィン間隔が存在する

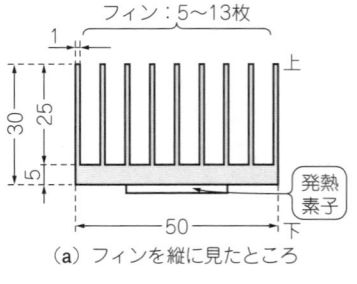

（a）フィンを縦に見たところ

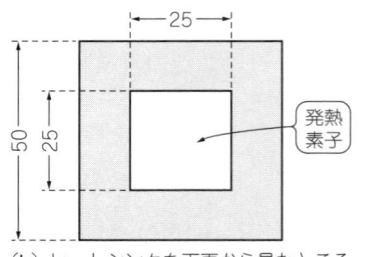

（b）ヒートシンクを下面から見たところ

[図21-3]　最適フィン枚数の解析モデル
フィンを5枚から13枚まで変えて温度と風速の変化を確認する

図21-7にヒートシンクの温度分布と速度分布を示します．フィン間隔が狭くなるほどフィン間の温度は上がり，フィン間での放熱量は低下します．フィン間の風速は，7枚をピークに低下します．

[図21-4]　一番温度の低い9枚が最適フィン枚数

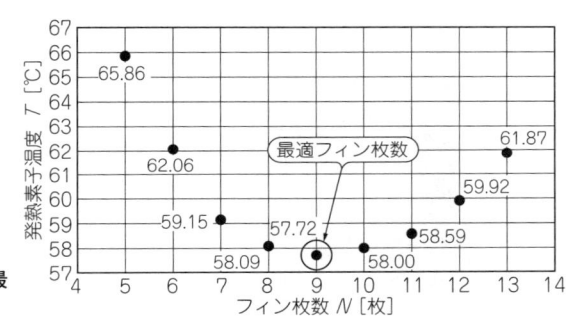

[図21-5]　フィン枚数が増えるほどヒートシンクの表面積も増加する

例えば，7枚から11枚のフィン枚数の範囲で表面積と温度上昇を比較すると，表面積比 28660 mm²（フィン11枚）/18,460 mm²（フィン7枚）＝ 1.6倍に対して，温度上昇比は最大値39.15 K（フィン7枚）/最小値37.72 K（フィン11枚）＝ 1.04倍になる．表面積が1.6倍になっても放熱性能比（温度上昇比）は4％しか変わらない

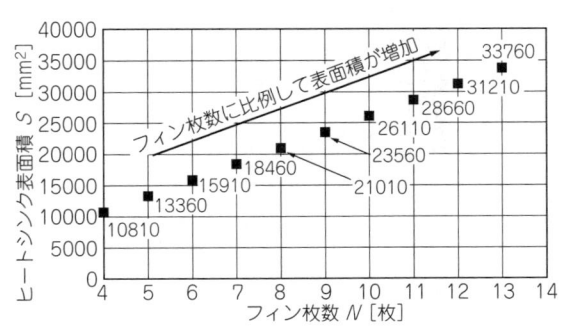

[図21-6]　フィン間最大風速は7枚が一番大きくフィン枚数を増やすと低下する

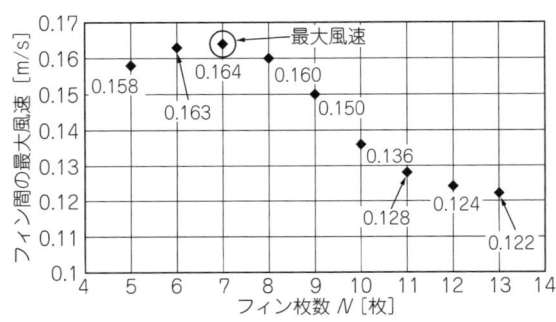

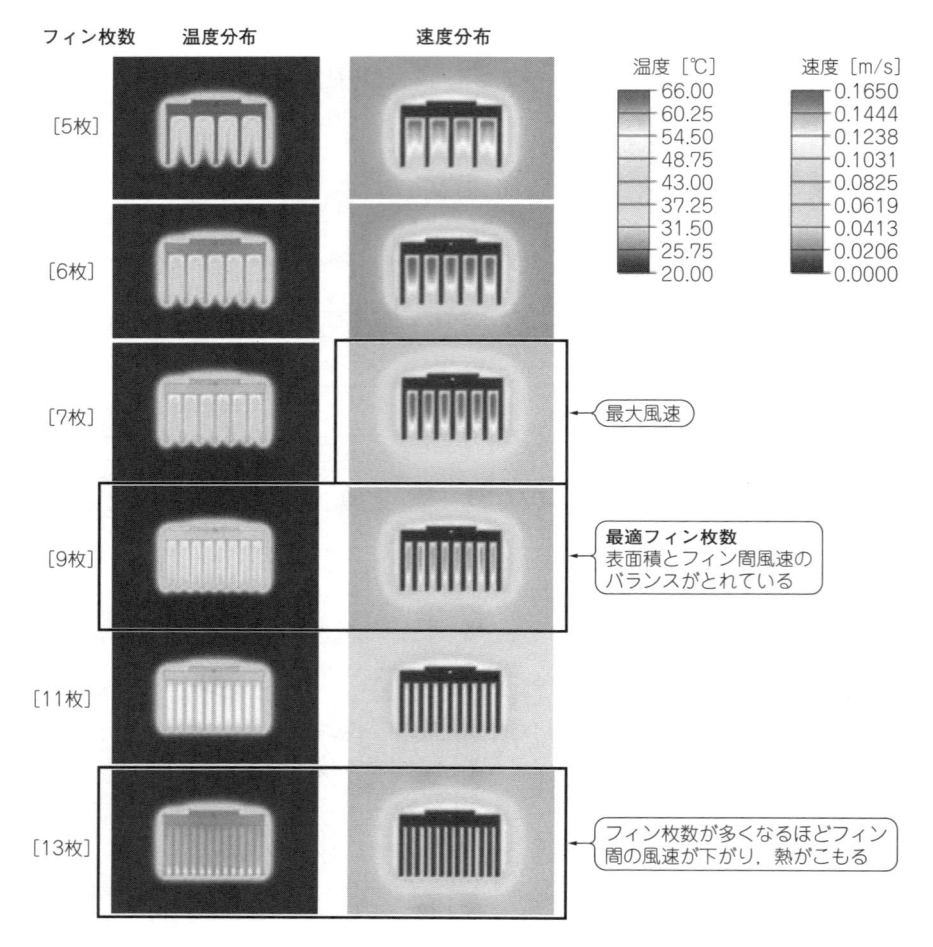

[図21-7]　各フィン枚数における温度分布と速度分布（結果：カラー・ページp.8, 検証9参照）
切断長方向中央の断面の状態を画像化したもの

3-22　最適フィン枚数で設計したヒートシンクがベストだと思った

● **要点**

　同じ包絡体積において最適フィン枚数で設計したヒートシンクの放熱性能が一番高くなります．ただし，自然空冷の場合は，フィン枚数を減らしても実用上放熱性能に影響がないことが多く，フィン枚数を減らすことで軽くできます．

● フィン枚数を減らしても放熱性能の低下はわずか

自然空冷の場合，フィン枚数が多いほど，最適フィン枚数からフィン枚数を1枚減らしても，放熱性能の変化はわずかです．

前項の3-21においてフィン枚数を5枚から13枚まで増やしたときの発熱素子の温度を**図22-1**に示します．最適フィン枚数は，発熱素子の温度が一番低くなる9枚です．ただし，8枚との温度差は58.09 ℃ − 57.72 ℃ = 0.37 K なので温度差はわずかです．

フィン枚数を減らしても放熱性能が実用上問題にならない場合は，最適フィン枚数にこだわる必要はありません．

● フィンを減らして軽量化

フィン枚数が減ればヒートシンクを軽くできるだけでなく，フィン・ピッチが広くなる分，押出難易度が下がるといった効果も期待できます．

● フィン枚数が多いヒートシンクほど，枚数を減らしたときの放熱性能への影響は小さい

図22-1はヒートシンクの幅が50 mmの解析結果ですが，幅が広いヒートシンクほどフィン枚数が多くなり，フィンを減らしたときの減少率が小さくなるので，放熱性能への影響は小さくなります．

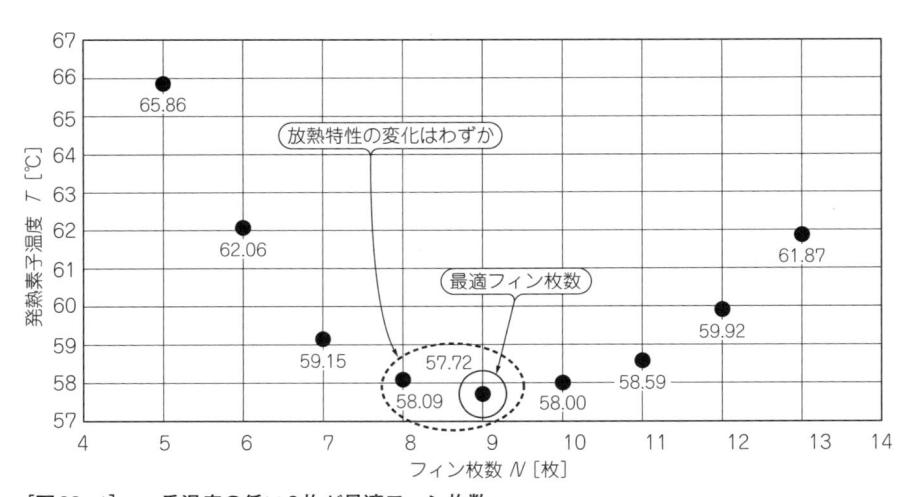

[図22-1]　一番温度の低い9枚が最適フィン枚数

3-23　熱伝導率の高い材料を使えば放熱性能が上がると思い，ヒートシンクの材質をアルミから銅に変えた

● **要点**
　自然空冷のように放熱量が少ない場合は，アルミ製ヒートシンクと銅製ヒートシンクの放熱性能はほとんど変わりません．

● **熱伝導率と放熱性能の関係**

　熱伝導率が高いほど熱が伝わりやすく，放熱性能は上がります．アルミ（A6063-T5）の熱伝導率は210 W/（m・K），純銅の熱伝導率は398 W/（m・K）なので純銅のほうが約1.7倍大きく，アルミよりも銅で作ったヒートシンクのほうが熱伝導と対流熱伝達における放熱性能は上がります．ただし，自然空冷のように放熱量が少ない場合は熱伝導率が高くても放熱性能への影響は小さく，熱伝導率の高い銅を使っても放熱性能はアルミとほとんど変わりません．

　熱流体解析ツールを使って確認します．先述の［3-21］において最適フィン枚数となった9枚フィンのヒートシンクを使って，材質をアルミから銅へ変えた場合の放熱性能を解析しました．解析条件は，自然空冷で，ヒートシンクのサイズが$H30 \times W50 \times L50$，発熱素子の消費電力が10 Wです．

　図23-1にアルミ（A6063-T5）製ヒートシンクの温度を，**図23-2**に銅製ヒートシンクの温度を示します．

▶アルミと銅の放熱性能はほとんど変わらない

　図23-1に示すようにアルミ製ヒートシンクの発熱素子温度は57.72 ℃，**図23-2**に示すように銅製ヒートシンクの発熱素子の温度は57.31 ℃です．材質をアルミから純銅に変えた場合の放熱性能向上率は1.1 %［= (37.72/37.31) − 1］ですので実用上問題になることはほとんどありません．

　これはヒートシンクが小さくて伝熱量が少ないと，熱伝導と対流熱伝達による温度の低下がほとんどないためです．

▶放射伝熱量を含めるとアルミが有利

　今回のモデルは，放射伝熱量を同じにするために，放射率を0.1に設定して解析しています．放射率の高い表面処理を考えた場合，アルミはアルマイト処理によって容易に放射伝熱量を増やせるメリットがあります．

▶コストは圧倒的にアルミが有利

　ヒートシンクの材質は，加工のしやすさや質量，コストなどをトータル的に考え

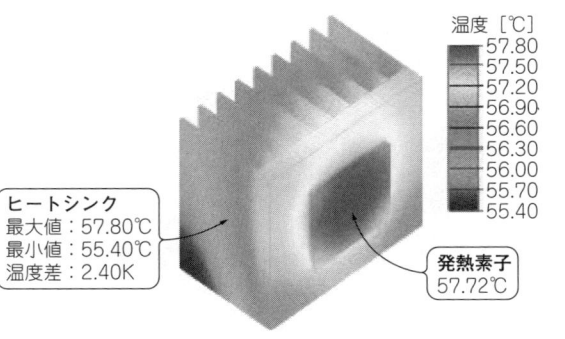

[図23-1] アルミ（A6063）製ヒートシンクの温度分布（結果：カラー・ページp.9，検証10参照）
銅との温度差は0.41 Kになる

ヒートシンク
最大値：57.80℃
最小値：55.40℃
温度差：2.40K

温度［℃］
57.80
57.50
57.20
56.90
56.60
56.30
56.00
55.70
55.40

発熱素子
57.72℃

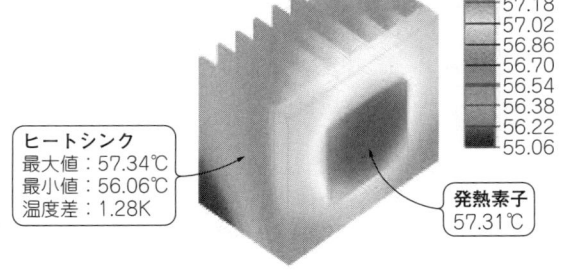

[図23-2] 純銅製ヒートシンクの温度分布（結果：カラー・ページp.9，検証10参照）
銅は熱伝導率が高い分，アルミに比べてヒートシンク内における温度差は小さい

ヒートシンク
最大値：57.34℃
最小値：56.06℃
温度差：1.28K

温度［℃］
57.34
57.18
57.02
56.86
56.70
56.54
56.38
56.22
55.06

発熱素子
57.31℃

て決める必要があります．第2章の表2に示すように，銅はアルミに比べて密度が3.3倍大きく，単位質量あたりの価格は2.5倍高いので，同一体積における材料価格差は8.3倍になります．

[自然空冷]

3-24 ヒートシンクの取り付け方向を変えても放熱性能は変わらないと思った

● 要点

　自然空冷では，ヒートシンクの取り付け方向によって放熱性能が変わります．ヒートシンクの取り付け方向を意識した製品設計をしなければなりません．

● ヒートシンクの放熱性能は垂直，水平上向き，水平下向き，水平横向きの順に悪くなる

　自然空冷では，くし型ヒートシンクの取り付け方向を変えると放熱特性が変わります．先述の[3-21]の解説で求めた9枚フィンのヒートシンクを使って，取り付け

改善効果を数値で！性能向上率

性能がどれだけ上がったかを示す指標として性能向上率があります．性能向上率は次のように定義します．

● 性能が向上すると数値が大きくなる場合（例：放熱量）

Aに対するBの性能向上率は

$$\eta_P = (B/A) - 1 \quad\cdots\cdots\cdots\cdots\cdots\cdots\cdots\cdots\cdots\cdots\cdots\cdots (A)$$

となります．

〈計算例〉

同じ温度上昇で，消費電力を$P_{be} = 100\,\text{W}$から$P_{af} = 130\,\text{W}$に上げられた場合，式(A)より，性能向上率η_Pは

$$\eta_P = P_{af}/P_{be} = 130/100 - 1 = 0.3 = 30\,\%$$

よって，性能向上率は30％になります．

● 性能が向上すると数値が小さくなる場合（例：熱抵抗，温度上昇）

Aに対するBの性能向上率は

$$\eta_T = (1/B)/(1/A) - 1 = (A/B) - 1 \quad\cdots\cdots\cdots\cdots\cdots\cdots (B)$$

となります．

〈計算例〉

周囲温度$T_a = 20\,℃$において，発熱素子の温度が$T_{be} = 48\,℃$から$T_{af} = 40\,℃$に下がった場合

発熱素子の温度から周囲温度を引いて温度上昇を求めます．

$$A = T_{be} - T_a = 28\,\text{K} \quad\cdots\cdots\cdots\cdots\cdots\cdots\cdots\cdots\cdots\cdots\cdots (C)$$
$$B = T_{af} - T_a = 20\,\text{K} \quad\cdots\cdots\cdots\cdots\cdots\cdots\cdots\cdots\cdots\cdots\cdots (D)$$

式(B)に式(C)式(D)を代入し，性能向上率を求めます．

$$\eta_T = (A/B) - 1 = 28/20 - 1 = 0.4 = 40\,\%$$

よって，性能向上率は40％になります．

方向を変えたときの温度分布と発熱素子温度を**表24-1**に示します．フィン高さに対して間隔が狭いヒートシンクの場合は，水平横向きにすると放熱性能がかなり下がります．放熱性能は，通常，垂直，水平上向き，水平下向き，水平横向きの順に悪くなります．

例として，第5章で解説しているFPGAボードZYBO（Digilent）の実測結果を**表24-2**（ヒートシンクなし），**表24-3**（ヒートシンクあり）に示します．

[表24-1] ヒートシンクの取り付け方向と放熱性能(結果：カラー・ページp.10，検証11参照)

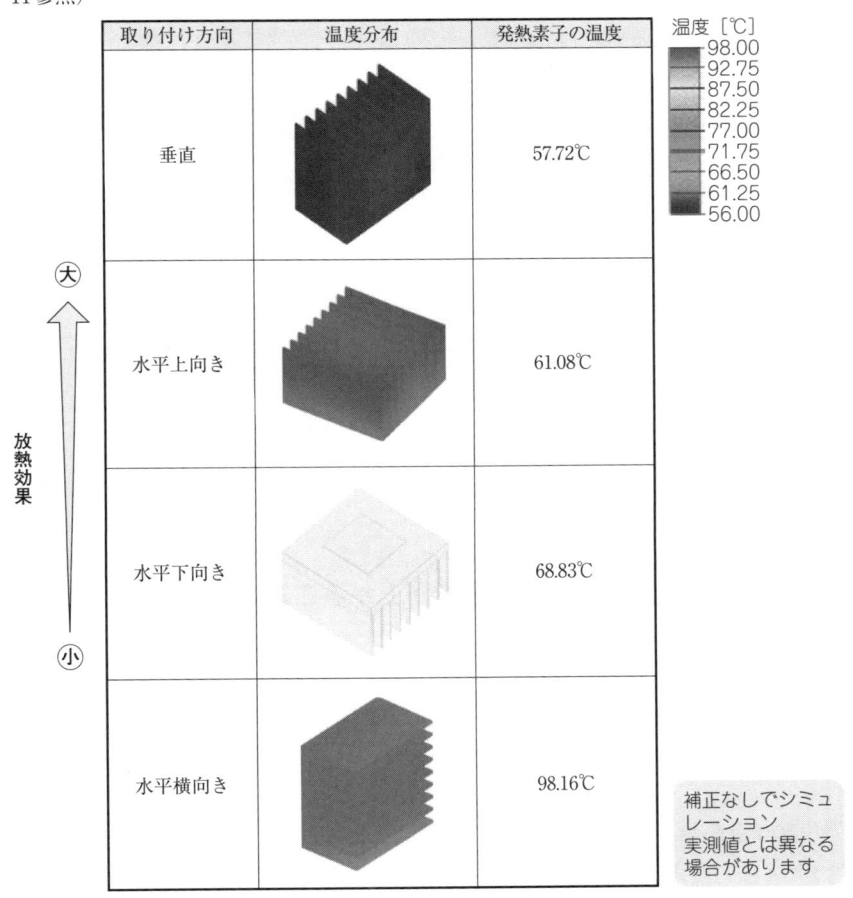

取り付け方向	温度分布	発熱素子の温度
垂直		57.72℃
水平上向き		61.08℃
水平下向き		68.83℃
水平横向き		98.16℃

温度［℃］
98.00
92.75
87.50
82.25
77.00
71.75
66.50
61.25
56.00

放熱効果 大↑小

補正なしでシミュレーション
実測値とは異なる
場合があります

● 基板とヒートシンクの向きの組み合わせで考える

　基板とヒートシンク，双方で放熱する場合は，それぞれの取り付け方向の組み合わせによって放熱性能が変わるので気を付けなければなりません.

[表24-2]　基板取り付け方向の違いによる放熱性能（第5章，FPGAボードZYBOでの実験結果より）

条件	基板取り付け方向	温度上昇 [K]	放熱性能の向上率
①	水平	33.0	基準
②	垂直（短手上下）	32.0	3.1%
③	垂直（長手上下）	32.7	0.9%

①に比べて3.0％放熱性能向上　①に比べて0.9％放熱性能向上

[表24-3]　ヒートシンクを取り付けた場合の基板取り付け方向の違いによる放熱性能（第5章，FPGAボードZYBOでの実験結果より）

条件	基板取り付け方向	温度上昇 [K]	放熱性能の向上率
①	水平	19.1	基準
②	垂直（短手上下）	16.6	15.1%
③	垂直（長手上下）	19.2	− 0.5%

①に比べて13.1％放熱性能向上　①に比べて0.5％放熱性能低下

[自然空冷]

3-25 　表面処理で放熱性能が上がることを知らなかった

● 要点

放射率の高い表面処理ほど放射放熱量が増えるので，ヒートシンクの放熱性能が上がります．

● アルマイト処理で放熱性能が上がる

ヒートシンクの表面の放射伝熱量は，式(25-1)で表せます．

$$Q = \varepsilon S \sigma (T_w{}^4 - T_a{}^4) \cdots\cdots (25-1)$$

ただし，ε：放射率，S：伝熱面積$[\mathrm{m}^2]$，σ：ステファン-ボルツマン定数(5.67×10^{-8}) $[\mathrm{W/(m^2 \cdot K^4)}]$，$T_w$：発熱素子表面温度$[\mathrm{K}]$，$T_a$：周囲温度$[\mathrm{K}]$

式(25-1)から，放射伝熱量は放射率に比例することがわかります．放射率の高い表面処理によって放射伝熱量を増やせます．

図25-1に示すOSV-1022B-L50（三協サーモテック）を例に，表面処理をしていない場合とアルマイト処理をした場合の熱抵抗を比較します．図25-2および表25-1からアルマイト処理をすることにより温度上昇$\Delta T = 50\,\mathrm{K}$時の放熱性能は，19.3 ％ [=(15.3/12.82) − 1]上がります．

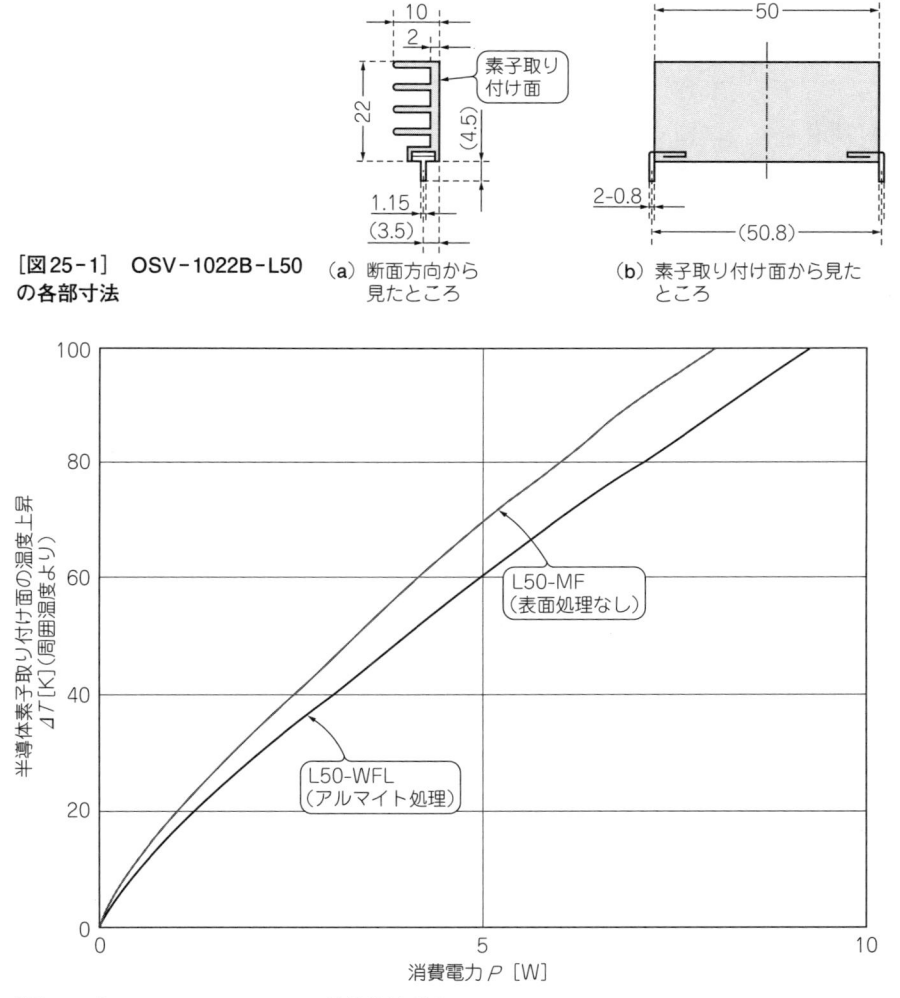

[図25-1] OSV-1022B-L50 の各部寸法　（a）断面方向から見たところ　（b）素子取り付け面から見たところ

[図25-2] OSV-1022B-L50の放熱特性グラフ

[表25-1] OSV-1022B-L50の熱抵抗と重量

切断寸法・表面処理	熱抵抗 [K/W]	重量 [g]
L50-MF（表面処理なし）	15.30	11.5
L50-WFL（アルマイト処理）	12.82	

　表面処理をしていないアルミの放射率は0.1前後といわれています．アルマイト処理によって放射率を0.9前後まで上げることができます．

3-26 白色アルマイト処理を黒色アルマイト処理に変えると放熱性能が上がると思った

● 要点

　ヒートシンクが使われる温度帯(300 〜 400 K)の熱放射は，ほとんどが目に見えない赤外線領域です．放射放熱量と見た目の色には相関関係はありません．

● 白色アルマイトと黒色アルマイトの放熱性能差は実用上ない

　白色アルマイトと黒色アルマイトの放射率を比較すると，一般に黒色アルマイトのほうが少し高いといわれることがあります(第5章の実測例でもアルマイトの放射率がわずかに高い)．ただし，向かい合ったフィンは反射吸収を繰り返すので，くし形ヒートシンクにおける見かけ上の放射率の差は，平板よりも小さくなり，黒色アルマイトと白色アルマイトの放射放熱量はほとんど変わらなくなります．

　更に放射伝熱量は，対流伝熱量に比べて小さいので，ヒートシンクとしての白色アルマイトと黒色アルマイトの放熱性能差は実用上なくなります．

● 目に見えない赤外線領域で熱放射

　黒いということは可視光をほとんど吸収し，白いということは可視光のほとんどを反射していることになります．つまり，黒い物体は可視光の領域で吸収率が1に近く，白い物体は0に近いということです．吸収率と放射率は同じと考えられるので，周囲よりも物体の温度が高い場合に，黒い物体は白い物体よりもよく冷えることになります．

　しかし，実際はそうはなりません．図26-1のように，ヒートシンクが使われる温度帯(約300 〜 400 K)では，赤外線領域での放射が中心なので，見た目の色は関係ありません．例として，白色タイルの単色垂直放射率を図26-2に示します[5]．

　白色タイルの単色垂直放射率は，可視光線領域(0.4 μm 〜 0.8 μm[JIS Z 8120：2001 光学用語])や近赤外線領域(0.8 〜 2.0 μm[JIS Z8117：2002 遠赤外線用語])では0.17前後の低い値を示し，波長が5 μm以上の遠赤外線領域では0.9以上の高い値を示します．可視光近くでは光を吸収しない，いわゆる「白」に近く，波長の長い遠赤外線領域では，吸収率の高い「黒」に近いといえます．

　また，第5章の写真4においてテーブルの上に敷いたシートは「白く」見えますが，放射率は「黒体シール」や「黒体スプレー」と同等です．

　肉眼で白くみえる絶縁物は同じような傾向があります．

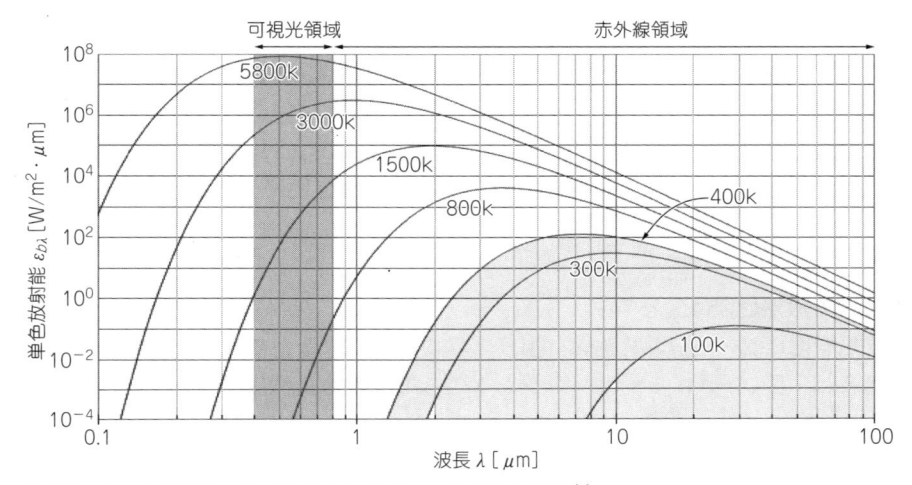

[図26-1]　各温度における黒体から放射される単色放射能[5]
熱放射は，温度が低いと目に見えない赤外線領域がメインになる

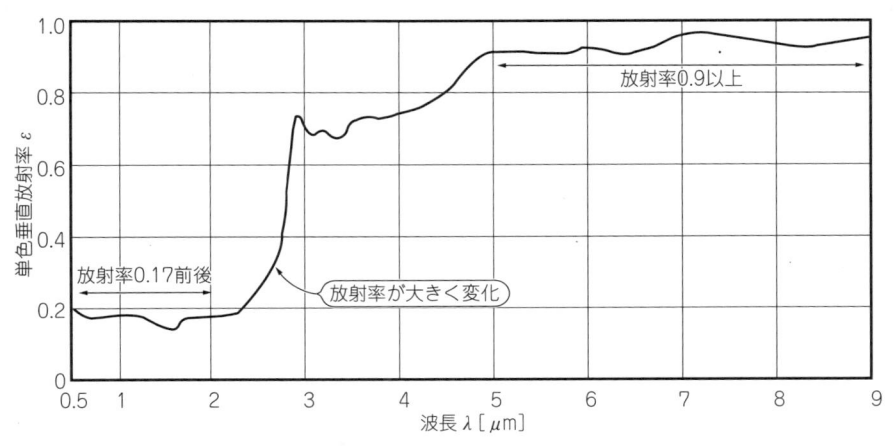

[図26-2]　白色タイルの単色垂直放射率[5]

◆参考文献◆

(5) 日本機械学会；JSMEテキスト・シリーズ伝熱工学.

3-27 温度によってヒートシンクの放熱性能が変わることを知らなかった

● 要点

温度上昇が大きいほど，対流による放熱量が増えるので，放熱性能は上がります．

● ΔTで放熱性能は変わる

自然空冷における放熱性能は，温度上昇によって変化します．

例えば，**図27-1**に示すヒートシンク33BS073の熱抵抗は，**表27-1**に示すようにL50（3.11 K/W）～ L300（1.01 K/W）です．ただし，この値は半導体素子の取り付け面の温度上昇ΔT = 50 Kにおける値なので，50 K以外の場合は**図27-2**のグラフから数値を読み取らなければなりません．

● ΔTが大きいほど熱抵抗は小さくなる

表27-2に，L100における各温度上昇ごとの消費電力と熱抵抗を示します．熱抵抗は一定ではなく，温度上昇ΔTが大きくなるほど小さくなります．これは，温度上昇が大きくなるほど，自然対流が促進されて放熱量が増えるためです．

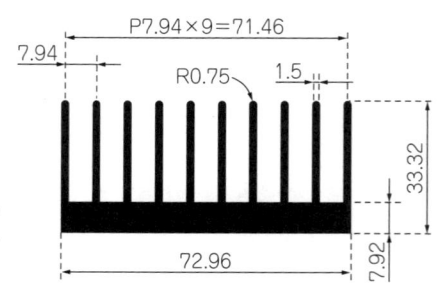

［図27-1］ ヒートシンク（33BS073：三協サーモテック）の**断面形状**

［表27-1］ ヒートシンク（33BS073：三協サーモテック）の**熱抵抗と質量**

切断寸法［mm］	熱抵抗［K/W］	質量［g］
L50	3.11	129
L100	1.97	258
L200	1.29	517
L300	1.01	775

ΔT＝50K時の熱抵抗

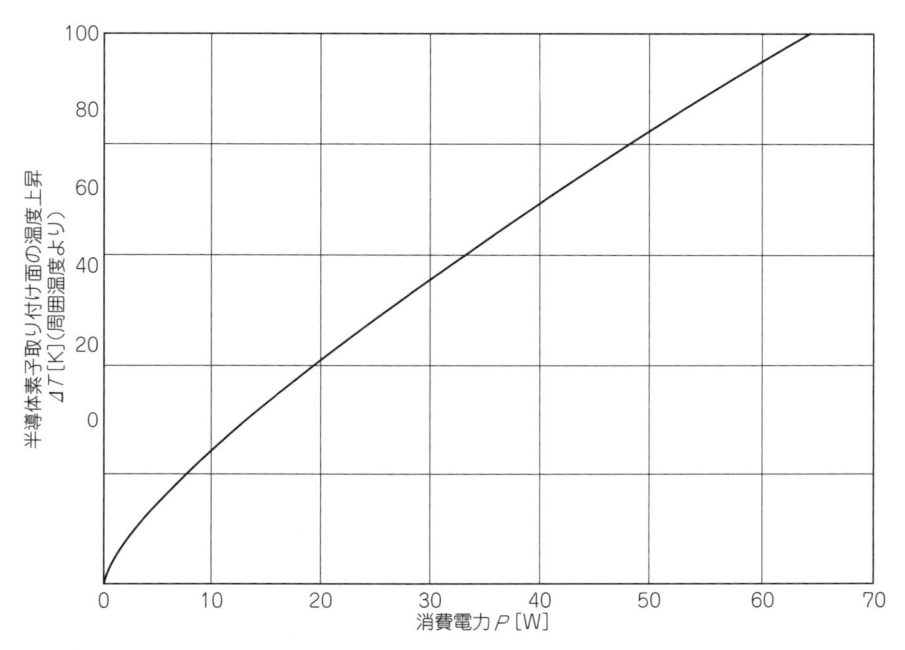

[図27-2]　ヒートシンク（33BS073 - L100：三協サーモテック）の放熱特性グラフ

[表27-2]　ヒートシンク（33BS073 - L100：三協サーモテック）における消費電力と熱抵抗

温度差が大きいほど対流が促進され，熱抵抗は小さくなる

温度上昇 [K]	消費電力 [W]	熱抵抗 [K/W]
100	64.9	1.54
90	54.9	1.64
80	46.0	1.74
70	38.3	1.83
60	31.6	1.90
50	25.4	1.97
40	19.8	2.02
30	14.6	2.05
20	9.50	2.11
10	4.50	2.22

小さくなる

熱抵抗

大きくなる

3-28　放熱性能は包絡体積で決まると思った

● 要点

　ヒートシンクの放熱性能は包絡体積では決まりません．同じ包絡体積の場合は，切断長を長くするよりも幅を広げたほうが放熱性能が上がります．

● 包絡体積が同じでも形状によって放熱性能が変わる

　図28-1に示すように包絡体積から熱抵抗をある程度は予測できますが，厳密には包絡体積が同じでも，形状によって放熱性能は異なります．

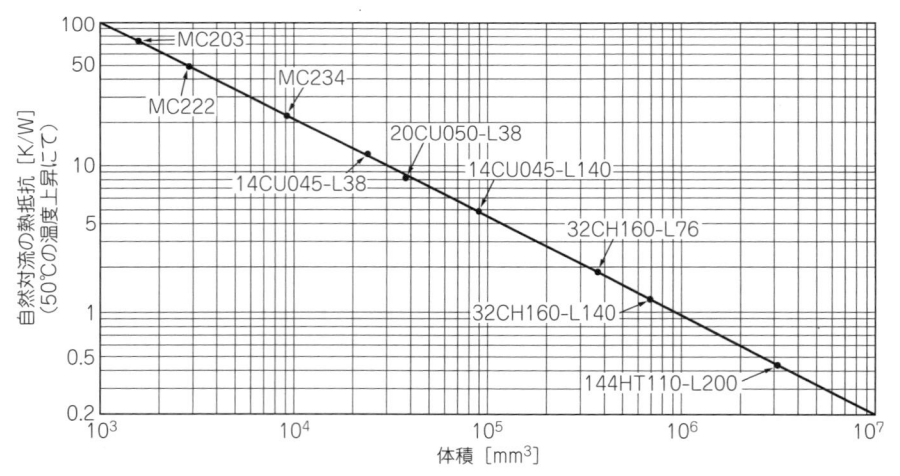

[図28-1]　自然空冷における包絡体積と熱抵抗の関係

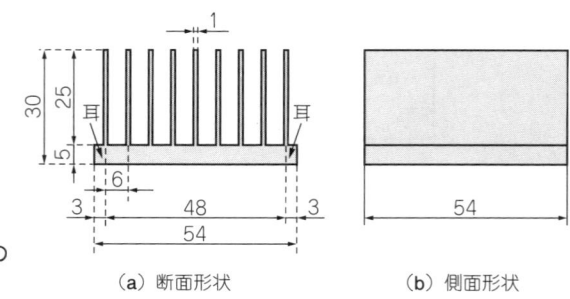

[図28-2]　基本解析モデルの形状　　　　　　　　（a）断面形状　　　　　（b）側面形状

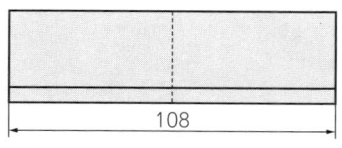

(a) 図38のヒートシンクを切断長方向
　　に2個一体化したもの

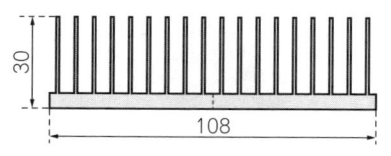

(b) 図38のヒートシンクを幅方向
　　に2個一体化したもの

[図28-3]　比較解析モデルの形状

　同じ包絡体積において，放熱性能が同じ場合，ヒートシンクへの空気の出入口の面積を小さくしたほうが構造設計がしやすいのでヒートシンクの幅を狭くして切断長を長くしがちです.

　ヒートシンクの幅と切断長を変えた場合の放熱性能を熱流体解析ツールを使って解説します.

　解析には，**図28-2**に示す基本形状のヒートシンクを切断長方向および幅方向に2個並べて一体化したモデルを使います. **図28-3(a)**は切断長方向に2個を一体化したモデルで，**図28-3(b)**は幅方向に2個を一体化したモデルです. 放熱面積に差が生じないように，**図28-2**の基本形状の幅方向のベース両端に耳をつけています.

▶解析条件

- 共通条件：自然空冷，発熱素子の消費電力10W，周囲温度20℃
- 切断長方向に2個を一体化したモデル
  ヒートシンクサイズ：$H30 \times W54 \times L108$
  発熱素子サイズ：$W54 \times L108$(全面均一加熱)
- 幅方向に2個を一体化したモデル
  ヒートシンクサイズ：$H30 \times W108 \times L54$
  発熱素子サイズ：$W108 \times L54$(全面均一加熱)

● 包絡体積が等しいなら幅広形状のほうが放熱性能がよい

　図28-4と**図28-5**が解析結果です. **図28-4(a)**, **図28-5(a)**は, 同じ温度範囲(最小値41.2℃, 最大値47.0℃)における温度分布です. 幅の広い**図28-5(a)**のほうが温度が低く放熱性能が高いことがわかります. 発熱素子温度は**図28-4(a)**が46.76℃に対して，**図28-5(a)**は41.97℃なので，**図28-5(a)**のほうが21.8 %[=(26.76/21.97) − 1]放熱性能が高くなります.

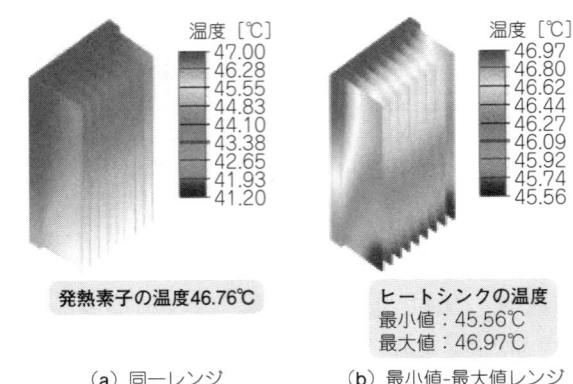

発熱素子の温度46.76℃

ヒートシンクの温度
最小値：45.56℃
最大値：46.97℃

（a）同一レンジ　　　　　　（b）最小値-最大値レンジ

[図28-4]　切断長方向に2個を一体化したモデルの温度分布（結果：カラー・ページpp.11 - 12，検証12参照）

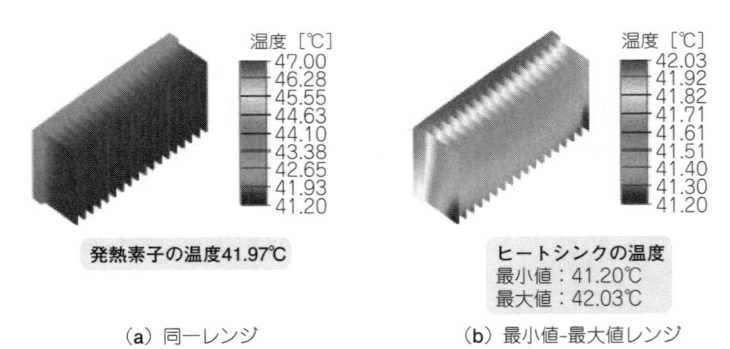

発熱素子の温度41.97℃

ヒートシンクの温度
最小値：41.20℃
最大値：42.03℃

（a）同一レンジ　　　　　　（b）最小値-最大値レンジ

[図28-5]　幅方向に2個を一体化したモデルの温度分布（結果：カラー・ページpp.11 - 12，検証12参照）

● 幅広形状のほうがヒートシンク内の温度差が小さい

図28-4(b)，図28-5(b)は，最小値-最大値温度における温度分布です．図28-4(b)が最小値45.56℃，最大値46.97℃，図28-5(b)が最小値41.20℃，最大値42.03℃なので，図28-5(b)のほうが温度差が小さくなります．1個のヒートシンクで複数の発熱素子の放熱を考える場合は，幅広形状のほうが発熱素子の温度バランスを取りやすくなります．

● 幅広形状のほうが小型軽量化できる

同じ包括体積で幅広形状のほうが放熱性能が高いということは，同じ放熱性能であれば幅広形状のほうが小型軽量化できるということです．

3-29 | 放熱面積が広いほど放熱性能が上がると思い，ローレット付きヒートシンクを使った

● 要点

ローレットを付ければ表面積は増えますが，境界層内にローレットが入ってしまうので，放熱性能は上がりません．

● ローレットを付ければ表面積は広くなるが放熱性能は変わらない

固体表面に金属に施す細かい凹凸状の加工のことをローレットといいます．**写真29-1**にローレット付きヒートシンクの外観を示します．また，**図29-1**にローレットの形状例を示します．細かい三角の山と谷が連続しており，**図29-1**に示すロ

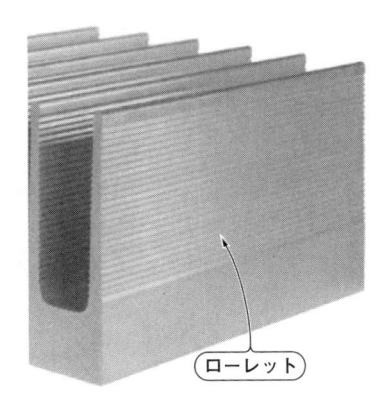

［写真29-1］ 凹凸状の加工が施されたローレット付きのヒートシンク

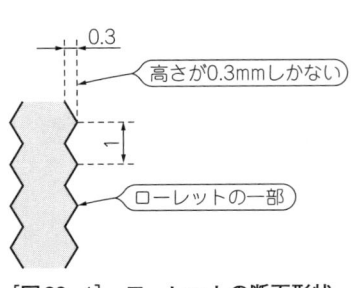

［図29-1］ ローレットの断面形状

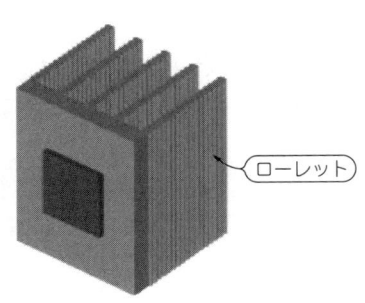

［図29-2］ ローレット付きヒートシンクの解析モデル

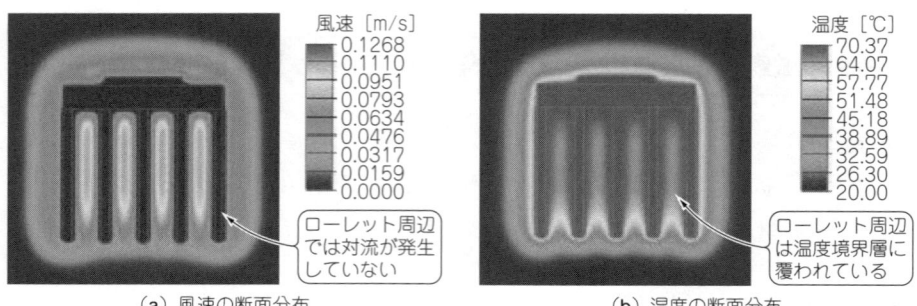

（a）風速の断面分布　　　　　　　　　　　（b）温度の断面分布

[図29-3]　ローレット付きヒートシンクの解析結果（結果：カラー・ページp.13，検証13参照）

ーレット付きのフィンの表面積は，ローレットなしに比べて1.17倍広くなります．表面積が広いと放熱性能も上がりそうですが，そうはなりません．

　熱流体解析ツールを使って確認します．**図29-2**に解析モデル，**図29-3**に解析結果を示します．冷却方式は，自然空冷で，ヒートシンクのサイズがH20 × W21 × L25，発熱素子のサイズがW10 × L10，発熱素子の消費電力が3 Wです．

　図29-3(a)に示す速度分布では，ローレットが完全に速度境界層に覆われていることがわかります．ローレットの谷部の空気層の速度はほぼ0 m/sですので対流熱伝達による熱の移動がありません．**図29-3**(b)に示す温度分布においてもローレットの谷部の温度はフィン表面とほとんど変わりません．ローレットの放熱効果がないことがわかります．

　自然空冷だけではなく強制空冷でも，切断長が短く，風速が速い場合を除いて，自然空冷と同様にローレットの実用上の効果はありません．

強制空冷

　ここでは，強制空冷の失敗例を紹介します．強制空冷では，ヒートシンクだけではなく風を送るファンの選択や使い方も重要になります．

[強制空冷]

3-30	包絡体積から強制空冷用ヒートシンクを選んだ

● 要点

　強制空冷において，包絡体積と熱抵抗の間には相関関係がありません．包絡体積からヒートシンクを選ぶことはできません．

● 包絡体積から熱抵抗は決まらない

自然空冷では，温められた空気の浮力によって発生する自然対流を利用して放熱します．自然対流における空気の浮力は弱く，フィン間隔が最適フィン間隔よりも狭くなると対流速度が遅くなり放熱性能は頭打ちになるので，熱抵抗は，ある程度は包絡体積から決まります．

強制空冷では，強制的に空気を流すため，フィン枚数が多くて表面積が広いほど，熱抵抗は小さくなります．また，風速が速いほど熱抵抗は小さくなります．包絡体積から熱抵抗は決まりません．

● 包絡体積と風速が同じでも6倍以上の熱抵抗差が生じる

三協サーモテックのカタログに掲載されているくし型ヒートシンク(BSシリーズ)の，自然空冷における熱抵抗と包絡体積の関係を**図30-1**に，強制空冷における関係を**図30-2**に示します．また，強制空冷専用ヒートシンク(WCシリーズ)の強制空冷における関係を**図30-3**に示します．

● 包絡体積だけではヒートシンクを選べない

包絡体積$6 \times 10^5 \, \mathrm{mm}^2$における，自然空冷と強制空冷の熱抵抗の最大値と最小値の比率(最大値／最小値)を比較します．**図30-1**から自然空冷の比率は最大1.3 K/

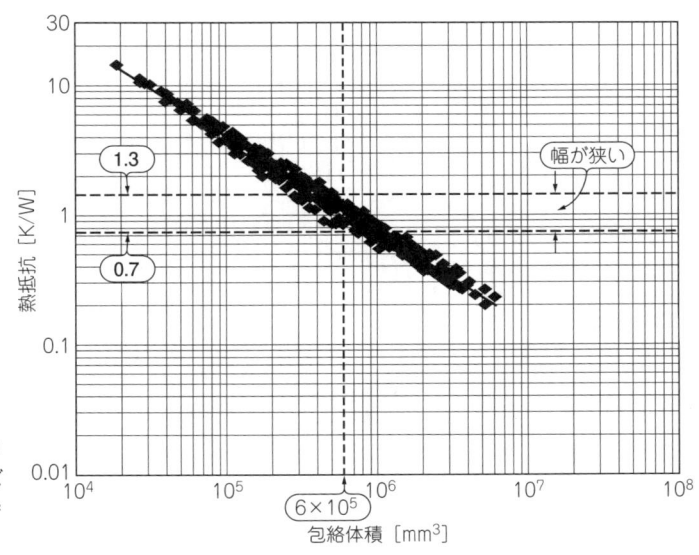

[図30-1] BSシリーズ(自然空冷)…ばらつきの幅1.3/0.7＝1.9

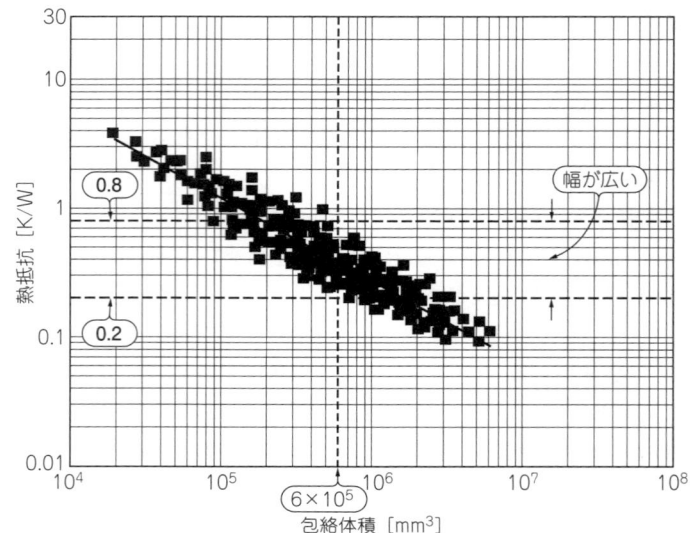

[図30-2] BSシリーズ（強制空冷：風速3 m/s）…ばらつきの幅0.8/0.2＝4

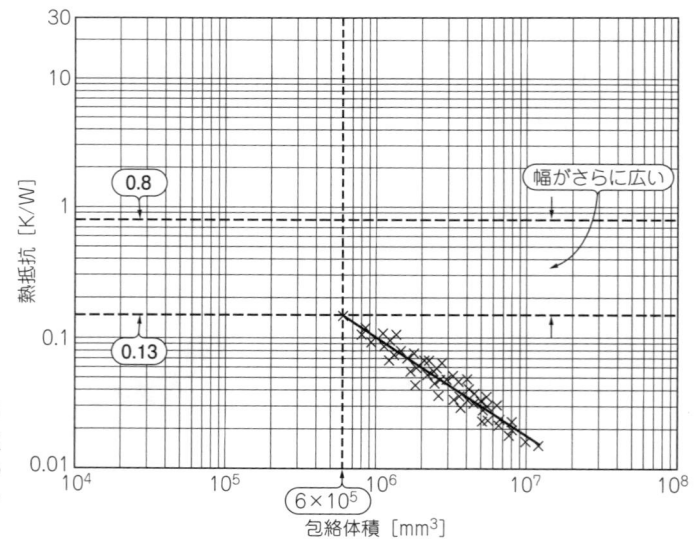

[図30-3] WCシリーズ（強制空冷：風速3 m/s）… 図30-2のBSを含めたばらつきの幅0.8/0.13＝6.2

W ／最小0.7 K/W＝1.9，**図30-2**から強制空冷での比率は最大0.8 K/W ／最小0.2 K/W＝4，自然空冷と強制空冷の比は4/1.9＝2.1倍になるので，強制空冷の方が2倍以上ばらついていることが分かります．

　さらに，強制空冷専用ヒートシンク（WCシリーズ）の平均値0.13 K/Wと，BSシ

リーズ最大値0.8 K/Wを比べると0.8 K/W/0.13 K/W＝6.2倍になります．6.2倍違うと，相関関係があるとはいえません．

図30-3は風速3 m/sにおける特性です．それ以上に風速が上がるとさらに熱抵抗の幅が広がります．

包絡体積からは強制空冷用ヒートシンクは選べません．

[強制空冷]

3-31	風速を2倍にすれば，放熱性能も2倍になると思った

● 要点

　風速を2倍にしても熱伝達率が2倍にならないので放熱性能は2倍にはなりません．

● 風速を2倍にしても放熱性能は2倍未満

　風速を2倍にすれば熱を運ぶ空気の量が2倍になるので，放熱性能も2倍になりそうですが，そうはなりません．

　強制空冷用ヒートシンク（WCシリーズ）のカタログ・データで確認します．

　ここでは，50WC120を使って解説します．他のWCシリーズでも傾向は同じです．

写真31-1に50WC120の外観，図31-1に風速と熱抵抗の関係を示します．

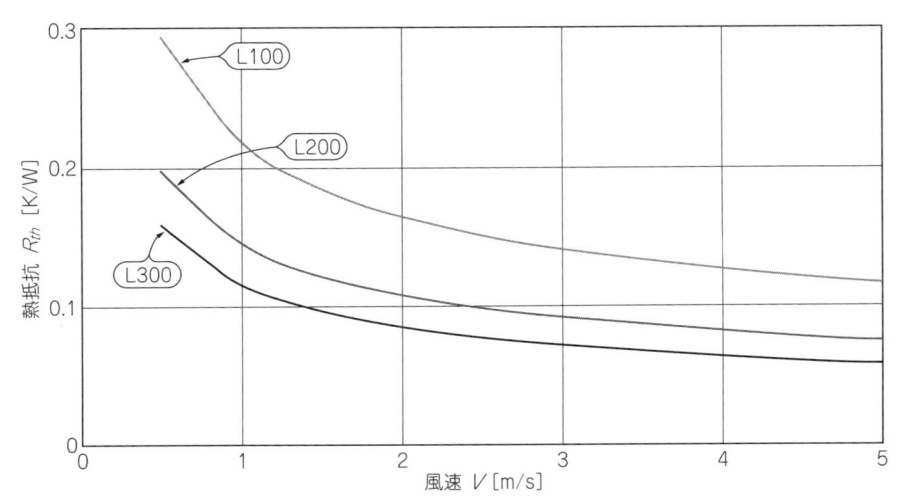

[図31-1]　50WC120-L100の放熱特性グラフ

表31-1に示すように，カタログに掲載されている熱抵抗は，代表値である風速3 m/sにおける値です．風速0.5 ～ 5 m/sの熱抵抗を**表31-2**に示します．

この中から風速が2倍になる組み合わせ①1 m/s － 2 m/s，②1.5 m/s － 3 m/s，③2 m/s － 4 m/s，④2.5 m/s － 5 m/sの4通りについて，熱抵抗の比率をまとめたのが**表31-3**です．

比較する風速と切断長でバラツキがありますが，熱抵抗比はほぼ1.3倍です．風速を2倍にしても放熱性能は2倍にはなりません．

[写真31-1] **強制空冷用ヒートシンクWCシリーズ**(50WC120 - L100)**の外観**

[表31-1]　**50WC120-L100の熱抵抗と質量**

代表値(風速3 m/s)

切断寸法 [mm]	熱抵抗 [K/W] 風速3 m/s	質量 [g]
L100	0.141	555
L200	0.092	1116
L300	0.072	1671

[表31-2]　**切断長L100，L200，L300の各風速における熱抵抗**

風速 [m/s]	L100 [K/W]	L200 [K/W]	L300 [K/W]
1	0.218	0.146	0.116
1.5	0.184	0.123	0.097
2	0.164	0.109	0.086
2.5	0.151	0.099	0.078
3	0.141	0.092	0.072
3.5	0.133	0.087	0.068
4	0.126	0.082	0.064
4.5	0.121	0.079	0.061
5	0.117	0.075	0.059

[表31-3]　**切断長L100，L200，L300の熱抵抗比**

比較風速	L100の比率	L200の比率	L300の比率
①1 m/s / 2 m/s	1.32	1.34	1.35
②1.5 m/s / 3 m/s	1.31	1.33	1.34
③2 m/s / 4 m/s	1.30	1.32	1.34
④2.5 m/s / 5 m/s	1.29	1.32	1.33

3-32 | ファンの最大風量がヒートシンクに流れる風量だと思った

● **要点**

ヒートシンクには圧力損失があるので,実際に流れる風量は,最大風量よりも少なくなります.

● **実際の風量は最大風量よりも少なくなる**

ファンの最大風量をヒートシンクに流れる風量と勘違いすることがあります.表32-1に□120ファン(山洋電気)のカタログ・データを示します.風量に関する数値は最大風量だけなので,勘違いするのかもしれません.

最大風量は,ファンの風をさえぎるものがない状態(静圧0 Pa)における風量です.ファンを使ってヒートシンクに風を流すとヒートシンクの圧力損失の影響を受けて,最大風量よりも実際に流れる風量は少なくなります.

● **実際の風量の求め方**

ファンとヒートシンクを使って,実際にヒートシンクに流れる風量を求めてみます.ファンは9G1212A401(**写真32-1**,山洋電気),ヒートシンクは124CB124-L200(**図32-1**,三協サーモテック)を使います.ファンやヒートシンクが変わっても,基本的な考え方は同じです.

図32-2に示すヒートシンクの圧力損失グラフを,**図32-3**のファン静圧特性グラフに重ね合わせます.交点を動作点と呼びます.動作点における風量が実際に流れる風量2.6 m³/minです.ファンの最大風量2.83 m³/minよりも小さくなります.

[**表32-1**] 実際の空冷用ファン(山洋電気製,□120 mm × 25 mm厚)の仕様

型名	定格電圧 [V]	使用電圧範囲 [V]	定格電流 [A]	定格入力 [W]	定格回転速度 [min⁻¹]	最大風量		最大静圧		音圧レベル [dB(A)]
						[m³/min]	[CFM]	[Pa]	[inchH₂O]	
9G1212G401			0.90	10.8	4100	3.68	130	120	0.482	51
9G1212E401		10.2〜13.8	0.58	6.96	3650	3.25	115	98	0.394	48
9G1212A401			0.40	4.80	3150	2.83	100	77	0.309	44
9G1212H401	12	6〜13.8	0.31	3.72	2850	2.50	88	64	0.257	40
9G1212F401		7〜13.8	0.19	2.28	2250	1.98	70	42	0.169	35
9G1212M401			0.14	1.68	1950	1.66	59	31	0.124	29
9G1212B401		10.2〜13.8	0.06	0.72	1000	0.88	31	9.6	0.039	18

[写真32-1] 空冷用ファン9G1212A401
（山洋電気）

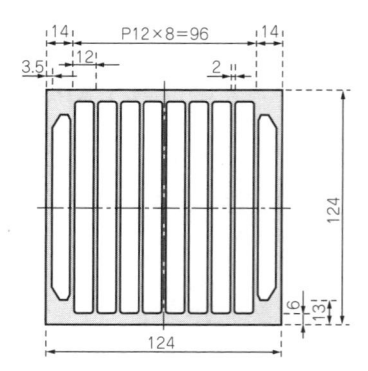

[図32-1] ヒートシンク124CB124
の断面形状

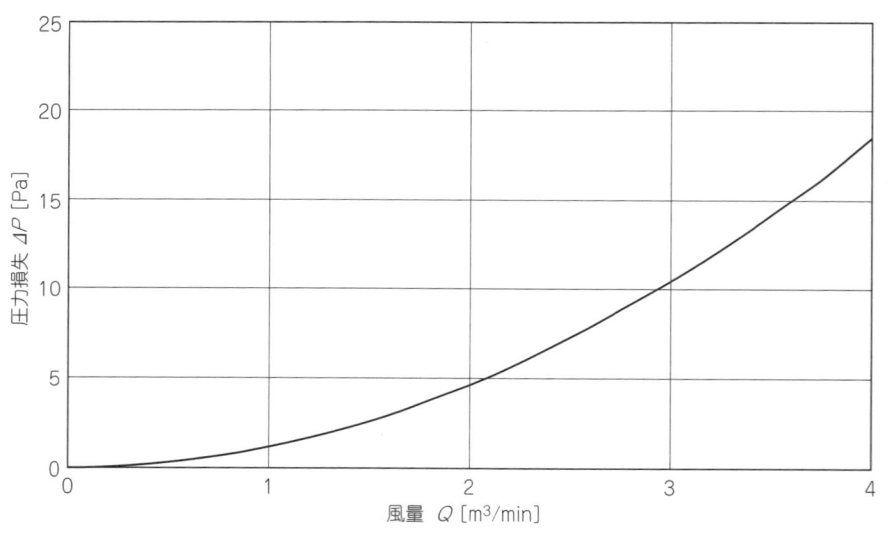

[図32-2] 124CB124の圧力損失-風量特性

● ヒートシンクの熱抵抗の求め方

　風量がわかれば，ヒートシンクの熱抵抗を求めることができます．一般に，ファンは風量で，ヒートシンクは風速で特性を表します．ヒートシンクの熱抵抗を求めるには風量を風速に換算しなければなりません．

　風速は，風量を断面積で割って求めます．風量が2.6 m³/min，ヒートシンクの断面積が124 mm × 124 mmにおける風速は，$2.6 × 10^6/124^2 × 60 = 2.8$ m/sになります．

　切断長L200，風速2.8 m/sにおける熱抵抗は，**図32-4**より0.145 K/Wとなります．

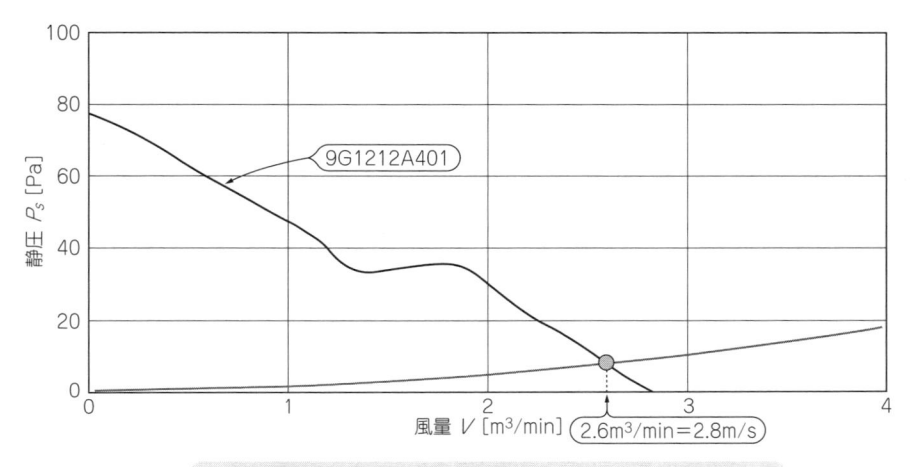

● 風速と風量の関係式
風量 [m³/min]＝(60×風速[m/s]×風洞断面積[mm²])/1000000
風速 [m/s]＝1000000×風量[m³/min]/(60×風洞断面積[mm²])

[図32-3] 124CB124の静圧-風量特性

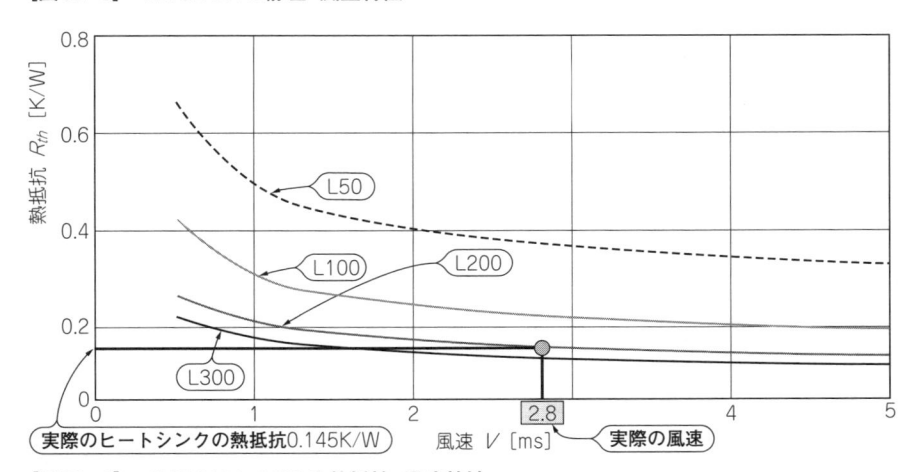

実際のヒートシンクの熱抵抗0.145K/W　　実際の風速

[図32-4] 124CB124-L200の熱抵抗-風速特性
図32-1の風量を風速に換算して熱抵抗を求める

[強制空冷]

3-33 | ヒートシンクとファンの動作点を気にしなかった

● 要点

ファンは動作点によって特性が変わります．安定領域での使用が基本です．

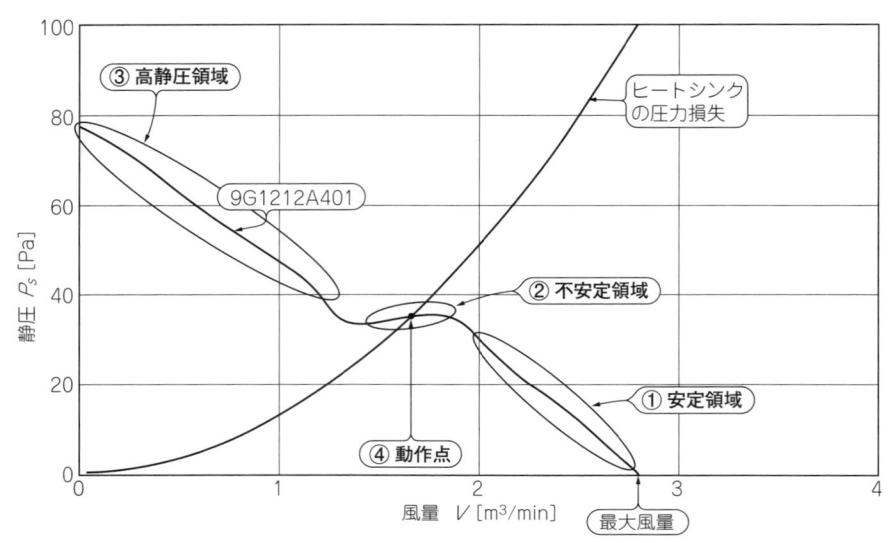

[図33-1]　ファン静圧-風量特性の例

● 軸流ファンの不安定領域は避ける

　軸に沿って送風する軸流ファンの静圧特性は，全体としては風量が上がるほど静圧が下がりますが，図33-1に示すように最大風量の1/2付近に逆転もしくは風量が上がっても，静圧がほとんど変わらない「②不安定領域」があります．

　ヒートシンクの圧力損失とファンの静圧特性を重ねた「④動作点」が「②不安定」領域の範囲内だと風量が安定しないので放熱性能も安定しません．

　「③高静圧領域」では，「①安定領域」に比べると静圧／風量比が高くなるので，静圧が高いわりに「①安定領域」に比べて，風量は小さくなります．

　動作点が「①安定領域」になるようなファンの選定が基本です．

[強制空冷]

3-34	ファンを2台直列に並べれば，風量も2倍になると思った

● 要点

　ファンを直列に並べても風量はほとんど変わりません．風量を増やすためには，並列に並べる必要があります．ただし，並列に2台並べても風量は2倍にはなりません．

● ファンを2台直列に並べても動作点付近の風量は変わらない

ヒートシンクにファンを2個直列に並べて取り付けた状態を**図34-1**に示します. ファンを1台取り付けた場合と2台取り付けた場合の静圧‐風量特性を**図34-2**に示します.

ファンを2台直列に並べれば, **図34-2**に示すように最大静圧は2倍近くになりますが, 最大風量は変わりません. ヒートシンクの圧力損失を重ね合わせた動作点を比べてもファンが1台と2台では, 実際に流れる風量はほとんど変わりません.

静圧を上げるためにファンを直列に連結するとファン同士が干渉することがあります. そういった場合は二重反転ファンを使うか, ヒートシンクの吸い込み口と吐出し口にそれぞれ1台, 同じ種類のファンを取り付ける方法があります.

● 風量を増やすにはファンを並列に並べる

ファンを2台並列に並べれば最大風量は約2倍になります. ただし, ヒートシンクの圧力損失を重ね合わせた動作点での風量は**図34-3**に示すように2倍よりも少なくなります. **図34-4**のようなダクトを使う場合は, ダクトでの損失も考慮しなければなりません.

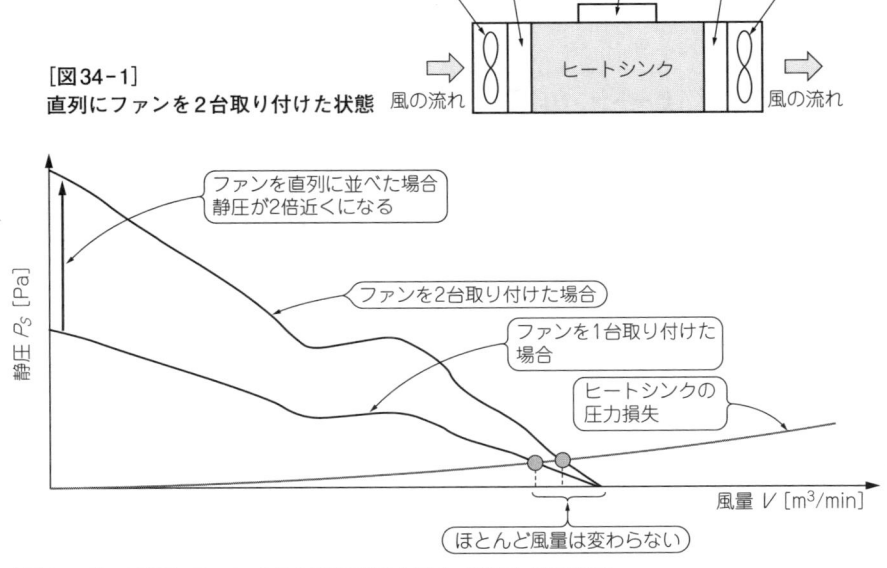

[図34-1]
直列にファンを2台取り付けた状態

[図34-2]　直列にファンを2台取り付けた場合の静圧‐風量特性

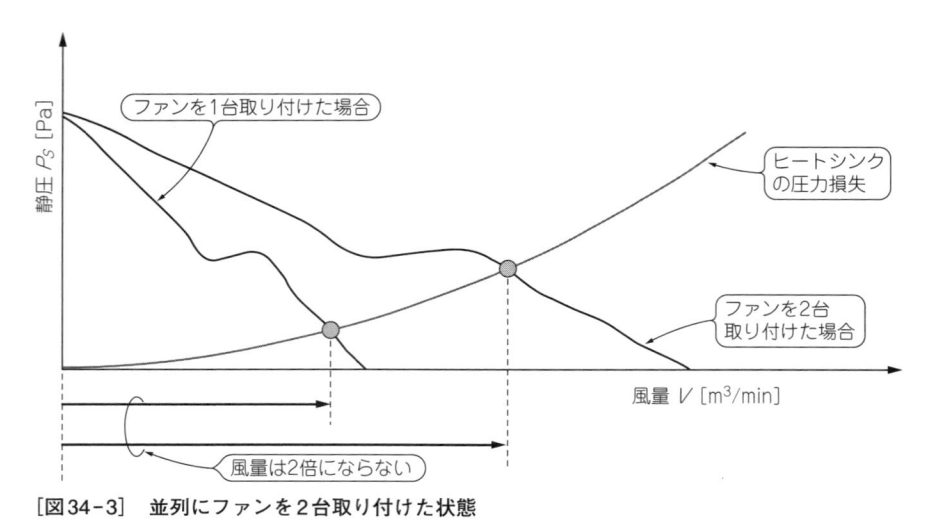

[図34-3] 並列にファンを2台取り付けた状態

静圧 P_S [Pa]

ファンを1台取り付けた場合

ヒートシンクの圧力損失

ファンを2台取り付けた場合

風量 V [m³/min]

風量は2倍にならない

[図34-4]
並列にファンを2台取り付けた場合の
静圧-風量特性

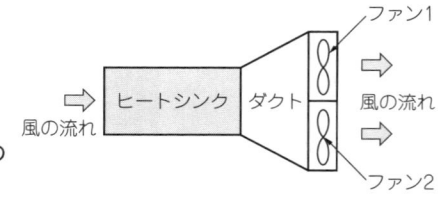

ファン1

ヒートシンク ダクト

風の流れ

風の流れ

ファン2

[強制空冷]

3-35 ファンは，ヒートシンクの風上と風下のどちらに取り付けても変わらないと思った

● 要点

　風上と風下では，ヒートシンク内の風の流れや圧力が変わります．風下はファンの温度が高くなるのでファンの寿命は短くなります．

● ファンの位置でヒートシンクの放熱性能やファンの寿命が変わる

　図35-1にファンをヒートシンクの風上に置いた吸い込み構造を，図35-2に風下に置いた吐き出し構造を示します．

▶ヒートシンクへの影響

　吸い込み構造は，ファンの風が直接ヒートシンクにあたるので，ヒートシンクの風上先端付近で乱流が発生しやすくなります．

　吐き出し構造は，ヒートシンクの風上付近の風は吸い込み構造のような乱流にな

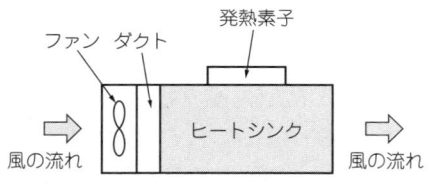

[図35-1] ファンを取り付ける位置の違い
（吸い込み構造）
ヒートシンクの風上にファンを配置する

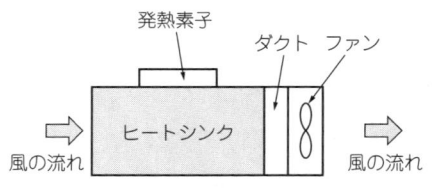

[図35-2] ファンを取り付ける位置の違い
（吐き出し構造）
ヒートシンクの風下にファンを配置する

らないので風が流れやすくなります.

　ヒートシンクの圧力損失とファンの静圧によっては，吸い込み構造と吐き出し構造で放熱性能が変わることがあります.

▶ダクトへの影響

　吸い込み構造は，ダクト部に多少隙間があってもほとんどの風が直進するのでヒートシンクへの風量はそれほど変わりません.

　吐き出し構造は，ヒートシンクのフィン間よりも通風抵抗の小さい隙間がダクトにあると，そこから空気が流入し，その分だけヒートシンクのフィン間を通る風は少なくなり，放熱性能が低下します. 吐き出し構造は，ダクトの密閉性を保つ必要があります.

▶ファンへの影響

　吸い込み構造は，ファンに周囲温度の風が流れるので，ファンの温度が上がることはありません.

　吐き出し構造は，ヒートシンクにより温められた風がファンに流れるのでファンの温度が高くなり，寿命が短くなります. ファンの軸受部は温度に弱く，一般に軸受の温度が15℃上昇するごとに軸受グリースの寿命が半減するといわれています.

[強制空冷]

| 3-36 | ヒートシンクの周囲に空間があっても気にしなかった |

● 要点

　強制空冷の場合は，ヒートシンクの圧力損失が大きいほど風が周囲に逃げるので，放熱性能が下がります.

● 空間があるとフィン間よりも周囲に風が流れやすくなる

　例えば，図36-1のように筐体内の上部にヒートシンクを取り付けて，ファンを

風下に置いた場合を考えます．ヒートシンクのフィン間の圧力損失がヒートシンクの周囲よりも高い場合は，フィンよりも周囲に風が流れやすくなります．

図36-2，図36-3に，熱流体解析ツールによる解析結果（速度分布）を示します．冷却方式は，強制空冷で，ヒートシンクのサイズが$H30 \times W50 \times L50$，発熱素子のサイズが$W25 \times L25$，発熱素子の消費電力が10 Wです．周囲風速が4.1 m/s，フィン間の風速が2.8 m/sですので，周囲に比べてフィン間のスピードが遅くなっています．

ヒートシンクの断面長が長くてフィン間が狭いほど圧力損失が大きくなるので，フィン間に流れる風量は減少します．

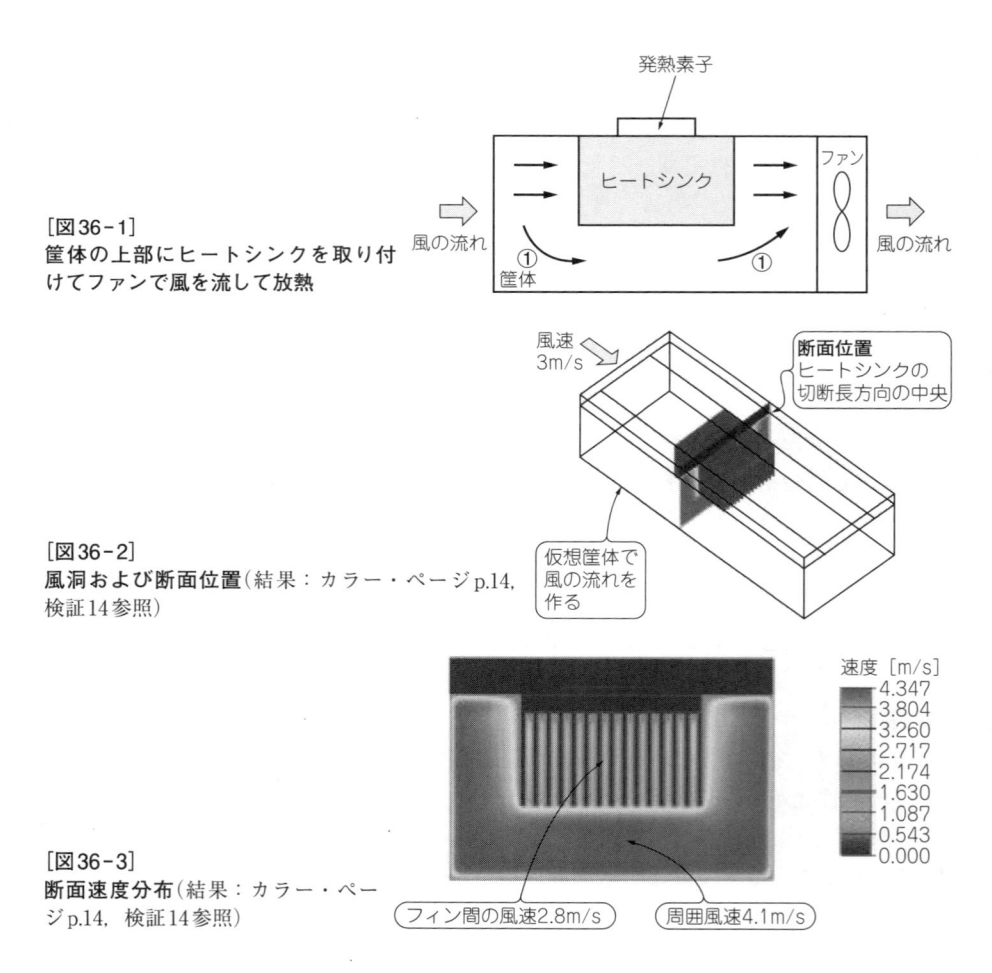

[図36-1]
筐体の上部にヒートシンクを取り付けてファンで風を流して放熱

[図36-2]
風洞および断面位置（結果：カラー・ページ p.14，検証14参照）

[図36-3]
断面速度分布（結果：カラー・ページp.14，検証14参照）

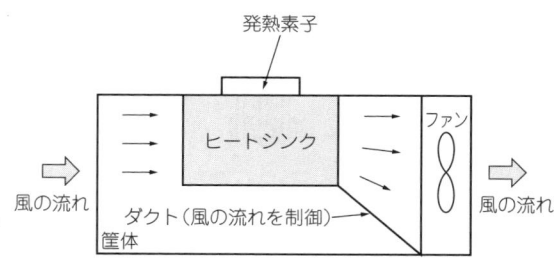

[図36-4]
ヒートシンクのフィン間に風が流れ
るようにダクトを追加

● ダクトを使って風をヒートシンクに集中させる

図36-4に示すように風の流れを制御するダクトを取り付けることで，ヒートシンクのフィン間に確実に風を流すことができます．

● 自然空冷では周囲に空間があったほうがよい

自然空冷の場合は，強制空冷とは逆に周囲に空間があったほうが対流が妨げられないので，放熱性能は上がる傾向にあります．

[強制空冷]

3-37	使っているうちにヒートシンクの放熱性能が下がった

● 要点

　ホコリやチリがフィン間に詰まると，ヒートシンクの放熱性能は下がります．ヒートシンクを設置する環境の影響が大きく，フィン・ピッチの狭いヒートシンクほど注意が必要です．

● ヒートシンクの放熱性能が低下する原因

強制空冷では，ホコリやチリがフィン間に詰まって放熱性能が低下することがあります．ホコリやチリのある環境でヒートシンクを使っていると図37-1(a)に示すようにヒートシンクのフィン先端にホコリやチリが付着しはじめます．図37-1(b)に示すように目詰まりしてしまうと，フィン間にまったく風が通らなくなります．フィン・ピッチの狭いヒートシンクほど目詰まりしやすいので注意が必要です．

● 目詰まりの対策

目詰まりを防ぐには，フィルタを取り付ける方法があります．ただし，フィルタ自身の圧力損失により風量が減ってしまう上に，フィルタの交換や掃除といった定

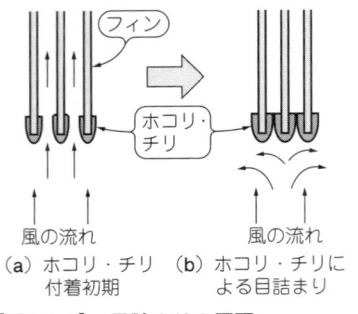

[図37-1]　目詰まりの原因

（a）ホコリ・チリ　　（b）ホコリ・チリに
　　付着初期　　　　　　よる目詰まり

[写真37-1]
目詰まり軽減対策をしたヒートシンク（FPK シリーズ）

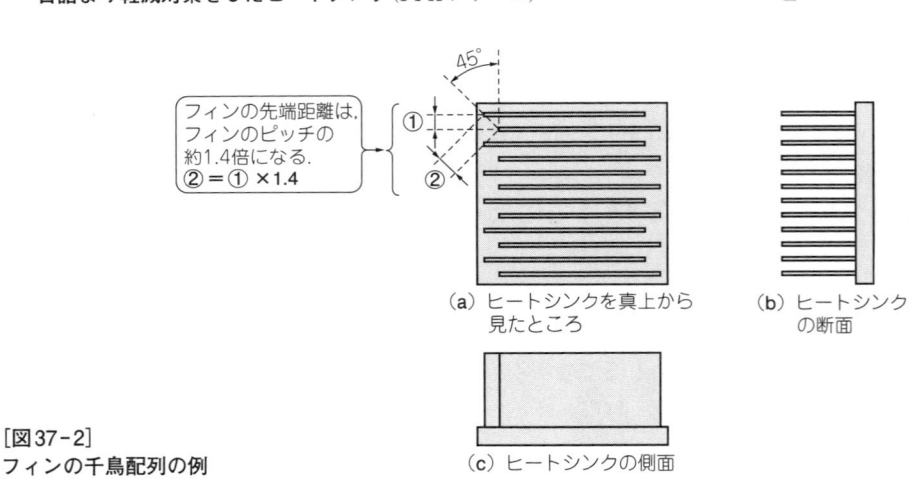

[図37-2]
フィンの千鳥配列の例

（a）ヒートシンクを真上から
　　見たところ

（b）ヒートシンク
　　の断面

（c）ヒートシンクの側面

期的なメインテナンスが必要になります.

　ヒートシンク側で目詰まりを軽減する方法として，**図37-2**に示すようなフィンを千鳥に配置する方法があります．隣接するフィンの先端間隔を広げることにより，目詰まりを軽減できます．例えば，フィンの先端を交互に45°ずらせば，フィンの先端間隔を約1.4倍に広げることができます.

　写真37-1に示す三協サーモテック製，強制空冷用ヒートシンク（FPK シリーズ）は，フィンの固定位置を自由に変えられるので，目詰まり軽減に適しています.

3-38 | 通風孔をあけることで生じるノイズや騒音,筐体強度への影響を考えなかった

● **要点**

　筐体に通風孔をあけると放熱しやすくなります．ただし，ノイズやファンの騒音の影響を受けやすくなったり，筐体強度が低下したり，ホコリや水が浸入しやすくなったりします．

● **熱対策の弊害**

　筐体の中でファンとヒートシンクを使って発熱素子を冷やす場合に，**図38-1**のように密閉状態にしてしまうと，対流による熱移動は筐体内だけにとどまります．

　図38-2のように筐体に通風孔をあければ，筐体の外から取り入れた空気と，筐体内の発熱素子によって温まった空気を入れかえられるので，放熱効果を高めることができます．

　ただし，通風孔をあけると，「ノイズ」，「ファンの騒音」，「筐体の強度」，および「ホコリや水の侵入」などの影響を考えなければなりません．これらは，**図38-1**のような密閉状態において効果が一番高く，放熱効果と相反する関係にあります．

　放熱性能だけではなく，さまざまな影響を考慮し，総合的に設計する必要があります．

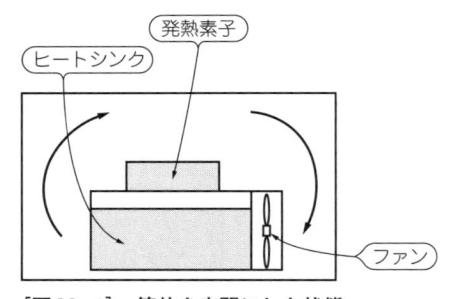

[図38-1]　**筐体を密閉にした状態**
筐体内で空気が循環するだけで外部への対流による熱移動はない

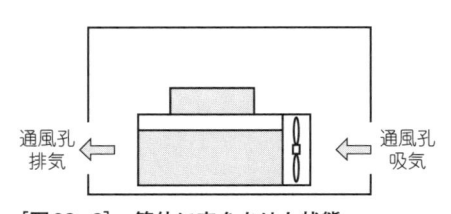

[図38-2]　**筐体に穴をあけた状態**
筐体外部への対流熱移動があるため放熱効果は高いが，騒音やノイズ，ホコリ，筐体強度などの問題が発生しやすくなる

温度測定

3-39	周囲温度が変動しても気にしなかった

● **要点**

　周囲温度の変化と，発熱素子とヒートシンクの温度変化にはタイムラグがあります.

　周囲温度が変動している環境では正確な温度差を測定することができません.

● **周囲温度一定で正確な温度測定**

　発熱素子とヒートシンクには，熱容量と熱抵抗があるので，周囲温度が変化しても，発熱素子とヒートシンクの温度はすぐには変化しません. 時間的な遅れが生じます.

　周囲温度の変化に対して発熱素子の温度が時間 t だけ遅れて変化する場合のイメージを図39-1に示します. 任意の時間 a, b, c における周囲と発熱素子の温度差 ΔT_a, ΔT_b, ΔT_c は同じにはなりません. 周囲温度が安定していないと，正確な温度差を測ることができません.

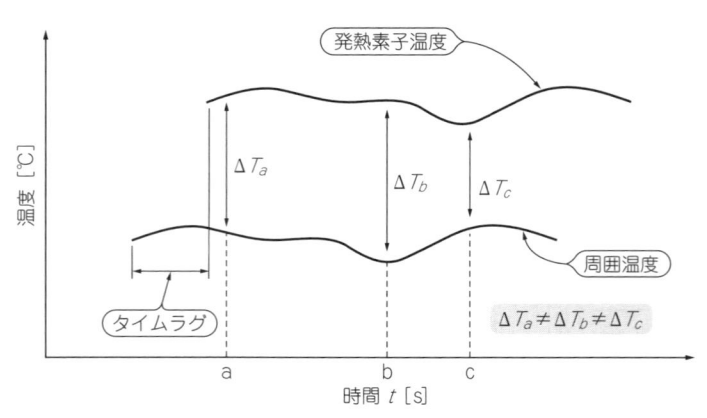

[図39-1]　周囲温度と発熱素子温度のタイムラグの影響
周囲温度に変動があると正しい温度差が測れない

3-40	周囲の空気の流れを気にしなかった

● 要点

　温度を一定にするために設置した空調機器からの風がヒートシンクの放熱性能に影響を与えることがあります．近くを歩くだけで自然対流は乱れます．ヒートシンクの放熱性能に影響を与える空気の流れがないことを確認した上で温度を測らなければなりません．

● ヒートシンクの放熱性能に影響を与える空気の流れがないことを確認して温度を測定する

　放熱性能に影響を与える空気の流れがあると正確な温度を測れません．特に自然空冷において注意が必要です．

　自然対流によって発生する空気の流れは，通常0.2 m/s以下の微風です．例えば，**図**40-1のようにエアコンなどの空調機器の風がヒートシンクの放熱性能に影響を与えることがあります．周囲温度を一定にするために設置したエアコンが思わぬトラブルの原因になります．

　人が近くを通っただけでも，空気の流れが変わります．ヒートシンクの放熱性能

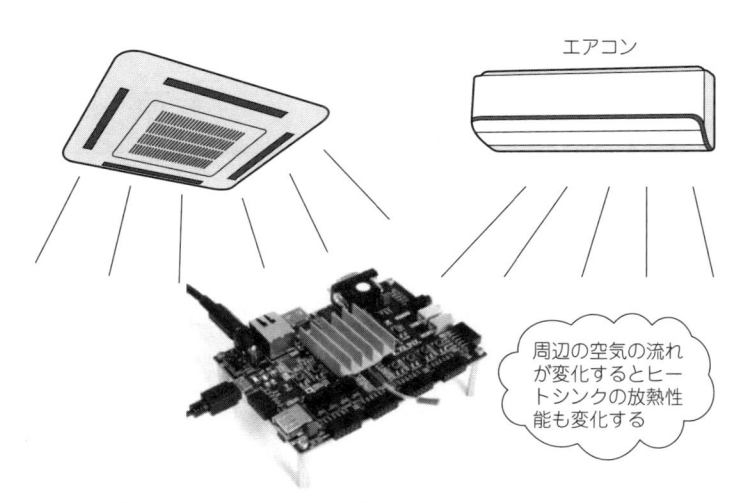

エアコン

周辺の空気の流れが変化するとヒートシンクの放熱性能も変化する

［図40-1］　周りの空気の流れの影響
自然空冷は周りの空気の流れの影響を受けやすい
周囲温度を一定にするためのエアコンが自然対流を乱すこともある

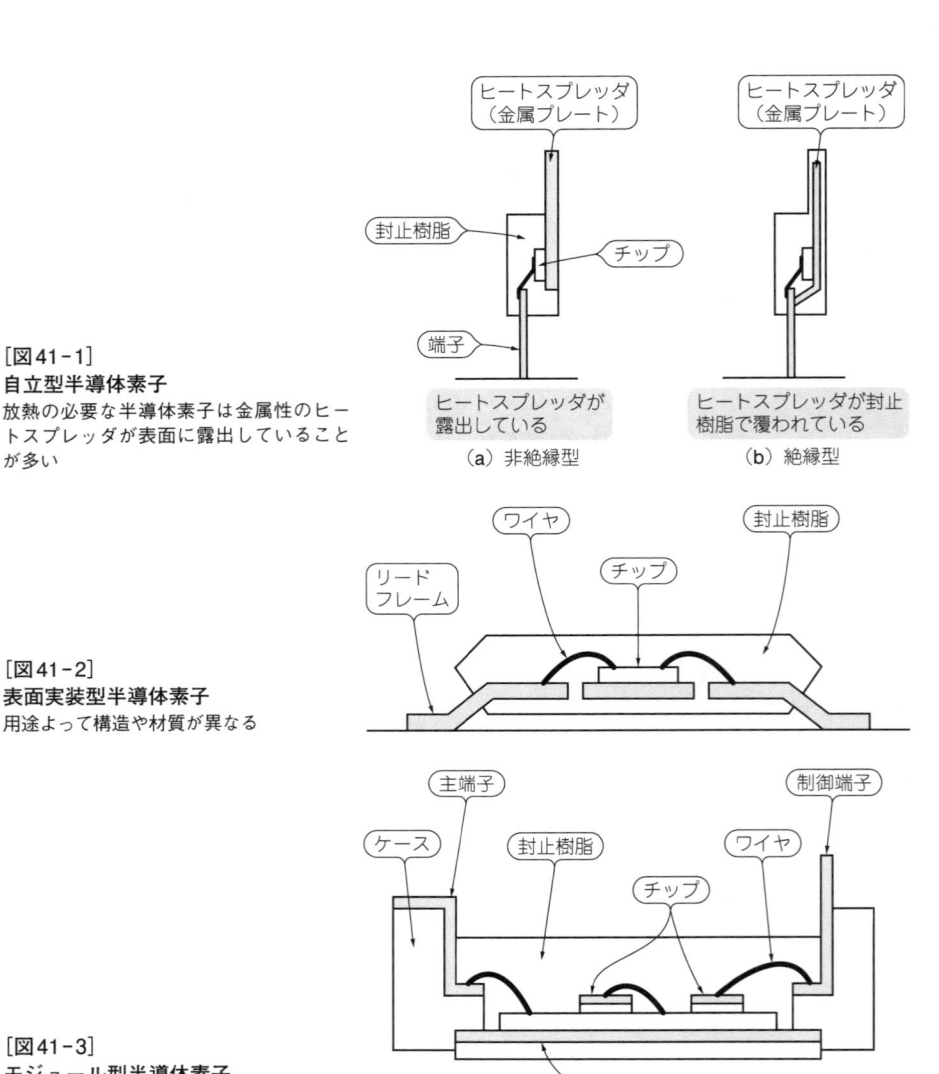

[図41-1]
自立型半導体素子
放熱の必要な半導体素子は金属性のヒートスプレッダが表面に露出していることが多い

ヒートスプレッダ（金属プレート）

封止樹脂

チップ

端子

ヒートスプレッダが露出している

（a）非絶縁型

ヒートスプレッダ（金属プレート）

ヒートスプレッダが封止樹脂で覆われている

（b）絶縁型

[図41-2]
表面実装型半導体素子
用途よって構造や材質が異なる

ワイヤ

封止樹脂

チップ

リードフレーム

[図41-3]
モジュール型半導体素子
世代によって構造や材質が異なる

主端子

制御端子

ケース

封止樹脂

ワイヤ

チップ

ヒートスプレッダ（金属プレート）

に影響を与えるような空気の流れがないことを確認した上で，温度を測定しなければなりません.

3-41	半導体素子の表面温度はどこを測っても同じだと思った

● 要点

　半導体素子の温度は場所によって違います．目的に合った場所の温度を測らなければなりません．

● 半導体内部の構造や材質，発熱部からの距離で温度は異なる

　代表的な半導体素子の内部構造を図41-1～図41-3に示します．チップで発生した熱は，各部を経由して半導体素子表面に伝わります．

　内部構造や各部の熱伝導率の違いによって表面温度は変わります．図41-1(a)に示す非絶縁型半導体素子や，図41-3に示すモジュール型半導体素子では，熱伝導の低い樹脂部に比べて，銅のような熱伝導率の高い材質で作られているヒートスプレッダの温度が高くなります．また，同じ材質であっても，発熱部に近いほど温度は高くなります．

　表面温度は場所によって違います．目的に合った場所の温度を測らなけらばなりません．

3-42	瞬間接着剤で熱電対を固定して温度を測った

● 要点

　瞬間接着剤は粘性が低いので，熱電対の上部からの放熱を防ぐことができません．また，熱伝導率が低いので，熱電対に十分熱を伝えることができません．

● 瞬間接着剤での固定は難しい

　発熱素子に熱電対を瞬間接着剤で固定すると，次に示す3つの理由によって，発熱素子の表面温度に比べて熱電対の温度が低くなることがあります．

　　(1) 瞬間的に固まるので，浮かないように固定するのが難しい．
　　(2) 粘性が低いので，熱電対上部を覆うことが難しく，熱が逃げやすい．
　　(3) 熱伝導率が低いので，発熱素子から熱電対に十分熱が伝わらない．

　熱電対で測った温度が低いと，実際の発熱素子の温度は，熱電対で測った温度よりも高くなっているので注意が必要です．

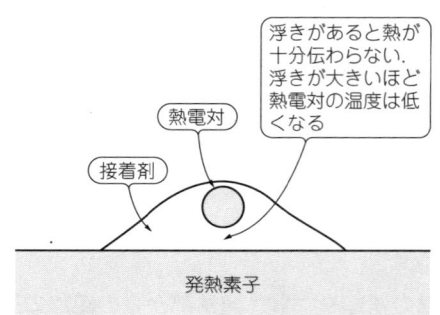

[図42-1]
熱電対が浮いた状態

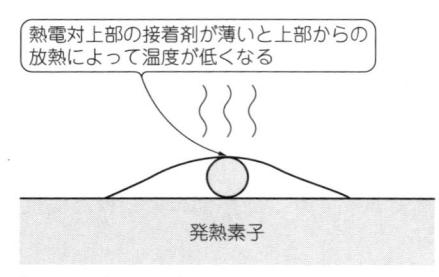

[図42-2] 熱電対上部の接着剤が薄い状態
周囲温度の影響を受けて温度が下がる

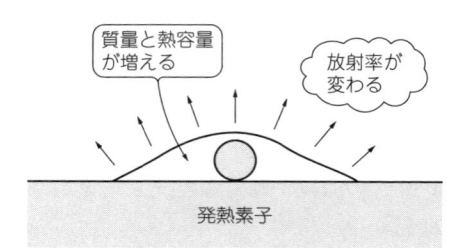

[図42-3] 接着剤を塗布することで，質量，
熱容量，放射率が変わる

● 接着剤使用に関する注意点

　瞬間接着剤に限らず接着剤を使って熱電対を固定する場合は，次に示す5つの点に注意しなければなりません．

　（1）熱電対の密着性

　　熱電対が浮かないように接着しなければなりません．**図42-1**のように熱電対が浮いていると接着剤の熱抵抗分だけ熱電対の温度は低くなります．浮きが大きいほど温度は低くなります．

　（2）熱伝導率

　　熱伝導率の低い接着剤を使うと，発熱素子の熱が熱電対に十分伝わらないので，熱電対の温度は低くなります．周囲と発熱素子の温度差が大きいほど，熱電対の温度は下がりやすくなります．

　（3）耐熱性

　　使用温度に耐える接着剤を使わなければなりません．耐熱性が低いと，温度が上がったときの接着剤の軟化や粘着力の低下によって，熱電対の浮きや剥がれの原因になります．

（4）周囲温度の影響

図42-2のように熱電対上部の接着層が薄いと，温度の低い周囲温度の影響を受けて，熱電対の温度は低くなります．

（5）放射率，熱容量の影響

図42-3のように接着剤を塗布すると発熱素子の熱容量や表面の放射率が変わります．塗布による放熱性能への影響を確認する必要があります．

発熱素子の表面温度を正確に測るためには，表面と熱電対との間に温度差が生じないように接着しなければなりません．また，熱電対を接着剤で固定することで発熱素子の放熱性能が変化しないことを確認しなければなりません．

[温度測定]

| 3-43 | セロハンテープで熱電対を貼り付けて温度を測った |

● 要点

セロハンテープは粘着材の耐熱性が低いので剥がれや熱電対の浮きの原因になります．

● セロハンテープで固定した熱電対では正確な温度は測れない

セロハンテープは薄くて熱伝導率が低いので，熱電対上部まで十分に熱を伝えることができません．熱電対の温度は発熱素子表面よりも低くなります．

● 粘着テープ使用に関する注意点

セロハンテープに限らず粘着テープを使って熱電対を固定する場合は，次の4つの点に注意しなければなりません．

（1）熱電対の密着性

発熱素子の表面に熱電対が密着するように貼り付けなければなりません．

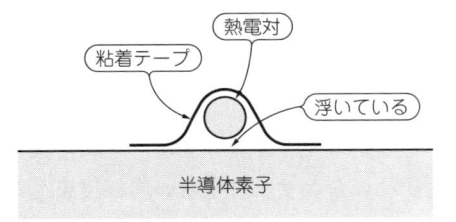

[図43-1]　熱電対が浮いている状態
浮いていると熱が十分伝わらない

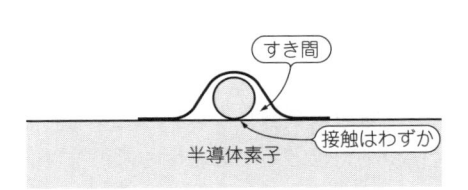

[図43-2]　すき間がある状態
すき間があると熱が十分伝わらない

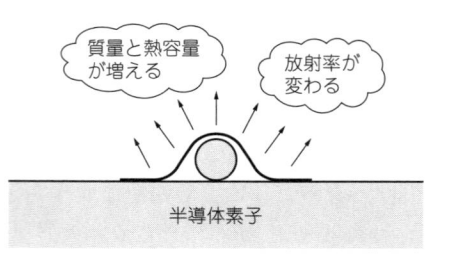

[図43-3]
粘着テープを使うことで，質量，
熱容量，放射率が変わる

質量と熱容量
が増える

放射率が
変わる

半導体素子

　図43-1のように熱電対が浮いていると，十分に熱が伝わらないので，熱電対の温度は低くなります．密着していても図43-2のように発熱素子と熱電対とテープの間にすき間があると，熱が十分に伝わりません．すき間を熱伝導率の高いグリースや接着剤で埋める必要があります．

(2) 熱伝導率の影響

　熱伝導率の低い粘着テープを使うと，発熱素子の熱が熱電対上部まで十分に伝わらないので，周囲と発熱素子の温度差が大きいほど，熱電対の温度は低くなります．熱伝導率の高い粘着テープを使う必要があります．

(3) 耐熱性

　耐熱性が低いと，熱による伸びや粘着力低下によって，熱電対が浮いたり剥がれたりします．使用温度に耐える粘着テープを使わなければなりません．

(4) 放熱性能への影響

　発熱素子に粘着テープを貼り付けると，熱容量や放射率が変化します（図43-3）．放熱性能への影響がないことを確認しなければなりません．

　発熱素子の表面温度を正確に測るためには，発熱素子表面と熱電対の間に温度差が生じないように貼り付けなければなりません．また，熱電対を貼り付けることで発熱素子の放熱性能が変わらないことを確認しなければなりません．

[温度測定]

3-44	熱電対の素線径を気にしなかった

● 要点

　熱電対は素線径が太いほど素線を伝わって熱が逃げやすくなります．逆に素線径が細いほど断線しやすくなります．測定対象物に合わせて熱電対の素線径を選ばなければなりません．

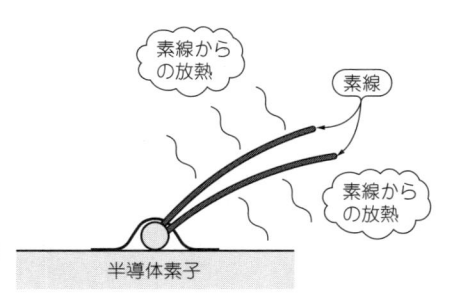

[図44-1]
熱電対は素線を伝わって熱が逃げる
素線径が太いほど放熱量は増える

図中ラベル: 素線からの放熱 / 素線 / 素線からの放熱 / 半導体素子

● 熱電対の素線径は温度測定対象物に合わせて選ぶ

図44-1に示すように，熱電対は素線から放熱します．素線径が太いほど，放熱量が増えて温度が下がります．さらに，測定対象物の熱容量が小さいほど，測定対象物の温度が下がりやすくなります．

熱容量の小さな部品の温度を測る場合は素線径の細い熱電対を使わなければなりません．ただし，細いほど切れやすくなるため，取り扱いに注意が必要です．

パワー・モジュールのような熱容量の大きい部品の場合は，素線径が太くても熱電対からの放熱が実用上問題にならない場合もあります．

温度測定対象物に合った素線径の熱電対を使わなければなりません．

[温度測定]

3-45	ヒートシンクの表面に熱電対を貼り付けて温度を測った

● 要点

ヒートシンクの温度は発熱素子に固定した状態で測定します．接着剤や粘着テープで熱電対を固定する方法では，発熱素子とヒートシンク間の接触熱抵抗を正確に測れません．

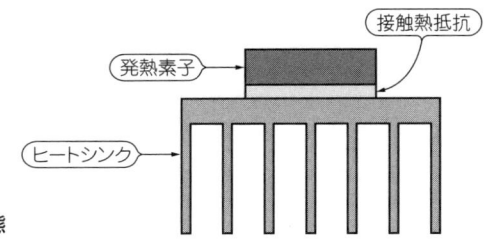

図中ラベル: 接触熱抵抗 / 発熱素子 / ヒートシンク

[図45-1]
ヒートシンクに発熱体を実装した状態

● ヒートシンクの温度測定には接触熱抵抗の確認が必要

ヒートシンクは発熱素子を冷やすための部品です．ヒートシンクの温度は，発熱素子を取り付けた状態で測定します．

図45-1のように，ヒートシンクに発熱素子を取り付けると接触熱抵抗が発生します．接触熱抵抗は，発熱素子とヒートシンク間の接触面のゆがみや粗さ，圧接力などによって変化する状態値なので，ヒートシンクを交換するたびに変わる可能性があります．

接触熱抵抗が大きければ，発熱素子の温度は上がり，ヒートシンクの温度は下がります．

● 表面に固定した熱電対では正確な接触熱抵抗を測れない

接触熱抵抗を正確に測定するには，発熱素子に取り付けた熱電対とヒートシンクに取り付けた熱電対を図45-2のように向かい合わせに配置しなければなりません．向かい合わせにしないと離れた距離だけ熱抵抗が大きくなり正確な接触抵抗を測ることができません．

発熱素子とヒートシンク間に何も塗布しなかったり，熱電対の素線径よりも薄く熱伝導性グリースを塗布する場合は，接触面に浮きが生じるので図45-2のように熱電対を向かい合わせに固定できません．

粘着テープで熱電対を向かい合わせに貼り付けて熱電対の線径を厚みのある熱伝導シートで吸収した場合は図45-3のように，熱伝導シートの厚みが場所によって変わってしまい，正確な接触熱抵抗を測ることができません．接着剤を使った場合も同じです．

● 接触熱抵抗は熱電対を埋めて測る

発熱素子とヒートシンク間の接触熱抵抗を正しく測るためには，図45-4のよう

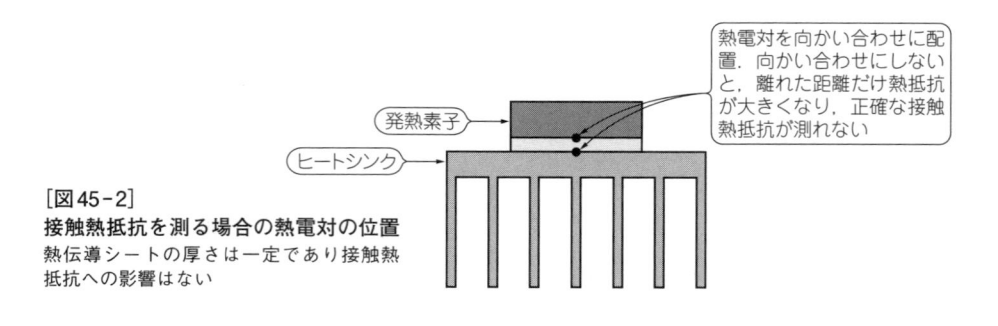

熱電対を向かい合わせに配置．向かい合わせにしないと，離れた距離だけ熱抵抗が大きくなり，正確な接触熱抵抗が測れない

発熱素子

ヒートシンク

[図45-2]
接触熱抵抗を測る場合の熱電対の位置
熱伝導シートの厚さは一定であり接触熱抵抗への影響はない

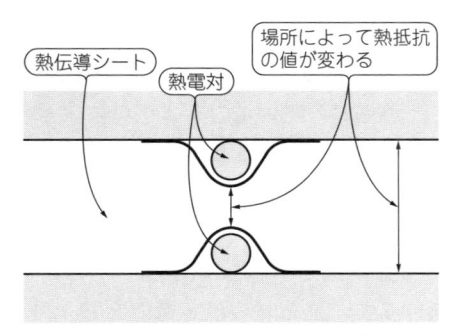

[図45-3] 熱電対を粘着テープで貼り付けた状態
場所によって熱伝導シートの厚さが異なり正確な接触熱抵抗は測れない

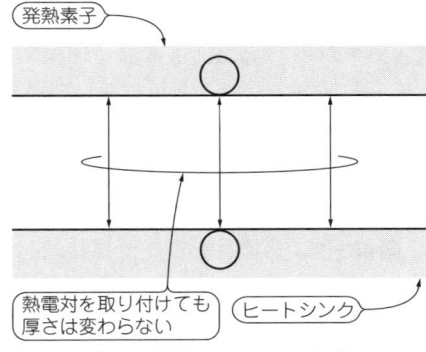

[図45-4] 熱電対を埋め込んだ状態
熱伝導シートの厚さは一定であり接触熱抵抗への影響はない

に発熱素子とヒートシンクに熱電対を埋め込まなければなりません．埋め込むことで熱電対自体の出張りがなくなり，熱伝導性グリースを薄く塗布した状態でも，問題なく接触抵抗を測ることができます．

● 表面温度も埋めて測る

接触熱抵抗に限らず，発熱素子表面の温度測定においても，熱電対を埋め込むことで，熱容量の増加や発熱素子表面の放射率の変化を最小限におさえることができます．

[温度測定]

3-46 熱電対の内部抵抗と電圧計の入力抵抗を気にしなかった

● 要点

熱電対の内部抵抗が大きく，電圧計の入力抵抗が小さいほど，熱起電力と電圧

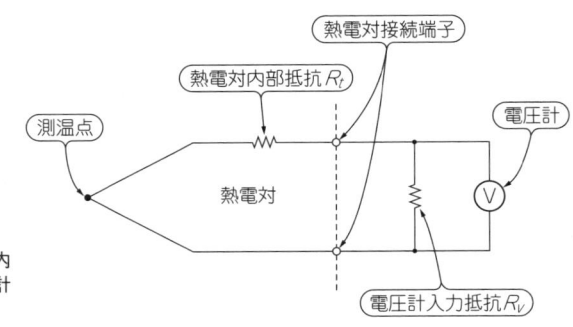

[図46-1]
熱電対と電圧計の等価回路
電圧計入力抵抗が小さいほど，熱電対内部抵抗が大きいほど，熱起電力と電圧計に表示される電圧の間に差が生じる

計に表示される電圧値に差が生じます.

　熱電対の内部抵抗は素線が細くて長いほど大きくなります.「熱電対の内部抵抗」と「電圧計の入力抵抗」の関係を理解し,熱電対の熱起電力と電圧計に表示される電圧値の間に差が生じないことを確認しなければなりません.

● 熱電対の内部抵抗と電圧計の入力抵抗の関係

　図46-1に熱電対を電圧計に接続したときの等価回路を示します.熱電対には内部抵抗R_tがあり,電圧計には入力抵抗R_vがあります.熱電対の熱起電力をV_tとすると,電圧計の指示電圧は$V = V_t \times R_v / (R_t + R_v)$となります.電圧計の入力抵抗$R_v$が小さいと,実際の熱起電力と比較して電圧計に表示される電圧値は小さくなります.

　同じように,熱電対の線径が細くて長いほど,熱電対の内部抵抗R_tは大きくなるので,電圧計に表示される電圧値は小さくなります.

　熱起電力を正確に測定するには,熱電対の内部抵抗と電圧計の入力抵抗を把握しておく必要があります.

[温度測定]

3-47	電圧計の分解能を気にしなかった

● 要点

　熱電対の熱起電力は小さいので,電圧計の分解能が低いと正確な温度を測れません.熱起電力を正確に測ることのできる電圧計を使わなければなりません.

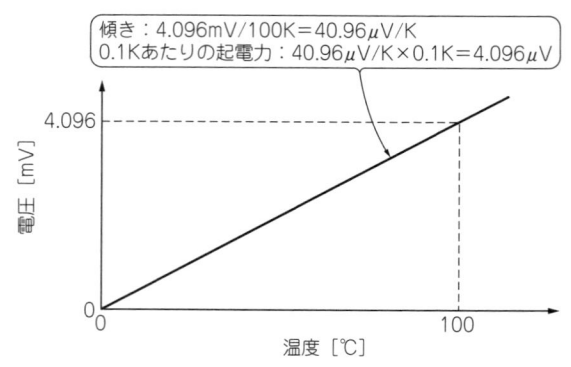

傾き：4.096mV/100K＝40.96μV/K
0.1Kあたりの起電力：40.96μV/K×0.1K＝4.096μV

[図47-1]　K熱電対の温度と起電力の関係
熱電対の起電力は［μV］レベル

● 分解能の低い電圧計では，正確な温度差を測れない

　熱電対を使うメリットの1つに，電圧計だけで温度を測れることがあげられます．ただし，熱電対の熱起電力は小さいので，電圧計の精度や分解能に気をつけなければなりません．

　図47-1にK熱電対の温度と熱起電力の関係を示します．例えば，K熱電対で0.1Kの温度差を測定するには，$4\,\mu\mathrm{V}$[注(1)]を測定できる分解能をもった電圧計が必要です．分解能が低いと，正確な温度差を測定できません．

> ※注(1)：0℃〜100℃における0.1Kあたりの熱起電力の平均値…基準接点温度
> を0℃，測定点温度を100℃とした場合のK熱電対の熱起電力は
> 4.096 mV，0.1Kあたりの熱起電力は$(4.096\,\mathrm{mV}/100\,\mathrm{K})\times0.1\,\mathrm{K}\fallingdotseq4\,\mu\mathrm{V}$

[温度測定]

3-48	熱放射の影響を気にしないで熱電対を使った

● 要点

　周辺から熱放射の影響を受けると熱電対の温度が上がってしまい，正確な温度が測れません．

● 太陽光だけではなく，部品や機器からの熱放射にも気を付ける

　周囲温度を熱電対で測る場合は，周囲からの熱放射の影響に気を付けなければなりません．熱電対は熱放射の影響を受けると，正確な温度を測れません．

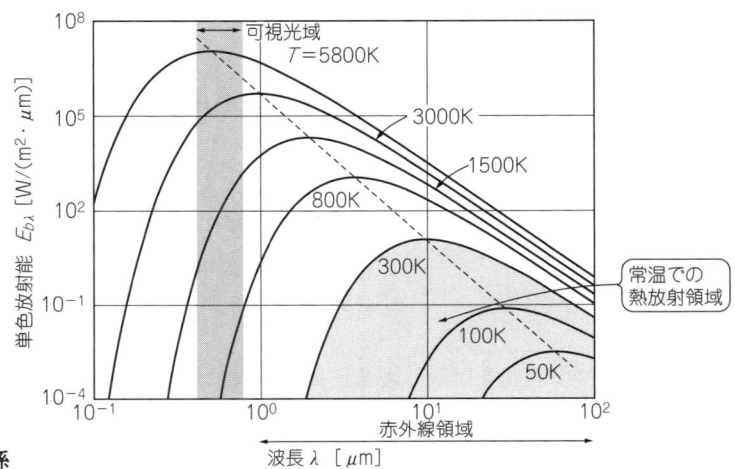

[図48-1]
波長と放射能の関係

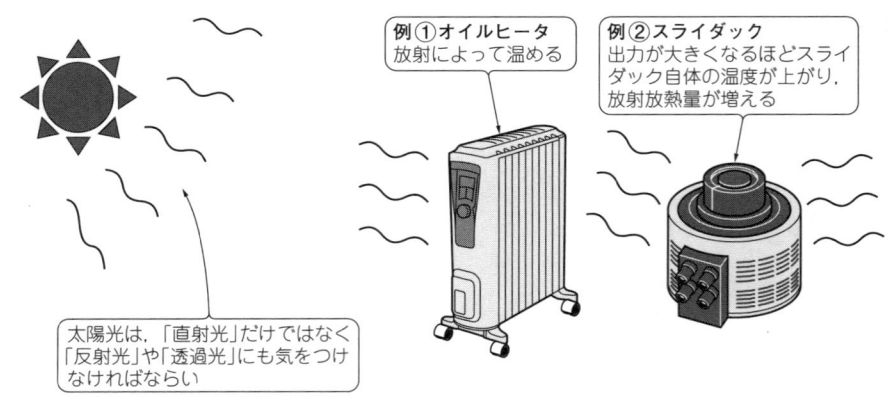

例①オイルヒータ
放射によって温める

例②スライダック
出力が大きくなるほどスライダック自体の温度が上がり，放射放熱量が増える

太陽光は，「直射光」だけではなく「反射光」や「透過光」にも気をつけなければならい

[図48-2] 放射放熱する機器…注意しなければならないのは，太陽光だけではない

例えば，太陽光が熱電対に当たると，周囲の温度が上がっていなくても熱電対自体の温度が上がることがあります．直射光に限らず，壁で反射した反射光や，すりガラスを透過した透過光でも同じです．

太陽光だけではありません．部品や機器からの熱放射にも注意が必要です．常温（300 K）付近では，**図48-1**に示すように可視光線よりも波長の長い赤外線領域での熱放射がメインなので，太陽光のように発光していなくても熱放射の影響を与える機器があります．例えば**図48-2**にあげた高温になったオイルヒータやスライダックなどです．

周囲温度は，熱設計において基準となる温度です．周囲温度を正確に測れないと，熱設計の精度は上がりません．

[温度測定]

3-49　　熱電対の基準接点の温度を気にしなかった

● 要点

基準接点と測定点の温度差に比例した熱起電力が熱電対に発生します．基準接点の温度が変化したり，基準接点間に温度差があったりすると正確な温度は測れません．

● 基準接点補償回路を内蔵した電圧計で正確に温度を測る

図49-1に示すような基準接点補償回路を内蔵した電圧計を使うと，**図49-2**に示すような基準接点温度を設定できない環境でも温度を測ることができます．

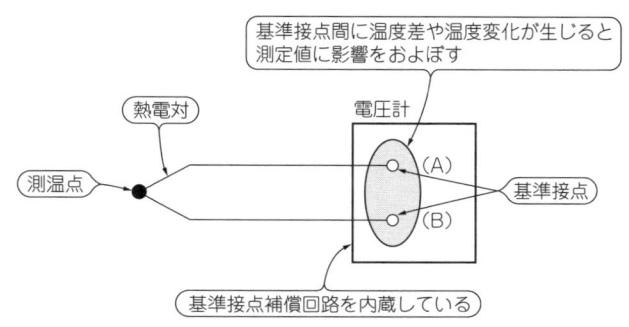

[図49-1] 基準接点の温度を測り温度補正

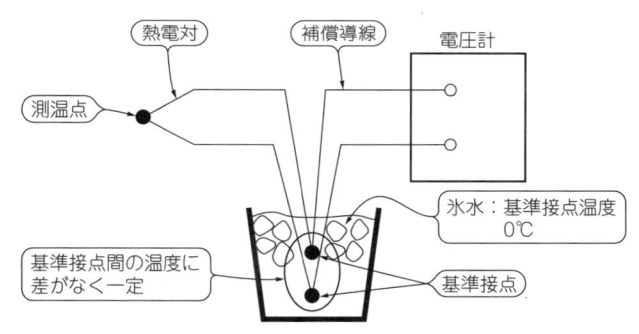

[図49-2] 基準接点を0℃にして温度を測定

　ただし，接続する端子(A)(B)に温度変化や温度差があると正確な温度を測れません．例えば，端子に太陽光があたると正確な温度は測れなくなります．端子周辺の温度環境に注意するか対策を施した電圧計を使わなければなりません．

[温度測定]

3-50	放射率を気にしないで放射温度計を使った

● 要点

　放射温度計は，放射率を基準として赤外放射エネルギの強度から温度を求めます．放射率が異なると正確な温度は測れません．

● 測定対象物の放射率を知る方法

　放射温度計は，物体表面の原子や分子の運動によって放出される赤外放射エネルギの強度から温度を求めます．物体の温度は，赤外放射エネルギの強度と放射率で決るので，放射率が分かっていないと，正しい温度は測れません．

[表50-1] 主な物質の放射率[(6)]

物質		温度 ℃	放射率 ε
アルミニウム	磨いた面	50～100	0.04～0.06
	ざらざらした面	20～50	0.06～0.07
	ひどく酸化させた面	50～500	0.20～0.30
	青銅色の面	20	0.60
	テルミの粉末	常温	0.16
黄銅	汚れた面	20～350	0.22
	600℃で酸化させた面	200～600	0.59～0.61
	磨いた面	200	0.03
	金剛砂で磨いた面	20	0.20
青銅	磨いた面	50	0.10
	気孔のあるざらざらした面	50～150	0.55
クロム	磨いたクロム	50	0.10
	磨いたクロム 2	500～1000	0.28～0.38
銅	普通の磨いた面	20	0.07
	電気分解して丁寧に磨いた面	80	0.018
	銅の粉末	常温	0.76
	溶解した銅	1100～1300	0.13～0.15
	酸化した銅	50	0.60～0.70
	黒く酸化した銅	5	0.88
鉄	赤錆びた鉄	20	0.61～0.85
	電気分解して丁寧に磨いた鉄	175～225	0.05～0.06
	金剛砂で磨いた鉄	20	0.24
	酸化した鉄 1	100	0.74
	酸化した鉄 2	125～525	0.78～0.82
	熱間圧延した鉄 1	20	0.77
	熱間圧延した鉄 2	130	0.60
鉛	酸化した鉛	20	0.28
	200℃で酸化した鉛	200	0.63
	赤色の酸化した鉛	100	0.93
	硫酸鉛	常温	0.13～0.22
水銀		0～100	0.09～0.12
モリブデン		600～1000	0.08～0.13
	モリブデンの電極(フィラメント)	700～2500	0.10～0.30
ニクロム	ニクロム線 1	50	0.65
	ニクロム線 2	50～1000	0.71～0.79
	酸化したニクロム線	50～500	0.95～0.98
ニッケル	磨いたニッケル 1	100	0.045
	磨いたニッケル 2	200～400	0.07～0.09
	600℃で酸化したニッケル	200～600	0.37～0.48
	ニッケル線	200～1000	0.10～0.20
	酸化したニッケル 1	500～650	0.52～0.59
	酸化したニッケル 2	1000～1250	0.75～0.86
白金		1000～1500	0.14～0.18
	磨いた白金	200～600	0.05～0.10
	リボン状	900～1100	0.12～0.17
	白金線 1	50～200	0.06～0.07
	白金線 2	500～1000	0.10～0.16
銀	磨いた銀	200～60	0.02～0.03
鋼	合金鋼(Ni:8%, Cr:18%)	500	0.35
	亜鉛メッキした鋼	20	0.28
	酸化した鋼	200～600	0.80
	ひどく酸化した鋼 1	50	0.80
	ひどく酸化した鋼 2	500	0.98
	圧延したての鋼	20	0.24
	ざらざらした面の鋼	50	0.95～0.98
	赤く錆びた鋼	20	0.69
	研磨した薄鋼板	950～1100	0.55～0.61
	ニッケルプレートした鋼板	20	0.11
	磨いた鋼板	750～1050	0.52～0.56
	圧延した鋼板	50	0.56
	圧延したステンレス鋼	700	0.45
	砂吹きしたステンレス鋼	700	0.70
鋳鉄		50	0.81
	インゴット	1000	0.95
	溶解した鋳鉄	1300	0.28
	600℃で酸化した鋳鉄	200～600	0.64～0.78
	磨いた鋳鉄	200	0.21
スズ	磨いたスズ	20～50	0.04～0.06
チタン	540℃で酸化したチタン 1	200	0.40
	540℃で酸化したチタン 2	500	0.50
	540℃で酸化したチタン 3	1000	0.60
	磨いたチタン 1	200	0.15
	磨いたチタン 2	500	0.20
	磨いたチタン 3	1000	0.36
タングステン		200	0.05
		600～1000	0.10～0.16
	タングステンの電極(フィラメント)	3300	0.39
亜鉛	400℃で酸化した亜鉛	400	0.11
	酸化亜鉛	1000～1200	0.50～0.60
	磨いた亜鉛	200～300	0.04～0.05
	亜鉛板	50	0.20
ジルコニウム	酸化ジルコニウム	常温	0.16～0.20
	ケイ酸ジルコニウム	常温	0.36～0.42

物質		温度 ℃	放射率 ε
アスベスト	アスベスト板	20	0.96
	アスベスト紙	40～400	0.93～0.95
	アスベスト粉末	常温	0.40～0.60
	アスベストスレート	20	0.96
炭素	炭素電極(フィラメント)	1000～1400	0.53
	精製した炭素(純度99%以上)	100～600	0.81～0.79
セメント	セメント	常温	0.54
木炭	粉末	常温	0.96
土	焼いた土	70	0.91
布	黒い布	20	0.98
エボナイト		常温	0.89
金剛砂	粗い金剛砂	80	0.85
ラッカー	ベークライトラッカー	80	0.93
	つや消しの黒ラッカー	40～100	0.93～0.98
	鉄に吹きつけたつやのある黒	20	0.87
	耐熱性ラッカー	100	0.92
	白いラッカー	40～100	0.80～0.95
煤煙(すす)		20～400	0.95～0.97
	物質(固体)に付着したすす	50～1000	0.96
	水, ガラスと混じったすす	20～200	0.96
紙	黒色	常温	0.90
	つやのない黒色	常温	0.94
	緑色	常温	0.85
	赤色	常温	0.76
	白色	20	0.70～0.90
	黄色	常温	0.72
ガラス		20～100	0.94～0.91
		250～1000	0.87～0.72
		1100～1500	0.70～0.67
	霜の付いたガラス	20	0.96
石膏		20	0.80～0.90
氷	厚く(霜の付いている氷	0	0.98
	滑らかな氷	0	0.97
石炭		常温	0.30～0.40
大理石	磨いた灰色の大理石	20	0.93
	厚みのある量母	常温	0.72
磁器	上薬をかけた磁器	20	0.92
	白く輝いている磁器	常温	0.70～0.75
ゴム	硬いゴム	20	0.95
	表面のざらざらした柔らかいゴム	20	0.86
砂		常温	0.60
ジラック	光沢のない黒いジラック	75～150	0.91
	スズ箔に塗った輝く黒いジラック	20	0.82
シリカ	粒状のシリカ粉末	常温	0.80
	シリカゲルの粉末	常温	0.30
スラッグ		0～100	0.97～0.93
		200～500	0.89～0.78
		600～1200	0.76～0.70
雪			0.80
しっくい		10～90	0.91
タール			0.79～0.84
	タール紙	20	0.91～0.93
水	金属表面の水	20	0.98
	0.1mm以上の厚さの水	0～100	0.95～0.98
れんが	赤くざらざらしたれんが	20	0.88～0.93
	耐火粘土れんが 1	20	0.85
	耐火粘土れんが 2	1000	0.75
	耐火粘土れんが 3	1200	0.59
	鋼石の耐火れんが	1000	0.46
	強く光を発するれんが	500～1000	0.80～0.90
	弱く光を発するれんが	500～1000	0.65～0.75
	シリカ(SiO2:95%)れんが	1230	0.66

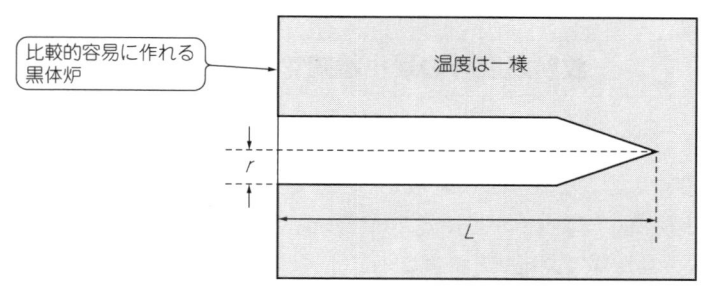

比較的容易に作れる黒体炉

温度は一様

[図50-1] 黒体炉の例[6]

放射率は，次のような方法で知ることができます．

（1）文献に記載されている放射率を用いる

（2）黒体炉を使う

（3）放射率の分かっている黒体スプレーや黒体テープを使う

（4）放射温度計と熱電対で同じ温度の物体を測定し放射率を求める

表50-1に主な物質の放射率を示します[6]．放射率はいろいろな文献に掲載されていますが，測定条件によって変わるので注意が必要です．

図50-1に黒体炉の例を示します[6]．黒体炉は「周りを囲まれた同一温度の面の放射は黒体放射になる」というキルヒホフの条件に基づいて作ります．

温度が一様な物体に小さな孔をあけて光を閉じ込めます．孔の直径を$2r$，深さをLとするとL/rが6以上ならば黒体炉として使えます[6]．

◆参考文献◆

（6）日本アビオニクス株式会社：赤外線サーモグラフィカメラInfReC R500EXシリーズ取扱説明書．

3-51　放射温度計の最小検知寸法を気にしなかった

● 要点
　放射温度計には，センサの画素数から決まる最小検知寸法があります．測定対象物が最小検知寸法よりも小さいと，正確な温度を測ることができません．十分大きくなるような距離で測定する必要があります．

● 測定対象物が最小検知寸法よりも十分大きくなるような距離で測る
　第5章で使った赤外線サーモグラフィカメラR500EX（日本アビオニクス）を例に，最小検知寸法について解説します．

　R500EXはVGA（640×480画素）センサを搭載しています．**表51-1**に示すように，測定距離が短いほど最小検知寸法は小さくなります．例えば，測定距離が0.5mの場合，最小検知寸法は0.44 mm×0.44 mmなので，それより小さい測定対象物の温度は正確に測れません．

　また，最小検知寸法よりも大きい測定対象物であっても，周囲との温度差が大きく，急な温度変化がある場合は正確な温度が測れない場合があります．

　放射温度計で温度を測る場合は，測定対象物が最小検知寸法よりも十分大きくなる距離で測定しなければなりません．

［表51-1］　R500EXシリーズの測定視野表[6]
理論値に基づいた計算値．測定時の目安として使用

測定距離 [m]	最小検知寸法 [水平mm×垂直mm]	水平走査範囲 [m]	垂直捜査範囲 [m]
0.1	0.09 × 0.09	0.06	0.04
0.5	0.44 × 0.44	0.28	0.21
1.0	0.87 × 0.87	0.57	0.42
5.0	4.37 × 4.37	2.83	2.11
10	8.73 × 7.83	5.66	4.22

◆参考文献◆
(6) 日本アビオニクス株式会社；赤外線サーモグラフィカメラInfReC R500EXシリーズ取扱説明書．

3-52	周囲からの放射を気にしないで放射温度計を使った

● 要点

　測定対象物の放射率が低いと，周囲にある温度の高い物体が映り込んでしまい，正確な温度を測れない場合があります．映り込まない角度にするか，黒体スプレーなどで測定対象物の放射率を高くして測る必要があります．

● 周囲からの放射の映り込みに気を付ける

　鏡を正面からカメラで撮影すると，鏡にカメラと撮影者が映ります．同様の現象が，放射率の低い測定対象物の温度を，放射温度計で測る場合にも起こります．

　測定対象物の正面から**図52-1**のように放射温度計で温度を測定する場合，測定

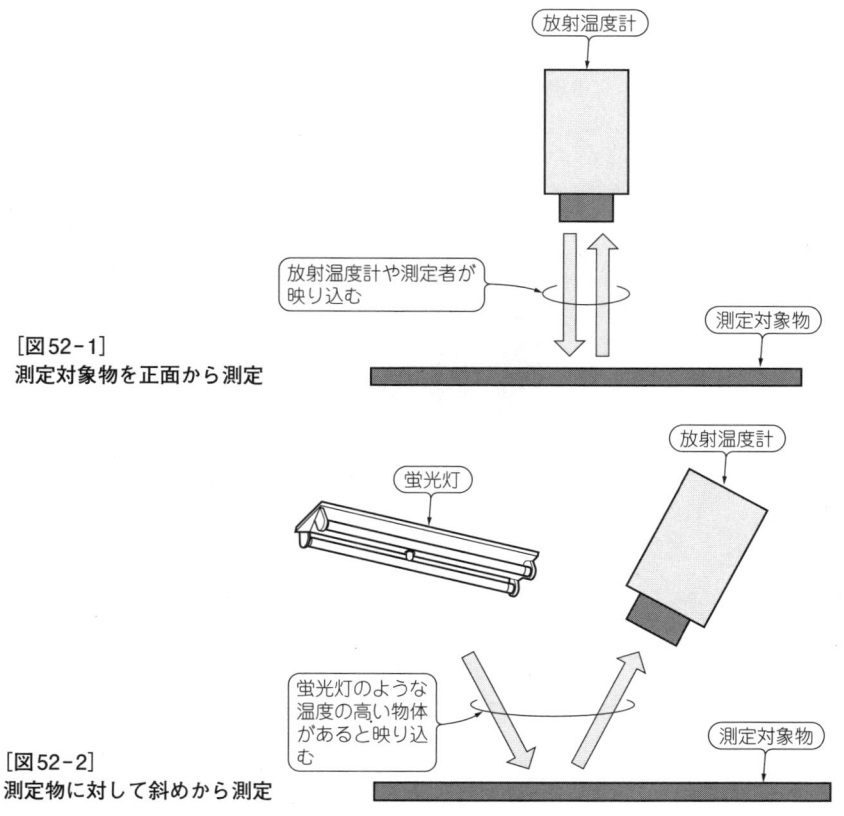

[図52-1]
測定対象物を正面から測定

[図52-2]
測定物に対して斜めから測定

対象物の放射率が低いと，放射温度計や測定者が映り込んでしまい，正確な温度は測れません．

図52-2のように放射温度計を傾ければ放射温度計や測定者は映り込まなくなりますが，周囲に蛍光灯のような温度の高い物体があると，角度によってはその物体からの放射が映り込むことがあります．測定対象物の正確な放射率が分かっていたとしても，映り込みがあると正確な温度は測れません．放射による映り込みがない状態で測定するか，黒体スプレーなどで想定対象物の放射率を高めて測らなければなりません．

[温度測定]

3-53 　放射温度計のレンズの汚れを気にしなかった

● 要点

　放射温度計のレンズが汚れていると，放射エネルギの一部が遮られるので正確な温度を測定できません．レンズが汚れていないことを確認してから測定しなければなりません．

[写真53-1]
サーモグラフィカメラR500a
（日本アビオニクス）

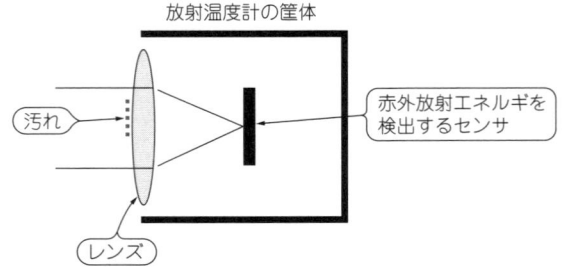

放射温度計の筐体

汚れ

赤外放射エネルギを
検出するセンサ

[図53-1]
放射温度計簡易構造
レンズが汚れていると正確な
温度を測定できない

レンズ

● 透過するはずの放射エネルギの一部が遮られる

写真53-1に放射温度計の外観を，図53-1に簡易構造を示します．放射温度計のレンズが汚れていると，透過するはずの放射エネルギの一部が遮られるので，正確な温度を測れません．測定直前にレンズの表面が汚れていないことを確認する必要があります．

実　装

[実装]

| 3-54 | 半導体素子とヒートシンクの接触面に異物付着やキズがあっても気にしなかった |

● 要点

　半導体素子とヒートシンクの接触面に異物の付着やキズ・ダコンがあると，接触不良や絶縁不良の原因になります．

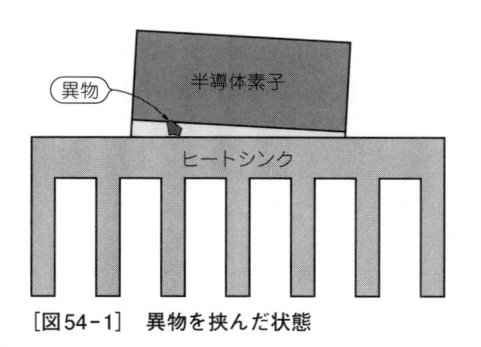

[図54-1]　異物を挟んだ状態

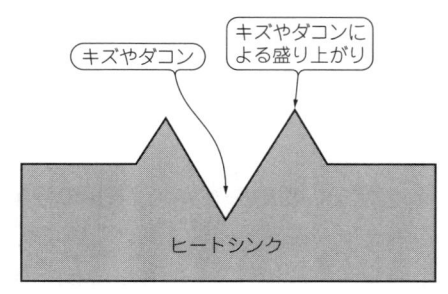

[図54-2]　キズやダコンによる盛り上がりイメージ

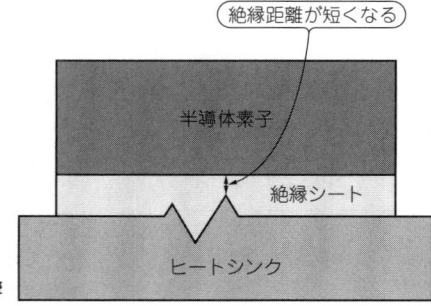

[図54-3]
キズやダコンの影響

● 接触熱抵抗増大の要因

ヒートシンクに異物が付着した状態で，半導体素子を取り付けると，**図54-1**に示すような浮きが生じます．同じように，**図54-2**に示すようなヒートシンク表面にキズやダコンによる盛り上がりがあると浮きが生じます．

浮きがあると，接触熱抵抗が大きくなり半導体素子の温度が上がります．

● 絶縁不良につながるキズやダコン

図54-3に示すような絶縁シートを使って半導体素子とヒートシンクを絶縁する場合に，キズやダコンによる盛り上がりがあると，局所的に熱伝導シートが薄くなって絶縁不良の原因になります．異物が付着した場合も同じです．

半導体素子にヒートシンクを取り付ける場合は，接触面に異物の付着やキズがないことを必ず確認しなければなりません．

[実装]

3-55	**ヒートシンクを基板に固定しなかった**

● 要点

ヒートシンクを基板に固定しないと，振動や衝撃，経年変化などの影響を受けて半導体素子からヒートシンクが外れたり，ヒートシンクの重さで半導体素子が壊れたりします．

● 設置前の振動や衝撃，設置後の経年変化の影響を考慮する

例えば，振動や衝撃を受けない場所に設置する装置に使われるヒートシンクは，半導体素子にヒートシンクをねじで固定したり（**図55-1**），両面テープで貼り付け

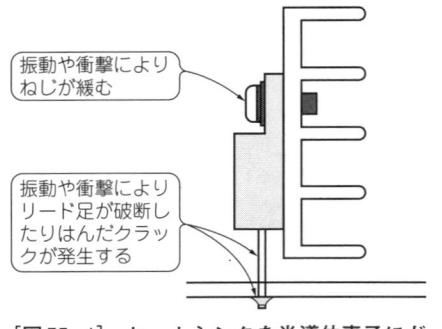

[図55-1] ヒートシンクを半導体素子にだけねじ止め

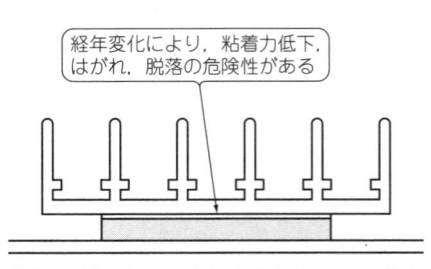

[図55-2] ヒートシンク（FSHシリーズ）を半導体素子に両面テープで貼り付け

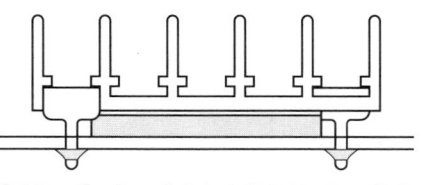

[図55-4] ヒートシンク（FSHシリーズ）を
半導体素子に密着させた状態で基板にはんだ
付け

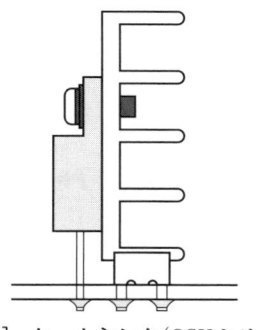

[図55-3] ヒートシンク（OSVシリーズ）を
半導体素子にねじで固定しヒートシンクと半
導体素子を基板にはんだ付け

たり（**図55-2**）すれば，プリント基板に固定しなくてもよいように思われますが，
そうとは限りません．

　設置前の振動や衝撃，設置後の経年変化の影響を考慮しなければなりません．

● 設置前・設置後の影響

　設置するまでに「トラック」，「航空機」および「鉄道」などによる輸送中に振動
を受けます．また，「人」，「フォークリフト」および「台車」などによる積み替え
作業中に衝撃を受ける可能性があります．設置後は，両面テープの粘着力の低下と
いった経年変化の影響を受ける可能性があります．

● 「リード足破断」，「はんだクラック」，「ねじ緩み」

　図55-1に示すようなヒートシンクを基板に固定していない自立型半導体素子が
振動や衝撃を受けると，ヒートシンクの質量分がプラスされた力が半導体素子のリ
ード足に加わり，リード足の破断やはんだクラック，ねじの緩みの原因になります．

● 「剥がれ」，「脱落」

　図55-2のように両面テープでヒートシンクを貼り付けて使う場合，振動・衝撃
による剥がれや経年変化による接着力の低下がないことを確認しなければなりませ
ん．粘着力が低下すると，半導体素子とヒートシンク間の接触熱抵抗が大きくなり
半導体素子の温度が上がります．剥がれてしまうと半導体素子の温度が上がるだけ
ではなく，剥がれ落ちたヒートシンクによる回路ショートなどの重大事故に繋がる
可能性があります．

● はんだ付けで確実に固定

輸送環境や設置環境の影響を受けない確実なヒートシンクの固定方法として，図55-3，図55-4に示すはんだ付けがあります．

3-56	ねじの締付トルクを気にしないで，ヒートシンクに半導体素子を取り付けた

● 要点

ねじを使って半導体素子にヒートシンクを固定する場合，締付トルクが小さいと接触熱抵抗が大きくなったりねじの緩みの原因になったりします．逆に強すぎると素子内部の劣化や破壊につながります．メーカ指定の締付トルクで締め付けなければなりません．

● 締付トルクの例

半導体素子をねじで固定する場合は，メーカが定めた締付トルクを守らなければなりません．締付トルクの例を**表56-1**に示します．

● 「放熱性能低下」，「ねじ緩み」

締付トルクが弱いと半導体素子とヒートシンク間の接触熱抵抗が大きくなるので，放熱性能が低下します．ねじの緩みの原因にもなります．

● 「ねじ破断」，「素子内部の劣化・破壊」

締付トルクが強いとねじの破断や，半導体素子内のチップや絶縁層の破壊につな

[表56-1] 半導体素子の締付トルク[7]
パッケージ外形によって最適締付トルクが変わる

パッケージ外形	取付穴径	使用ネジ	最適締付けトルク（N・cm）
TO-220AB	$\phi 3.6$	M3	30-50
TO-220F	$\phi 3.2$	M3	30-50
TO-3P	$\phi 3.2$	M3	40-60
TO-247	$\phi 3.2$	M3	40-60
TO-3PF	$\phi 3.2$	M3	40-60
TO-3PL	$\phi 3.2$	M3	60-80

がります．メーカが定めた締付トルクを必ず守り，トルク管理ができる工具を使ってねじを締め付けなければなりません．

◆参考文献◆

(7) 富士電機株式会社；PowerMOSFET Aplication Note AN‐079J Rev.1.1,
www.fujielectric.co.jp/products/semiconductor/model/powermosfets/application/
box/pdf/MOSFET_J_160908_01.pdf

[実装]

3-57 | 仮締めや締め付け順を気にしないで，ヒートシンクに半導体素子を固定した

● 要点

メーカ指定の仮締めをはぶいたり締め付け順を守らなかったりすると，接触熱抵抗の偏りや素子の劣化や破壊につながります．

● 必ず仮締めをする

半導体素子の複数箇所をねじで固定する場合は，「締付トルク」以外に，「仮締め」や「締め付ける順番」にも気を配らなければなりません．

「仮締め」をしないで，いきなり推奨トルク値で締め付けると，偏荷重が発生して，

[表57-1] モジュール取り付け部の推奨トルク値[8]
ねじ径によって締付トルクは変わる

穴径 mm	ネジ	定格トルク (N·m)	推奨トルク (N·m)	仮締め時トルク (N·m)	本締め時トルク (N·m)
—	M4	1.37	1.18	0.23〜0.38	1.18
5.6	M5	1.96	1.67	0.33〜0.55	1.67
6.5	M6	2.94	2.45	0.49〜0.80	2.45

仮締め　A→B
本締め　A←B

仮締め　A→B→C→D
本締め　A←B←C←D

(a) 2点締めパッケージ　　　　(b) 4点締めパッケージ

[図57-1] 半導体素子の複数箇所をねじで固定するときの正しい手順[8]

半導体素子内部の劣化や破壊につながります．また，半導体素子とヒートシンク間の接触熱抵抗に偏りが発生する可能性もあります．

● 締め付ける順番を必ず守る

締め付ける順番を守らないと，仮締めをしない場合と同じように，偏荷重が発生します．

締め付ける順番例を**図57-1**に示します．偏加重が発生しないようにメーカが指定した締め付け順を守らなけらばなりません．

● 仮締めのトルクは本締めの**1/5 〜 1/3**

締付トルクの例を**表57-1**に示します．仮締め時トルクは，一般に定格トルクの1/5 〜 1/3が目安です．

◆**参考文献**◆

(8) 日立パワーデバイス技術情報 PD Room，No.18，1998年5月，
http://www.hitachi‐power‐semiconductor‐device.co.jp/technical_info/technical_paper/pdroom/pdf/pdrm18jR1.pdf

[実装]

3-58　　タッピングねじでヒートシンクに半導体素子を固定した

● 要点

通常半導体素子の固定にタッピングねじを使うことはありません．指定されたねじを使い指定トルクで締め付けなければなりません．

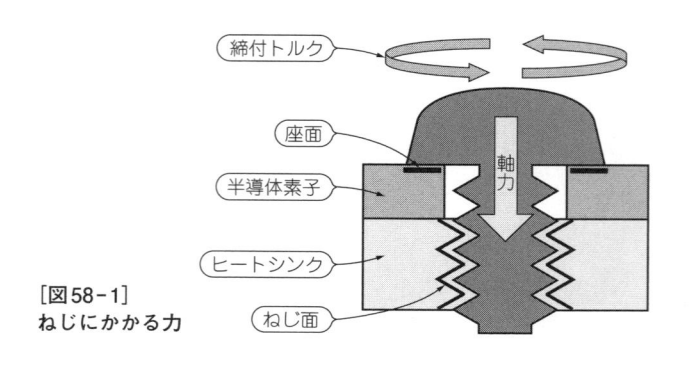

[図58-1]
ねじにかかる力

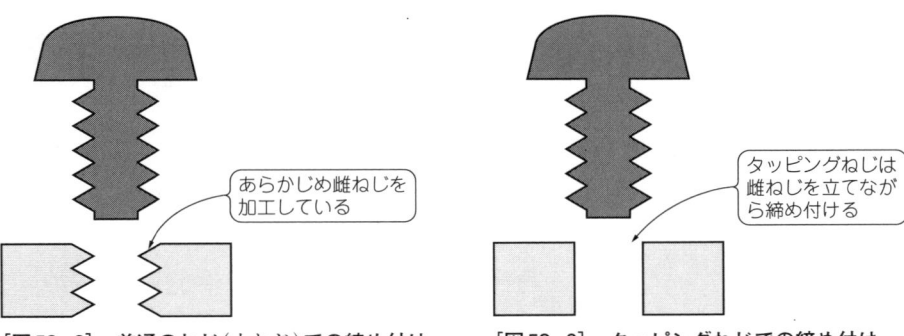

[図58-2]　普通のねじ（小ねじ）での締め付け　　　　[図58-3]　タッピングねじでの締め付け

● 「ねじ面」の摩擦力が大きいと「トルク係数」は大きくなり「軸力」は小さくなる

　ねじを使った締め付け固定において，**図58-1**に示すように回転方向に加える回転力を「締付トルク」，締め付け方向に発生する押し付ける力を「軸力」と呼びます．

　締付トルクと軸力の間には，次のような関係があります．

$$T = K \cdot d \cdot Ff \cdots\cdots\cdots\cdots\cdots\cdots\cdots\cdots\cdots\cdots\cdots\cdots\cdots (58\text{-}1)$$

ただし，T：締付トルク[N・m]，Ff：軸力[N]，K：トルク係数，d：ねじの呼び径[m]

　トルク係数は，**図58-1**に示すねじ面の摩擦係数や座面の摩擦係数から決まる値で，材質や表面粗さ，表面処理，潤滑材の有無によって変わります．

　半導体素子の固定用としてよく使われる小ねじは，**図58-2**のように，あらかじめ雌ねじを加工した部材に締め付けて固定するのに対して，タッピングねじは，**図58-3**のように，部材に雌ねじを立てながら固定します．径が同じでも，小ねじとタッピングねじでは，ねじ面の摩擦力が異なるため，同じトルクで締め付けた場合，軸力が変わります．

　ねじ面の摩擦力が大きいと，トルク係数は大きくなり軸力は小さくなります．

　軸力が弱いとねじの緩みや接触熱抵抗の増大につながり，軸力が強いとねじや半導体素子の破壊につながります．必ずメーカが指定したねじを使わなければなりません．

[実装]

3-59	**ヒートシンクの板厚を気にしないで，半導体素子をねじで固定した**

● 要点

　ヒートシンクの板厚が薄いとねじの締め付け力にヒートシンクの雌ねじ部が耐えられない場合があります．ヒートシンクの雌ねじ部の強度を確認する必要があります．

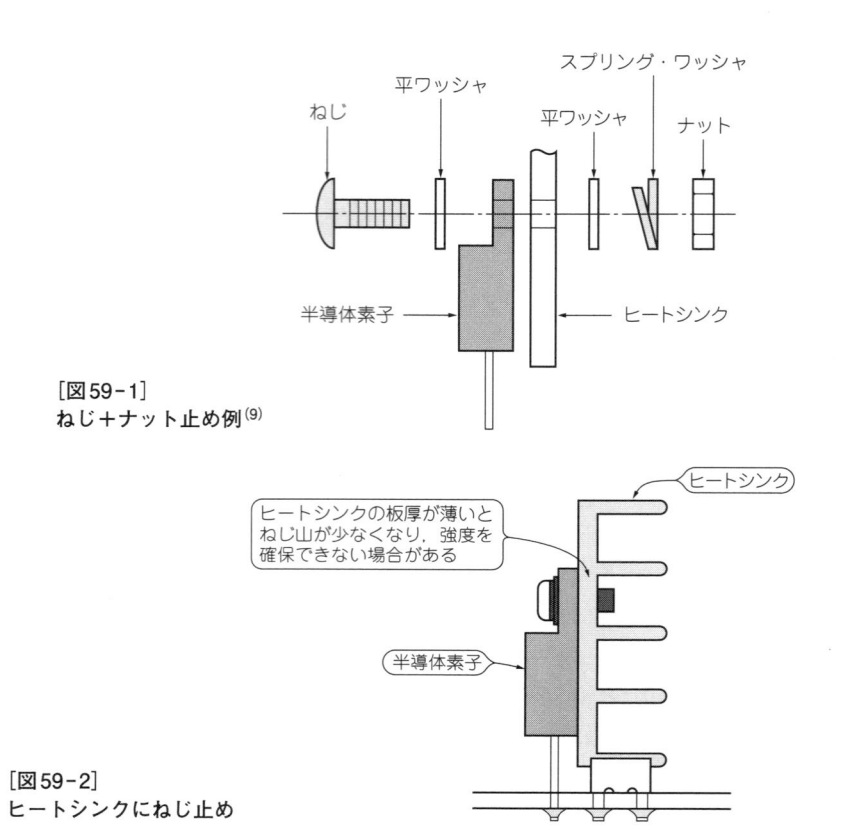

[図59-1]
ねじ＋ナット止め例[9]

[図59-2]
ヒートシンクにねじ止め

ねじ

平ワッシャ

スプリング・ワッシャ

平ワッシャ

ナット

半導体素子

ヒートシンク

ヒートシンク

ヒートシンクの板厚が薄いと
ねじ山が少なくなり，強度を
確保できない場合がある

半導体素子

● ヒートシンクに直接ねじ止めする場合の注意点

　通常，**図59-1**のようにナットを使った固定を前提にして，ねじの締め付けトルクを決めています．ナットを使った固定は部品点数が多く，固定作業に手間がかかるため，**図59-2**のようにヒートシンクに加工した，雌ねじ部に直接半導体素子をねじで固定する方法がよくとられます．

　ヒートシンクの雌ねじ加工部の板厚が薄いと，指定された締付トルクに雌ねじの強度が耐えられず，ねじ山が破断する可能性があります．

　ヒートシンクに直接ねじ止めをする場合は「指定締付トルク」が「ヒートシンクに加工した雌ねじの強度」以下であることを確認する必要があります．

◆参考文献◆
(9) 新日本無線三端子レギュレータ 7805 NJM78 データシート．

熱流体解析

3-60 熱流体解析ソフトウェアを使えば，誰でも同じ解析結果を得られると思った

● 要点

　解析結果に知識や経験の差が生じる条件があるため，誰でも同じ結果が得られる訳ではありません．

● 熱流体解析は職人技

　熱の移動や流体の流れをコンピュータを使って計算で求めることを「熱流体解析」といいます．CFD（Computational Fluid Dynamics：計算流体力学）と呼ぶ場合もあります．

　解析領域を分割したときの個々の区画を「セル（または要素）」と呼び，セルの集まりを「メッシュ（または格子）」と呼びます．

　熱流体解析ソフトウェアを使いこなすには，多くの条件を設定する必要があります．条件の中には，知識や経験の差によって設定値の変わる項目があります．設定値が変われば解析結果も変わります．誰が解析しても同じ結果を得られる訳ではありません．

● 知識や経験の差が現れやすい設定条件

▶メッシュ・サイズ

　同じ解析モデルにおいて，**図60-1(a)**に示すようにメッシュが粗いと計算時間は短くなりますが計算精度は低下します．**図60-1(b)**に示すようにメッシュが細かいと計算時間は長くなりますが計算精度は向上します．計算精度が違えば解析結果も違ってきます．特に急激な流体の流れの変化などにおいては，メッシュ・サイズが計算精度に大きく影響を与える場合があります．メッシュ・サイズをどの程度にするか知識と経験の差が現れます．

▶メッシュ構造

　代表的なメッシュに「構造メッシュ」と「非構造メッシュ」があります．構造メッシュとは6面体のセルが規則正しく並んだメッシュのことをいい，非構造メッシュとは6面体だけではなく，5面体や4面体などのセルが不規則に並んだメッシュ

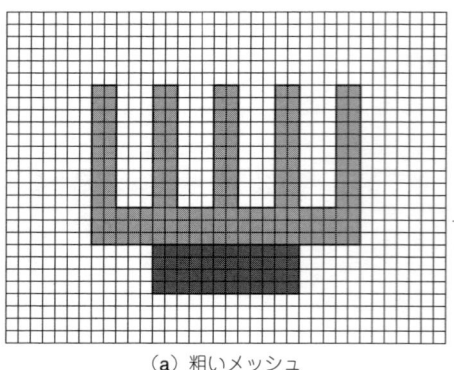

(a) 粗いメッシュ	(b) 細かいメッシュ

[図60-1] メッシュ例
メッシュが細かくなるほど，計算精度は高まるが計算時間は長くなる

 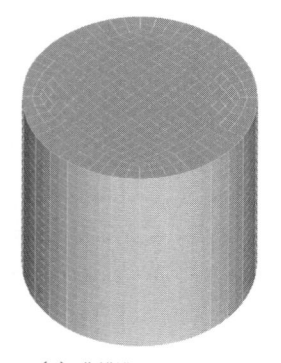 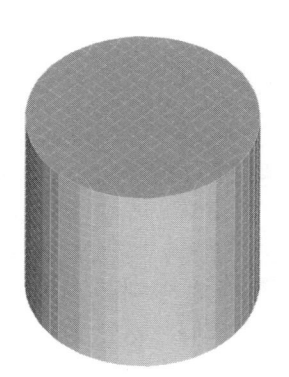

(a) 構造メッシュ： 6面体セル	(b) 非構造メッシュ①： 6面体セル	(c) 非構造メッシュ②： 6面体セル＋5面体セル

[図60-2] 円柱におけるメッシュ例

のことをいいます．

　円柱での代表的なメッシュの作成例を図60-2(a)～(c)に示します．

　図60-2(a)は構造メッシュ，(b)と(c)は非構造メッシュの作成例です．構造メッシュは作成が容易で計算速度が速くメッシュ品質が高いため収束しやすいといった特徴がありますが，曲面部の形状再現性が低く曲面を含むモデルの解析において計算精度が低下する場合があります．非構造メッシュは形状の再現性が高く曲面を多く含む複雑な形状のモデル化に適していますが，メッシュ数が増えたりメッシュ品質が低下したりする可能性が高くなります．同じモデルであっても，メッシュの切り方によって解析結果が違ってきます．どのようにメッシュをきるか，知識と経

験の差が現れます.

▶形状簡略化

熱流体解析に使うモデルは,実物の形状を正確に再現すればよいという訳ではありません.「わずかな段差や傾斜」,「曲面」,「穴」,「ねじ」および「配線」などの形状を正確に再現しようとするとメッシュ数が増えて計算に時間がかかったり,メッシュの品質が悪くなって解析精度が低くなったりします.そういった場合は,形状を簡略化することでメッシュ数を増やすことなく解析精度を上げることができます.簡略化には知識と経験の差が現れます.

簡略化前後で異なるメッシュの構造と効果を,次に示す2つのモデル例で確認してみます.

• 例①…角がR加工されているブロック

R加工を考慮すると図60-3(a)のような非構造メッシュになります.セルの表面は平面で構成されているので,R加工のような曲面を厳密に置き換えることはできません.Rに近づけるほどメッシュ数が増えます.構造メッシュに比べてメッシュの品質は低下します.R加工を省略すると図60-3(b)のような構造メッシュになります.

• 例②…穴が2個あいているブロック

穴を考慮すると図60-4(a)のような非構造メッシュになり,穴を省略すると図60-4(b)のような構造メッシュになります.

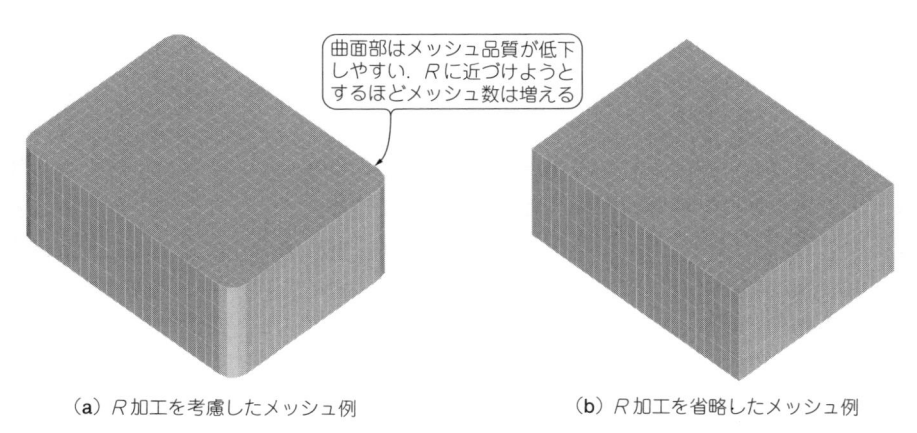

曲面部はメッシュ品質が低下
しやすい. Rに近づけようと
するほどメッシュ数は増える

（a）R加工を考慮したメッシュ例　　　　　　（b）R加工を省略したメッシュ例

[図60-3]　例1：「R加工」を考慮した場合と省略した場合のメッシュの違い

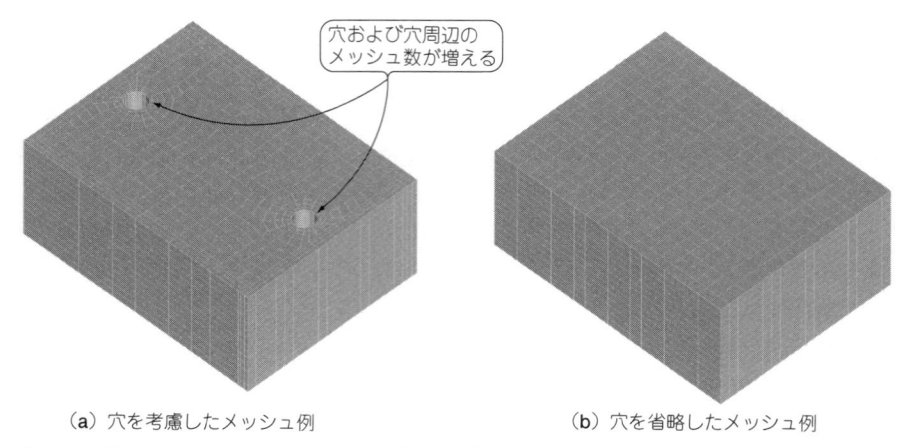

（a）穴を考慮したメッシュ例　　　　　（b）穴を省略したメッシュ例

[図60-4]　例2：「穴が2個あいているブロック」の穴を考慮した場合と省略した場合のメッシュの違い

　穴や R 加工を省略したほうがメッシュ作成が容易で解析時間が短くてすみます．ただし，形状を簡略化する場合は，簡略化しても熱の移動や流体の流れに影響を与えないことを必ず確認しなければなりません．

▶解析領域

　例えば，ヒートシンクを取り付けた半導体素子について解析する場合，半導体素子の発熱が周囲の空気に伝わることで放熱するので，周囲空間を含めた解析が必要となります．

　ここで考えなくてはならないのは，どこまでの周囲空間を解析領域にするかということです．理想の解析領域は半導体素子の発熱の影響がおよばない十分離れた場所までの範囲です．例えば自然空冷の場合，**図60-5**に示すようにヒートシンクの上部の空間は広い範囲に渡って発熱の影響を受けます．

　影響を受けない範囲までを解析領域とすると広大になってしまい現実的ではありません．ある範囲で解析領域を区切らなければなりません．どこまでを解析領域とするかによって解析結果が変わる場合があります．解析領域の決定には知識と経験の差が現れます．

▶境界条件

　解析領域の端を「境界」と呼びます．例えば，全ての境界面が断熱面だった場合，解析領域内に発熱体があると，解析領域内の温度は上限なく上がってしまいます．必ず境界面の内と外で熱のやりとりが必要になります．

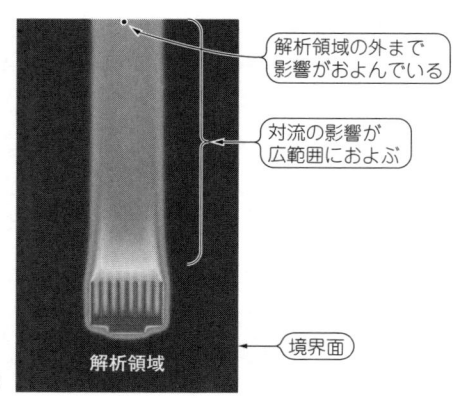

[図60-5]
自然対流における温度分布

解析領域の外まで
影響がおよんでいる

対流の影響が
広範囲におよぶ

境界面

解析領域

空気の流れと熱の移動を予測して境界条件を設定する必要があります．適切な境界条件を設定しなければなりません．境界条件の設定には知識と経験の差が現れます．

[熱流体解析]

3-61 | 熱流体解析ソフトウェアを使えば実測をしなくてもよいと思った

● 要点
解析結果と実測結果は一致しません．必ず解析結果を実測で検証する必要があります．

● 実測条件と解析条件を一致させることは難しい
理想は「実測をすることなく熱流体解析だけで熱設計ができるようになること」ですが，解析条件を実測条件に完全に合わせることができないため，実測結果と解析結果は一致しません．また，熱流体解析は自然現象を正確に再現している訳ではなく近似解なので誤差が生じます．

必ず解析結果を実測で検証する必要があります．

● 一致させることが難しい条件
解析と実測において一致させることが難しい条件として，「形状」，「物性値」，「状態値」があげられます．

▶形状
一般に各セルの表面は平面で構成されているので曲面で構成された部品を厳密に

再現することはできません．また，複雑な形状や細かな形状を正確に再現しようとするほど，メッシュの品質が悪くなり，計算精度が低下するといった矛盾に陥ってしまいます．

▶物性値

物性値はさまざまな文献に掲載されていますが，温度など周囲環境によって変化する上にばらつきがあります．文献に掲載されている物性値が実測に使った部品の物性値と合っているとは限りません．

実測に使った部品の物性値を測定する方法はありますが，全ての部品について物性値を測ることは現実的ではありません．測定したとしても測定値には誤差や不確かさを含みます．

熱流体解析に影響を与えやすい代表的な物性値として，定常解析における「熱伝導率」，非定常状態における「比熱」や「密度」などがあげられます．

▶状態値

「放射率」や「接触熱抵抗」などが代表的な状態値です．放射率は表面の状態などで変わります．接触熱抵抗は接触部のゆがみや接触圧力，接触部の表面の状態などで変わります．どちらも正確な値を知ることは困難です．

解析と実測では条件が異なることを前提として，実測条件との違いを把握した上で解析する必要があります．

● 解析結果は近似解

熱流体解析ソフトウェアは，決められた計算に従って解析結果を算出します．解析結果はさまざまな誤差を含んだ近似解なので，実測と一致しません．

自然現象は連続的に変化しますが，コンピュータは連続的な変化を扱えません．

解析においては，メッシュを作成してセルごとに計算をします．それぞれのセルが固別の値を持ちます．

図61-1(a)のようにヒートシンク内部の温度は連続的に変化しますが，熱流体解析ではそれぞれのセルが個別の値を持つため図61-1(b)に示すように不連続になります．連続する自然現象を不連続なセルを使って近似的に解析しています．

また，熱流体解析ソフトウェアに使われている計算式は自然現象を正確に再現している訳ではありません．近似的に計算をするため誤差を含みます．

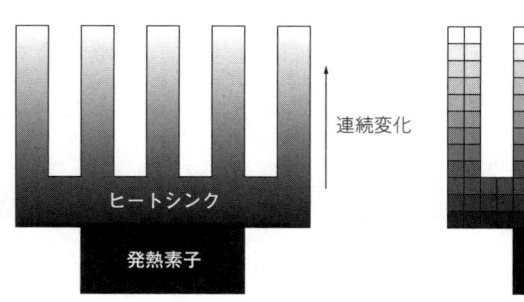
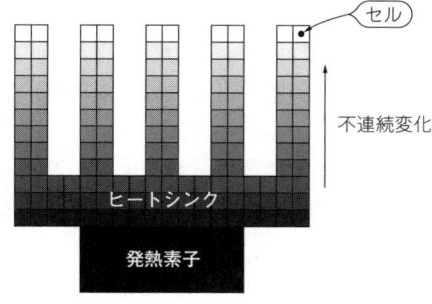

（a）実際の温度分布
連続的になめらかに変化

（b）解析モデル
コンピュータは連続的な変化をあつかえないので
セルごとに個別の値を持たせるため変化は不連続

［図61-1］　温度変化イメージ

[熱流体解析]

3-62 | 実測結果と解析結果が合わないので熱流体解析ソフトウェアを使うのをやめた

● 要点

　熱流体解析には多くのメリットがあります．うまく使いこなすことが精度が高く効率の良い熱設計につながります．

● 熱流体解析ソフトウェアは積極的に使おう！

　長年にわたり蓄積した実測データと独自の計算方法により熱設計をしてきた場合，実測結果と熱流体解析ソフトウェアによる解析結果が合わないと，熱流体解析ソフトウェアを使う頻度が低くなることがあります．20数年前に熱流体解析ソフトウェアを使い始めたころの私がそうでした．

　熱流体解析には次に示すような多くのメリットがあります．積極的に使うことをお勧めします．

▶熱流体解析を使う7つのメリット

(1)実際に試作機を作って評価する必要がない．

(2)測定機器をそろえる必要がない．

(3)測定環境を整える必要がない．

(4)実測では不可能な条件で解析ができる．

(5)形状や条件を簡単に変えることができる．

(6)非定常状態を簡単に再現できる．

(7)目に見えない温度分布や流体の流れを可視化できる．

● 相対比較をうまく利用する

　実測結果と解析結果が合わない場合は，相対的に比較し補正する方法があります．

　例えば，同じ場所の温度について解析値を実測値で補正することで，実測していない場所の温度を推測できます．

　正しく補正するには，伝熱と流体に関する知識，熱流体解析ソフトウェアに関する知識と使用経験，実験経験などが必要になります．補正方法がノウハウになります．

　熱流体解析に頼り過ぎるのは危険ですが，全く使わないのもお勧めできません．さまざまな熱設計ツールを使いこなすことが，精度が高く，効率の良い熱設計につながります．

第4章

パワー半導体の熱設計とヒートシンクの選定

DC-DC コンバータ, モータ・インバータ, 充電器など,
大電流を扱う電子回路を設計するときは,
パワー半導体を冷やすことを真っ先に考える必要があります.
できるだけ小さなヒートシンクを選ぶためには,
半導体内で生じた熱の量や,
熱の伝わりやすさを定量化し, 計算で求めるのが近道です.
ここでは, 熱の伝わりにくさを表す「熱抵抗」を使った
ヒートシンクの設計法を紹介します.

4-1	温度が上がると半導体の寿命は短くなる！

　スマートフォンやタブレット端末, モバイル・バッテリなど, モバイル機器に使われるバッテリの大容量化に伴い急速充電への需要が高まっています. また, モバイル機器の複数所有者が増え, 1台の充電器で複数のモバイル機器を充電する需要も高まっています.

　急速充電や複数台同時充電をするためには, 出力電流の大きい充電器が必要になりますが, 設計する上で, 注意しなければならない点があります. それは半導体素子の温度です.

　半導体素子は, 出力電流が大きくなるほど発熱量が増えて, 温度が上がります. 半導体素子の温度は, 絶対最大定格で規定されるので, 出力電流の上限も温度の絶対最大定格から規定されます. ただし, ヒートシンクを取り付けて, 半導体素子の温度を下げれば, 出力電流を増やすことができます.

　ヒートシンクは, 放熱効果を高める工夫がなされているので, 半導体素子の温度を効率良く下げられます(写真1).

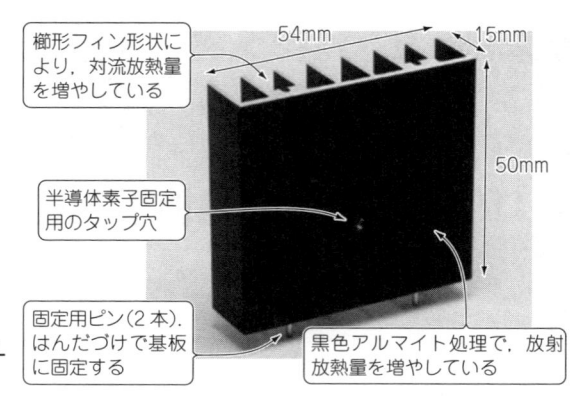

櫛形フィン形状により，対流放熱量を増やしている

54mm

15mm

50mm

半導体素子固定用のタップ穴

固定用ピン(2本)，はんだづけで基板に固定する

黒色アルマイト処理で，放射放熱量を増やしている

[写真1]
ヒートシンクの例…OSH-5450-SFL
(三協サーモテック)[2]

| 4-2 | **ヒートシンクの半導体冷却効果** |

● スイッチング・レギュレータICをヒートシンクで冷やしてみた！

　実験には，**図1**に示すDC-DCコンバータ回路を使います．この回路はモバイル機器の充電にも応用できます．基板に実装されているスイッチング・レギュレータICに，ヒートシンクを取り付けた場合と取り付けない場合について比較実験をすることで，ヒートシンクの効果を確かめます．スイッチング・レギュレータICには「SI-8050S(サンケン電気)，コラム参照」を，ヒートシンクには「OSH-5450-SFL(三協サーモテック)」を使います(**写真2**)．

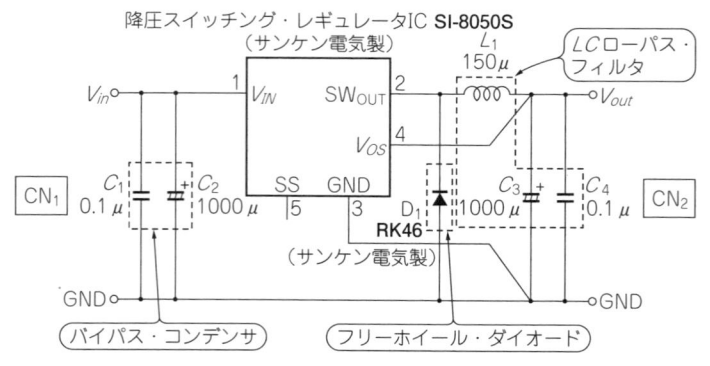

降圧スイッチング・レギュレータIC SI-8050S
(サンケン電気製)

L_1 150μ 　LCローパス・フィルタ

V_{in}　1　V_{IN}　SW$_{OUT}$　2　V_{out}

V_{OS}　4

CN$_1$　C_1 0.1μ　C_2 1000μ　SS　GND　5　3　C_3 1000μ　C_4 0.1μ　CN$_2$

D$_1$ RK46
(サンケン電気製)

GND　GND

バイパス・コンデンサ　フリーホイール・ダイオード

[図1]　DC-DCコンバータ回路の構成
スイッチング・レギュレータICが主な発熱源となる．SI-8050Sは過電流保護回路と過熱保護回路を内蔵しており，放熱対策をしないと保護回路が働いて電流が制限される

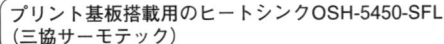

プリント基板搭載用のヒートシンクOSH-5450-SFL
（三協サーモテック）

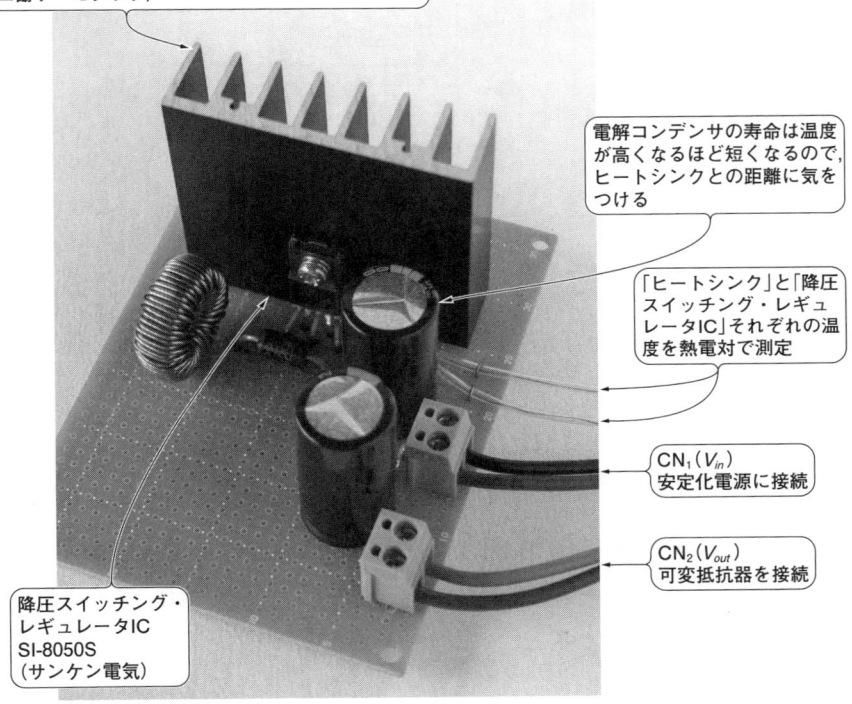

電解コンデンサの寿命は温度が高くなるほど短くなるので，ヒートシンクとの距離に気をつける

「ヒートシンク」と「降圧スイッチング・レギュレータIC」それぞれの温度を熱電対で測定

CN$_1$（V_{in}）
安定化電源に接続

CN$_2$（V_{out}）
可変抵抗器を接続

降圧スイッチング・
レギュレータIC
SI-8050S
（サンケン電気）

［写真2］　実験用の実装基板
DC-DCコンバータ回路のスイッチング・レギュレータIC「SI-8050S」にヒートシンク「OSH-5450-SFL」を取り付けたところ

● 実験環境

　実験では，SI-8050Sの発熱量P_d［W］を安定させる必要があります．図2に示すように，入力側に安定化電源，出力側に抵抗負荷を接続します．抵抗負荷として

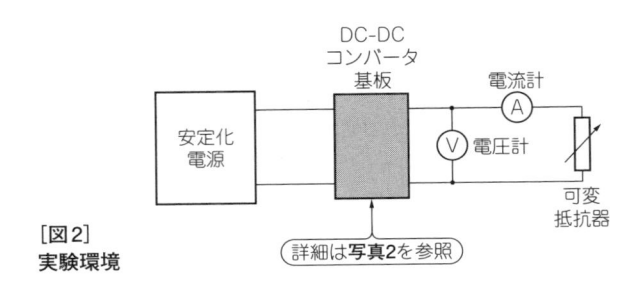

［図2］
実験環境

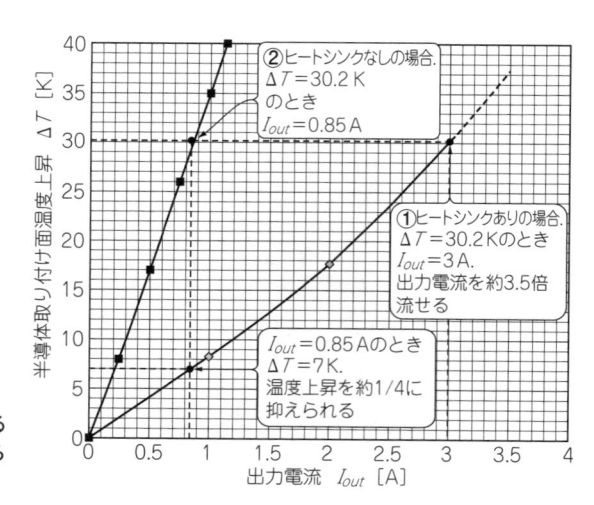

[図3]
実験結果…ヒートシンクをつける
ことで温度上昇が約1/4に抑えら
れた！

可変抵抗器を使い，SI-8050Sの発熱量P_dを任意の値に設定します．

● 結果：温度上昇を約**1/4**に抑えられた！

　実験結果を図3に示します．グラフの横軸は可変抵抗器に流れる電流値I_{out}[A]，縦軸はSI-8050Sの温度上昇ΔT[K]です．グラフ①が「ヒートシンクあり」，グラフ②が「ヒートシンクなし」における熱特性です．

　温度上昇が同じ場合，例えば$\Delta T = 30.2$Kにおける出力電流I_{out}は，「ヒートシンクあり」が$I_{out} = 3.0$A，「ヒートシンクなし」が$I_{out} = 0.85$Aです．ヒートシンクを取り付けることで，出力電流I_{out}を約3.5倍流せるようになります．

C o l u m n

お勧め！ 外付け部品6点でDC-DCコンバータを構成できるIC「SI-8050S」

　スイッチング・レギュレータIC「SI-8050S」は安価で入手しやすく，図1のように少ない部品数点で，DC-DCコンバータを構成できます．本ICは入力電圧範囲がDC7〜40Vと広く，入力電源として太陽光パネルや自動車のシガー・ソケット，乾電池などを利用できます．出力電圧は，携帯端末やモバイル・バッテリなどのUSB機器を充電できるDC5Vです．出力電流は最大3Aなので，一般的なモバイル機器への急速充電や複数同時充電が可能です．ただし放熱対策をしなければ過熱保護回路が働き，出力電流が制限されます．

電流I_{out}が同じ場合，例えば$I_{out} = 0.85$Aにおける温度上昇ΔTは，「ヒートシンクあり」が$\Delta T = 7.0$K，「ヒートシンクなし」が$\Delta T = 30.2$Kです．ヒートシンクを取り付けることで，温度上昇を約1/4に抑えられます．

<table>
<tr><td>4-3</td><td>ヒートシンクの選び方</td></tr>
</table>

● 放熱性能は熱抵抗で表す

半導体素子やヒートシンクの放熱性能は熱抵抗R_{th}[K/W]で表します．熱抵抗は，式(1)に示すように単位消費電力P[W]あたりの温度上昇ΔT[K]で表されます．

$$R_{th} = \Delta T/P \cdots\cdots\cdots\cdots\cdots\cdots\cdots\cdots\cdots\cdots\cdots\cdots\cdots\cdots\cdots (1)$$

消費電力Pが同じ場合，熱抵抗R_{th}が小さいほど温度上昇ΔTも小さくなります．つまり，熱抵抗R_{th}が小さいほど放熱性能が高いといえます．

半導体素子にヒートシンクを取り付けると，半導体素子内部で発生した熱のほとんどはヒートシンクを通って温度の低い空気中に移動します．熱等価回路で考えると，**図4**に示すように複数の熱抵抗を足し合わせた直列回路として考えられ，次に示す関係があります．

$$R_{jc} + R_{cs} + R_{sa} = (T_j - T_a) / P_d \cdots\cdots\cdots\cdots\cdots\cdots\cdots\cdots\cdots (2)$$

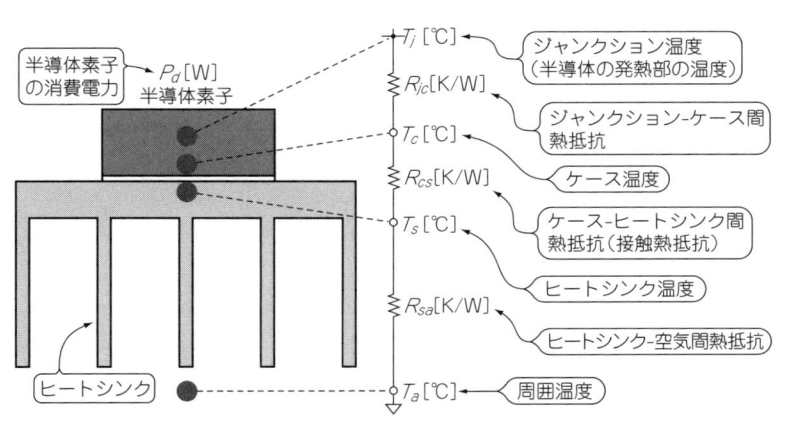

[図4]　発熱部から空気までの熱の伝達経路は抵抗の直列回路として表現できる

● 半導体素子の消費電力と許容できる温度の上限から必要な熱抵抗値をもつヒートシンクを選ぶ

半導体素子に取り付けるヒートシンクは，次の手順で選びます．

▶手順1：ジャンクション温度T_jを決める

SI-8050Sのジャンクション温度は，絶対最大定格で125℃[1]です．絶対最大定格は破壊限界を示す定格であり，瞬時動作および定常動作において一瞬たりとも定格値を超えない設計が要求されます．今回は絶対最大定格に対してディレーティングを20％とり，ジャンクション温度$T_j = 100$℃とします．

▶手順2：周囲温度T_aを決める

使用環境における最高温度を設定します．今回は$T_a = 50$℃とします．

▶手順3：接触熱抵抗R_{cs}を決める

半導体素子にヒートシンクを取り付ける場合，表面の凸凹や反りによって接触面に空気層が生じます．空気の熱伝導率は$\lambda_{air} = 0.026$ W/(m・K)なので，ヒートシンクの主な材質であるアルミの熱伝導率$\lambda_{al} = 237$ W/(m・K)に比べて約1/10000と極めて小さく，わずかな空気層でも接触熱抵抗が発生します．

接触熱抵抗を小さくする方法として，熱伝導率の高いグリースを半導体素子とヒートシンク間に塗布する方法が上げられます．熱伝導率λ[W/(m・K)]のグリースを，接触面積S[m^2]に対して厚さt[m]で塗布したときの接触熱抵抗R_{cs}[K/W]は，式(3)で求めます．

$$R_{cs} = t/(S\lambda) \cdots\cdots (3)$$

今回の実験で使った，高熱伝導性グリース「G-747」（熱伝導率$\lambda = 0.9$W/(m・K)，信越化学工業）を厚み$t = 0.05$ mmで塗布した場合の接触熱抵抗を，計算で求めてみましょう．

SI-8050Sの接触部形状は幅10 mm × 長さ16.9 mm（固定穴ϕ3.2）なので（図5），接触面積は$S = 10 \times 16.9 - (1.6)^2 \pi = 161$ mm^{2}となります．各数値を式(3)に代入し，

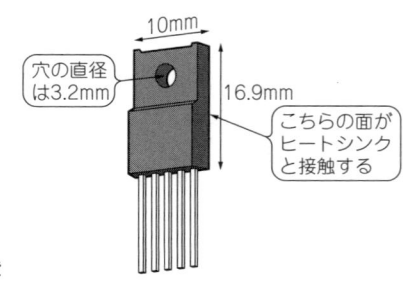

穴の直径
は3.2mm

10mm

16.9mm

こちらの面が
ヒートシンク
と接触する

[図5]
発熱源「SI-8050S」とヒートシンクの接触部形状

接触熱抵抗R_{cs}[K/W]を求めると次のようになります.

$$R_{cs} = 0.05 \times 10^{-3} / (161 \times 10^{-6} \times 0.9) = 0.35\text{K/W} \cdots\cdots\cdots\cdots\cdots (4)$$

▶手順4：ジャンクション－ケース間熱抵抗R_{jc}を決める

R_{jc}は通常，半導体素子のカタログに掲載されています．カタログ値からR_{jc} = 5.5K/Wとします[1].

▶手順5：半導体素子の消費電力P_dを算出する

SI-8050Sの消費電力P_d[W]は以下の式で求めます[1].

$$P_d = V_{out} I_{out} (100/\eta - 1) - V_f I_{out} (1 - V_{out}/V_{in}) \cdots\cdots\cdots\cdots\cdots\cdots (5)$$

実験条件に合わせて，入力電圧V_{in} = 10 V，出力電圧V_{out} = 5 V，出力電流I_{out} = 3 Aとします．ダイオードD_1の順方向電圧は参考文献(1)よりV_f = 0.5 V，回路効率は参考文献(1)に掲載されているグラフ(**図6**)よりη = 77 %となります．各数値を式(5)に代入し，消費電力P_d[W]を求めます．

$$P_d = 5 \times 3(100/77 - 1) - 0.5 \times 3(1 - 5/10) = 3.73 \text{ W} \cdots\cdots\cdots\cdots\cdots (6)$$

▶手順6：ヒートシンクの熱抵抗R_{sa}を算出する

ヒートシンクの熱抵抗R_{sa}は式(2)から求めます．

$$R_{sa} = (T_j - T_a)/P_d - (R_{jc} + R_{cs})$$
$$= (100 - 50)/3.73 - (5.5 + 0.35) = 13.4 - 5.85 = 7.55\text{K/W} \cdots\cdots\cdots\cdots (7)$$

▶手順7：温度上昇ΔTを算出する

式(6)と式(7)のP_d = 3.73 W，R_{sa} = 7.55K/Wを式(1)に代入し，ヒートシンクの

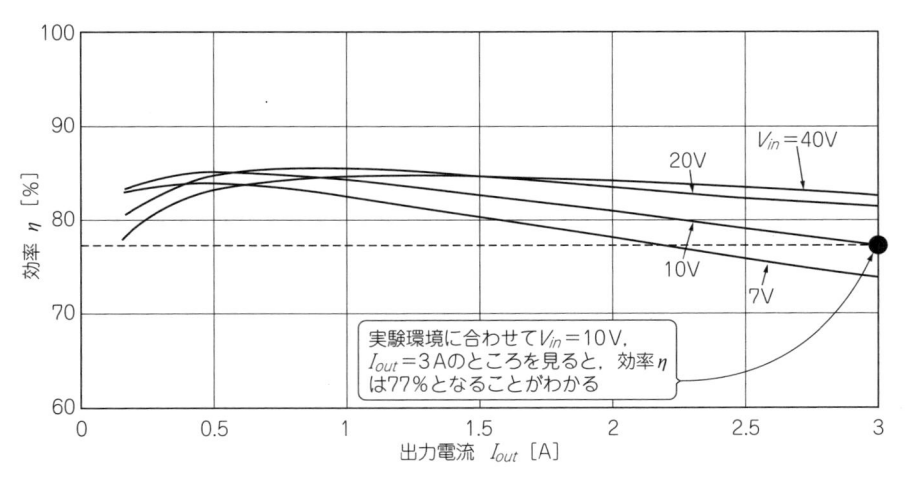

[**図6**] SI-8050Sの回路効率[1]
V_{in} = 10 Vのグラフを見ると，I_{out} = 3 Aのときの効率は約77 %であることがわかる

温度上昇ΔT[K]を求めます.

$$\Delta T = R_{sa} \times P_d = 7.55 \times 3.73 = 28.2\text{K} \cdots\cdots\cdots\cdots\cdots\cdots\cdots\cdots (8)$$

▶手順8：メーカのカタログの中からヒートシンクを選ぶ

　三協サーモテックのカタログ[2]からヒートシンクを選びます．今回はTO-220型の半導体素子SI-8050Sをプリント基板に実装するので，プリント基板搭載用ヒートシンクの中から選びます．まずは，カタログに記載されている熱抵抗値から，必要な性能をもつヒートシンクの見当をつけます．カタログ記載の熱抵抗は，ヒートシンク単体の熱抵抗に接触熱抵抗をプラスした値なので，今回求めるヒートシンク熱抵抗R_{sa}'は次の式で計算できます．

$$R_{sa}' = R_{sa} + R_{cs}$$
$$= 7.55 + 0.35 = 7.90\text{K/W} \cdots\cdots\cdots\cdots\cdots\cdots\cdots\cdots\cdots (9)$$

このときの温度上昇$\Delta T'$は，次の式より，29.5Kとなります．

$$\Delta T' = R_{sa}' \times P_d$$
$$= 7.90 \times 3.73 = 29.5\text{K} \cdots\cdots\cdots\cdots\cdots\cdots\cdots\cdots\cdots (10)$$

求めた消費電力と温度上昇から，カタログに掲載されている熱特性グラフを使っ

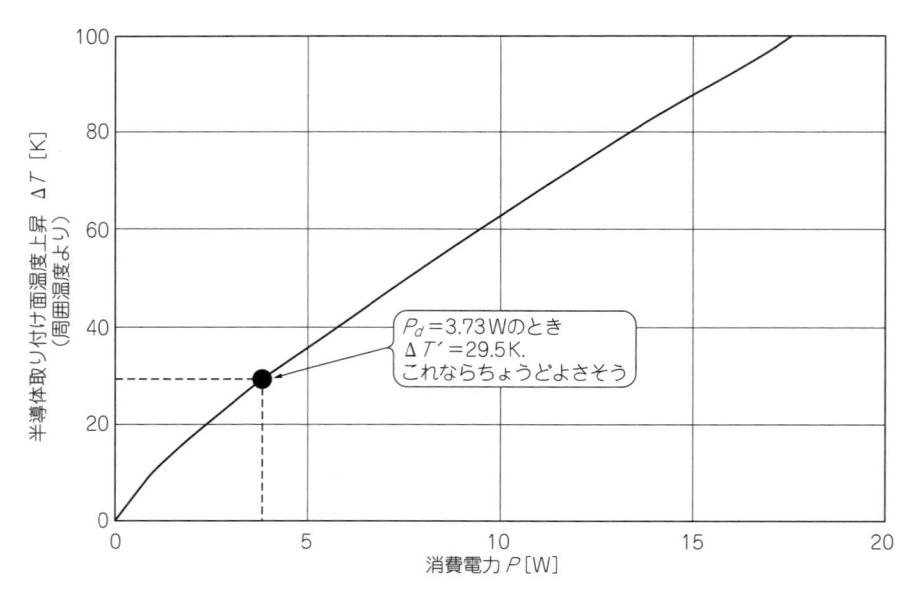

[図7]　OSH-5450-SFLの熱特性グラフ[2]
見当をつけたヒートシンクの熱特性グラフを参照して，算出した消費電力のときに，温度上昇を許容範囲内に抑えられるヒートシンクを選定する

てヒートシンクを選びます．式(6)で求めた消費電力P_d = 3.73Wと，式(10)で求めた温度上昇ΔT = 29.5Kから，**図7**に示すOSH-5450-SFLを選びました[注1]．

● 実測値と計算値の温度差は1K以下

「ヒートシンクあり」における出力電流I_{out} = 3Aのときの温度上昇は**図3**の実験結果がΔT = 30.2K，式(10)で求めた計算値がΔT = 29.5Kですので，実測値と計算値の温度差は1K以下です．実験環境と計算条件を正確に把握すれば，実測値に近い計算結果が得られます．

◆参考・引用＊文献◆

(1)＊サンケン電気；SI-8050Sアプリケーションノート，2013年11月，
http://www.semicon.sanken-ele.co.jp/sk_content/si-80xxseries_an_jp.pdf
(2)＊三協サーモテック；ヒートシンクWEBカタログ，No.201901,
http://apps.st-grp.co.jp/iportal/CatalogViewInterfaceStartUpAction.do?method=startUp&mode=PAGE&catalogCategoryId=&catalogId=13174660000&pageGroupId=1&volumeID=SMTWC001&designID=SMTR001

注1：OSH-5450-SFLの熱抵抗値は，カタログには6.6K/Wと記載されている[2]．ただしこの値はΔT = 50Kにおける値であり，今回のように$\Delta T < 50$Kの場合は，カタログに記載されている熱抵抗値よりも**図7**のグラフから読み取る熱抵抗値の方が大きくなる．$\Delta T > 50$Kの場合は逆になる．つまり，熱抵抗は一定ではなく，温度上昇ΔTが大きくなるほど小さくなる．これは温度上昇が大きくなるほど対流による放熱量が増えるためである．

第5章

ヒートシンクを活用した熱対策

Digilent社（現ナショナル インスツルメンツ）が開発したZYBOボードは，
ザイリンクス社のZYNQ-7000を搭載し，
SDRAMや各種のインターフェースを備えた，
FPGAによるディジタル・システム開発用のボードです．
本章では，このZYBOボードを例に放熱対策の実例を紹介します．
まず，赤外線サーモグラフィ・カメラでZYBOボード全体の温度を測定し，
具体的な放熱対策を考えます．
次に，放熱条件（取り付け方向，ヒートシンクの表面処理，
ZYNQ-7000とヒートシンク間の接触熱抵抗）を変えた場合の
放熱効果の違いを実測により確認します．

5-1	放熱効果の確認方法

● 測定の準備

　放熱性能の測定に必要な実験機材を**写真1**に，ZYBOボードの外観を**写真2**と**写真3**に示します．ZYBOボードにパソコンを接続し，ザイリンクス社が提供する開発環境VIVADOを使って動作させます．

　ZYBOボードの消費電力を段階的に上げる回路を作ります[1]．その回路の最小単

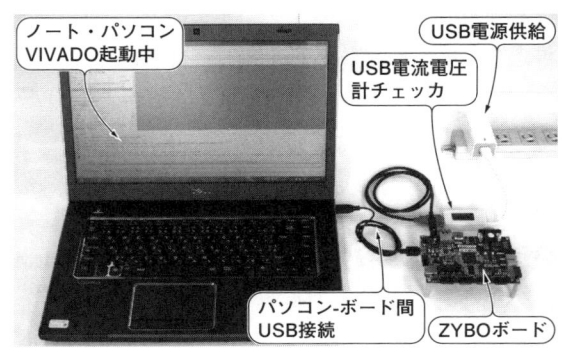

[写真1]
実験機材
VIVADOを使ってZYBOボードの消費電力をコントロールしている

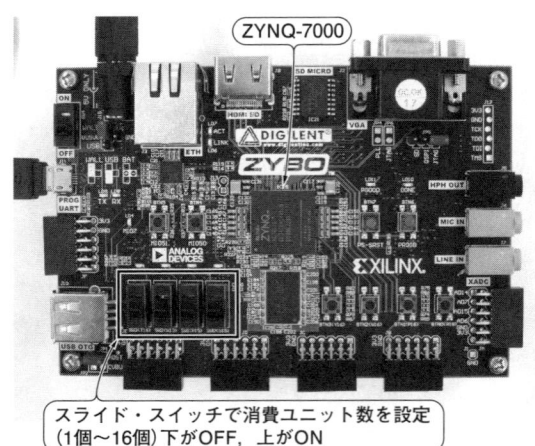

ZYNQ-7000

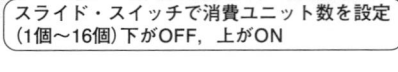

[写真2]
ZYBOボードのオモテ面

スライド・スイッチで消費ユニット数を設定
(1個〜16個)下がOFF，上がON

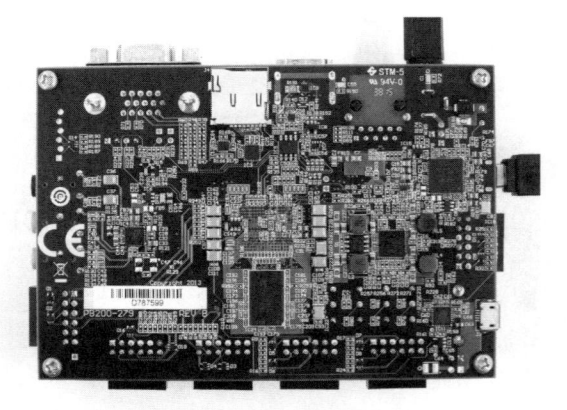

[写真3]
ZYBOボードの裏面

位を「消費電力ユニット」と呼びます．同じ回路構成の消費電力ユニットを16個
用意して動作回路数を変えることで，ZYNQ-7000の発熱量を調整します．

　ZYNQ-7000の発熱量は**写真2**に示すZYBOボードのオモテ面左下にある4個の
ON/OFFスライド・スイッチで，消費電力ユニットの動作個数(1 〜 16個)を切り
換えて設定します．

● 赤外線サーモグラフィ・カメラで温度分布を確認

　ZYBOボード全体の温度を赤外線サーモグラフィ・カメラ(**写真4**，R500EX -
Pro：日本アビオニクス)で確認します．赤外線サーモグラフィ・カメラは非接触

赤外線サーモグラフィ・カメラ

テーブル上のシートは可視光では白く見えるが，赤外線サーモグラフィ・カメラを使った場合の放射率は，黒体シールや黒体スプレーと同等

[写真4]
ZYBOボードオモテ面の温度分布を測定
使用機材：赤外線サーモグラフィ・カメラ
（R500EX－Pro；日本アビオニクス）

ZYBOボード

なので，熱容量の小さな部品の温度も測定できます．

5-2 赤外線サーモグラフィ・カメラによる温度の測定

● 電源をONにしたときの基板の温度分布

図1は，電源を入れただけで，プログラムを実行していないZYBOボードのオモテ面の温度分布です．a点が周囲温度，b点がZYNQ-7000の温度です．ZYNQ-7000が発熱し，基板に熱拡散していることがわかります．ZYNQ-7000の温度上昇 ΔT は11.9 K（ = 39.3 ℃ - 27.4 ℃）です．図2に，裏面の温度分布を示します．ZYNQ-7000以外に，c点にあるレギュレータ素子（ΔT = 7.7 K）とd点にあるUSBコントローラ（ΔT = 7.2 K）の温度が上がっています．

● ZYBOボードの温度分布と放熱対策部品の絞り込み

ディレーティングを考慮してZYNQ-7000の表面温度が60 ℃付近になるように

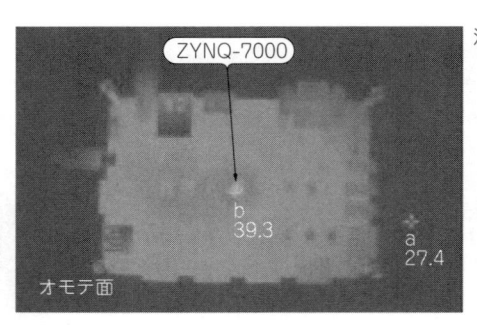

[図1]
消費電力ユニットを動作させていない状態でのZYBOボードのオモテ面の温度分布(結果：カラー・ページ p.16，検証16参照)

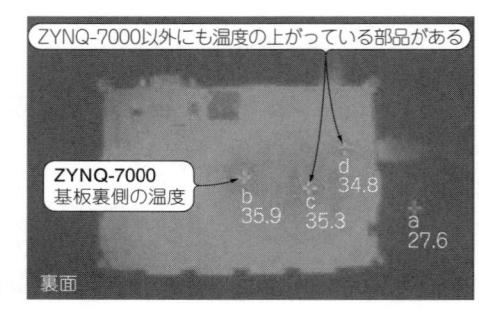

[図2]
図1に示すボードの裏面の温度分布

スライド・スイッチを切り換えて消費電力ユニット数を調整します．

　消費電力ユニット数が5個のときの温度分布を**図3**，**図4**に示します．ZYNQ-7000の表面温度が60℃近くになっています．

　ZYNQ-7000の発熱量が増えて，基板の広い範囲に熱が拡散していることがわかります．

　消費電力ユニットを5個動作させたときの温度上昇は，**図3**よりZYNQ-7000が $\Delta T = 33.1$ K，**図4**よりレギュレータ素子が $\Delta T = 12.7$ K，USBコントローラが $\Delta T = 10.4$ Kです．プログラムを実行していない**図2**の状態と比べると，レギュレータ素子とUSBコントローラの温度上昇は小さく，放熱対策をしなくてもよいレベルです．したがって，放熱対策はZYNQ-7000だけにします．

5-3	ZYNQ-7000の熱対策と温度測定方法

● 基板の裏面からは放熱効果が見込めない

　図3，**図4**から，基板のオモテ面にあるZYNQ-7000の表面の温度上昇が33.1 K(＝

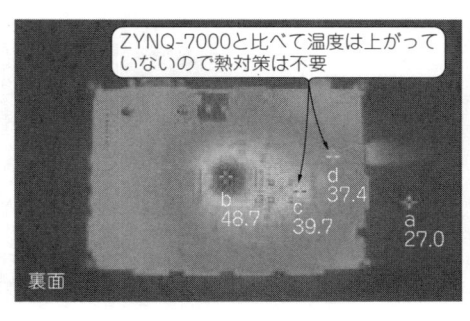

[図3]
消費電力ユニット（5個）を動作中の
ZYBOボードのオモテ面の温度分布

[図4]
図3に示すボードの裏面の温度分布

60.3 ℃ − 27.2 ℃），裏面のZYNQ-7000真下にあたるプリント基板の温度上昇が21.7 K（= 48.7 ℃ − 27.0 ℃）なので，ZYNQ-7000の表面の方が約1.5倍温度が上がっています．温度差が大きいほど放熱効果が高いので，ZYNQ-7000のパッケージの表面からの放熱対策が有効です．

　ZYNQ-7000の裏面には，**写真5**に示すように周辺に比べて背の高い積層セラミック・コンデンサが複数並んでいます．裏面から放熱を考えた場合，コンデンサを避けて**写真5**の枠で囲んだ狭いエリアで放熱をする方法や，コンデンサまで覆うことのできる厚みのあるギャップ・フィラを使って放熱範囲を広げる方法が考えられます．しかし，裏面の温度上昇はそれほど大きくないので，どちらの方法も放熱効果は期待できません．更に基板の裏面には背の高い部品がないので，ヒートシンクだけが出っ張ってしまいます，放熱対策は基板のオモテ面だけにします．

● 熱電対による温度測定

　赤外線サーモグラフィ・カメラは，空気の温度や物質内部の温度を測定できないので，実験の温度測定には熱電対を使います．ZYNQ-7000の温度は，**写真6**に示すようにZYNQ-7000の表面にφ0.1 mmペア線熱電対をt0.1 mm厚のアルミ粘着

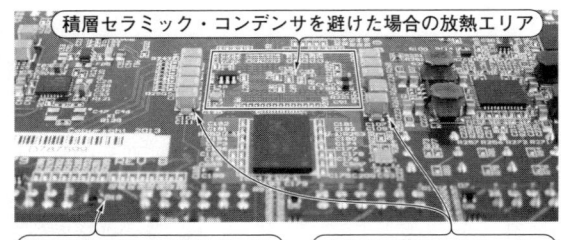

[写真5]
ZYBOボードの裏面の部品配置(ZYNQ-7000実装の反対面)

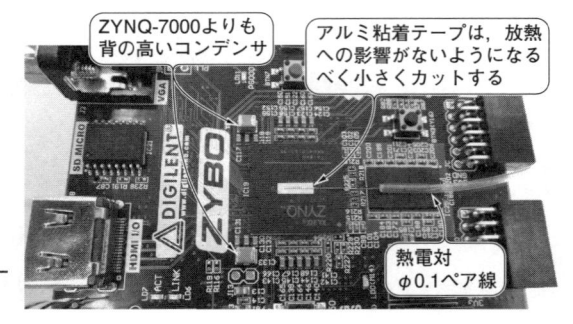

[写真6]
熱電対をアルミ粘着テープでZYNQ-7000に貼り付ける

テープで貼り付けて測定します.

　ZYNQ-7000にアルミ粘着テープを貼り付けると放射率や熱伝導率,熱容量が変化します.アルミ粘着テープを貼り付けたことによる放熱への影響がないことを確認しなければなりません.アルミ粘着テープの貼り付け面積が狭いほど影響も小さくなります.

5-4　ヒートシンクの形状と固定方法

● ヒートシンクの形状

　写真7にヒートシンクの外観を,**図5**に寸法の詳細を示します.ヒートシンクの高さは,基板のオモテ面に実装されている一番背の高い部品よりも低くなるように設計しました.更に**写真6**に示すようにZYNQ-7000よりも背の高いコンデンサがすぐ近くにあるので,コンデンサを避ける形状にしました.

● ZYNQ-7000とヒートシンクの固定

　ZYNQ-7000とヒートシンク間の接触熱抵抗を小さくするには,熱伝導性グリー

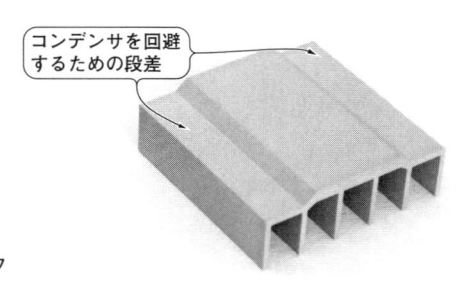
コンデンサを回避
するための段差

[写真7]
ZYBOボード用に設計したヒートシンク

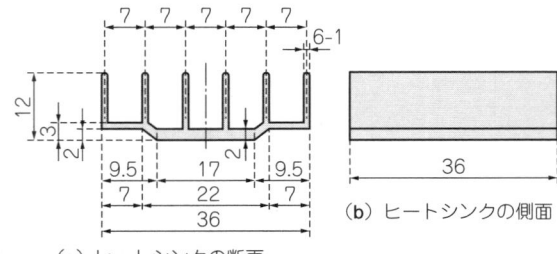

(a) ヒートシンクの断面
(b) ヒートシンクの側面

[図5]
写真7に示すヒートシンクの外形寸法

スを薄く塗り，バネ性のある固定具で荷重をかけて固定するのが効果的ですが，
ZYBOボードにはヒートシンクを固定するための穴がないので固定具が使えません．
今回は，比較実験を行うのでヒートシンクを頻繁に取り換えることを考慮して，粘
着性のある熱伝導パッドを使います（**写真8**）．

● ヒートシンクの温度は埋め込んだ熱電対で測定

　比較実験のためにヒートシンクを交換する場合は，ZYNQ-7000とヒートシンク
間の接触熱抵抗に変化がないことを確認しなければなりません．**写真9**に示すよう
に，ヒートシンクに埋め込んだ熱電対と，ZYNQ-7000の表面に貼り付けた熱電対
を，**図6**に示すように向い合わせに配置してZYNQ-7000とヒートシンク間の接触
熱抵抗を測定します．

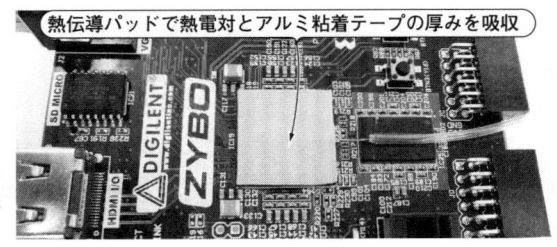

熱伝導パッドで熱電対とアルミ粘着テープの厚みを吸収

[写真8]
**ZYNG-7000に超低硬度放熱シリコ
ーン・パッド**（TC-50CAT-20，信越
化学工業）**を貼り付けたところ**

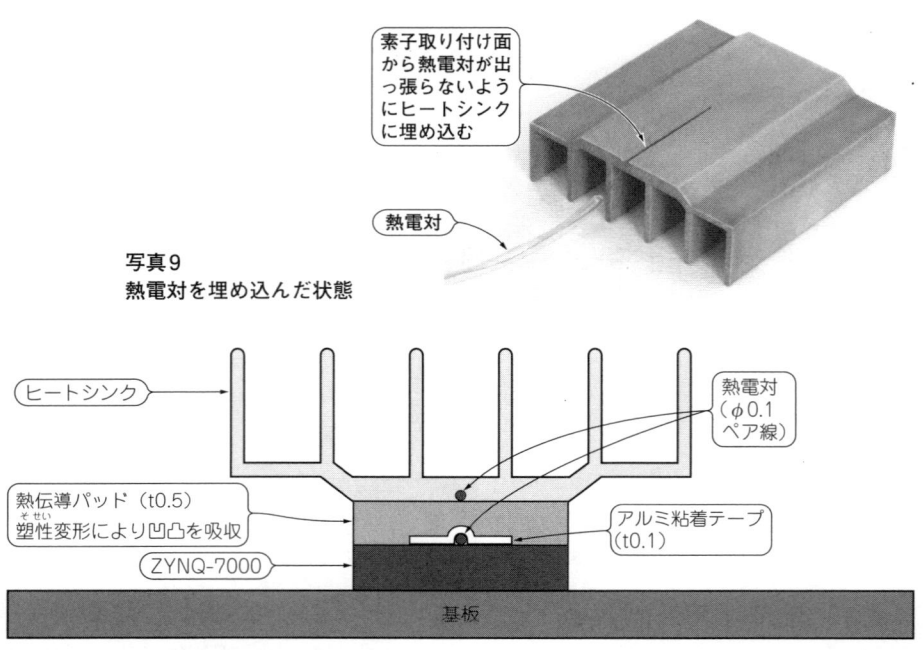

素子取り付け面から熱電対が出っ張らないようにヒートシンクに埋め込む

熱電対

写真9
熱電対を埋め込んだ状態

ヒートシンク

熱電対
（φ0.1
ペア線）

熱伝導パッド（t0.5）
塑性変形により凹凸を吸収

アルミ粘着テープ
（t0.1）

ZYNQ-7000

基板

[図6] 2本の熱電対で接触熱抵抗を測定

[表1]
超低硬度放熱シリコーン・パッド（信越化学工業）の熱伝導率と硬さ

製品名	熱伝導率[W/(m・K)]	硬さ
TC-50CAD-10	3.2	10
TC-50CAT-20	4.5	20
TC-50CAF-40	5.2	30

● 熱伝導パッドの選定

　熱電対とアルミ粘着テープの厚みを吸収するために，t0.5 mmの熱伝導パッドを使います．両面粘着タイプの超低硬度放熱シリコーン・パッド（信越化学工業）から**表1**に示す熱伝導率の高い3種類を選びました．

　熱伝導率はTC-50CAF-40が一番高いのですが，熱電対とアルミ粘着テープの厚みを吸収しやすくするために，よりやわらかくて密着性に優れたTC-50CAT-20を使いました．

　写真8に，熱伝導パッドを熱電対の上に貼り付けた状態を示します．熱電対とアルミ粘着テープの厚みを吸収してヒートシンク取り付け面側が平らになっていることがわかります．

● ヒートシンクを取り付けるとユニット数を2.6倍に増やせる

写真10に示すように，基板を水平に置いた状態で放熱性能を実測しました．表2がヒートシンクなし，表3がヒートシンクありの実測値です．ヒートシンクを取り付けるとZYNQ‑7000の温度が13.9 K（＝33.0 K − 19.1 K）下がり，放熱性能が72.8 %［＝（33.0/19.1）− 1］向上しました．

温度が下がった分，消費電力ユニット数を増やしてみます．図7に，ユニット数

自然対流の妨げにならないようにスペーサで基板を空中に浮かせている

[写真10]
基板を水平に，ヒートシンクを水平上向きに配置したところ

[表2]
基板の取り付け方向の違いによる放熱性能の差（ZYBOボード実験結果より）

①に比べて3.1 %放熱性能が向上

条件	基板取り付け方向	温度上昇[K]	放熱性能の向上率
①	水平	33.0	基準
②	垂直（長手左右）	32.0	3.1%
③	垂直（長手上下）	32.7	0.9%

①に比べて0.9 %放熱性能が向上

[表3]
ヒートシンクを取り付けた場合の基板の取り付け方向の違いによる放熱性能の差（ZYBOボード実験結果より）

①に比べて15.1 %放熱性能が向上

条件	基板取り付け方向	温度上昇[K]	放熱性能の向上率
①	水平	19.1	基準
②	垂直（長手左右）	16.6	15.1%
③	垂直（長手上下）	19.2	− 0.5%

①に比べて0.5 %放熱性能が低下

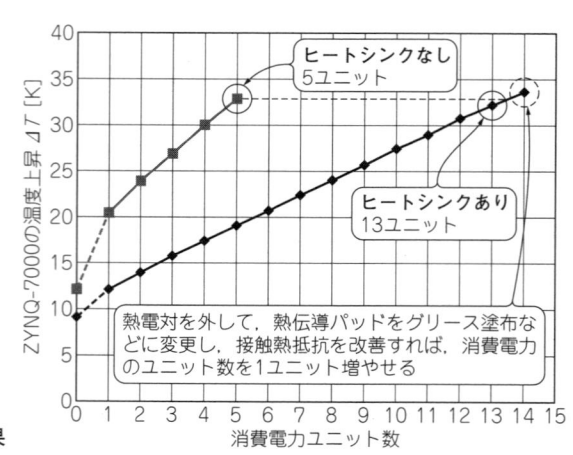

[図7]
ZYNQ-7000の温度上昇の実測結果

と温度上昇の関係を示します. ユニット数0は電源を入れただけでプログラムを走らせていない状態です. ヒートシンクを取り付けることで, 温度上昇$\Delta T = 33\,\mathrm{K}$において, 消費電力ユニット数を2.6倍($= 13$ユニット$/5$ユニット)に増やせました.

今回の実験で使用した熱伝導パッド(t0.5 mm)を熱伝導性グリースやフェイスチェンジ・マテリアルに代えれば, あと1ユニット増やせそうです.

● 取り付け方向による放熱性能の違い

写真10〜写真12に示す取り付け方向における実測結果を表2, 表3に示します.

▶ヒートシンクなしの場合

自然空冷における基板の放熱性能は, 垂直取り付けのほうが水平取り付けよりも良くなります. 同じ垂直取り付けでも基板長手方向が上下を向いているよりも左右を向いているほうが良くなります.

▶ヒートシンクありの場合

写真11に示す基板の取り付け方向が垂直(長手左右)の場合は, ヒートシンクの取り付け方向も垂直になるので対流が促進されて, 放熱性能が上がります.

写真12に示す基板が垂直(長手上下)の場合は, ヒートシンクの放熱性能が低下する水平横向きになるので, 基板を水平に取り付けるよりも悪くなります.

放熱性能は, ヒートシンクの取り付け方向だけではなく基板の取り付け方向によっても変わります.

自然対流の妨げにならないようにワイヤで空中に浮かせている

[写真11] 基板を垂直(長手方向左右)に, ヒートシンクを垂直に配置したところ

[写真12] 基板を垂直(長手方向上下)に, ヒートシンクを水平横向きに配置したところ

| 5-6 | 表面処理の放熱効果を確認する |

アルミの表面処理で一番よく使われているアルマイト処理の放熱効果を確かめます. 白色アルマイト処理品と黒色アルマイト処理品を用意して, 色による放熱効果の違いも確認します(写真13).

● アルマイト処理で放熱性能が上がる

表4に実測結果を示します. 表面処理をしていない場合に比べて, アルマイト処理をした方が6.1 %[= (19.1/18.0) − 1]放熱性能が上がっています. これは, アルマイト処理によりヒートシンクの表面の放射率が高くなり, 放射伝熱量が増えたためです. 白色アルマイトと黒色アルマイトの放熱性能は変わりませんでした.

● 放熱効果は基板の放熱も含めて考える

例えば, 基板およびヒートシンクからの放熱量がそれぞれ5 W, 合わせて10 Wの場合, アルマイト処理でヒートシンク単体の放熱量が10 %アップしても, 基板

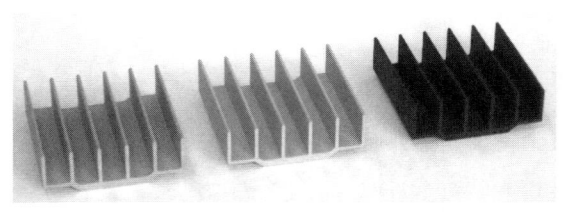

[写真13]
表面処理を施したヒートシンクの外観 （a）表面処理なし （b）白色アルマイト （c）黒色アルマイト

[表4]　表面処理を変えた場合の温度
上昇と放熱性能の向上率

表面処理	温度上昇[K]	放熱性能の向上率
なし	19.1	基準
白色アルマイト	18.0	6.1%
黒色アルマイト	18.0	6.1%

を含めたトータルの放熱量では5％のアップにしかなりません．ヒートシンク以外
に放熱部品がある場合は，アルマイト処理による効果はヒートシンク単体に比べて
小さくなります．

● サーモグラフィと熱電対で放射率を測定

　赤外線サーモグラフィ・カメラと熱電対を使って，ヒートシンクの放射率を測定しま
す．熱電対を埋め込んだヒートシンク（**写真9**）を加熱して，熱電対付近の温度を赤外線
サーモグラフィ・カメラと熱電対で測定しながら，温度が等しくなるように赤外線サー
モグラフィ・カメラの放射率を調整します．等しくなったときの放射率がヒートシンク
の放射率です．実測結果を**表5**に示します．

● 放射率の差がそのまま伝熱量の差にはならない

　表5に示すように，今回測定に使用したヒートシンクの放射率は白色アルマイト0.88
に対して黒色アルマイト0.91でした．黒色アルマイトの方が3.4％[＝(0.91/0.88)－1]
高いのですが，放射率が3.4％高ければ，放射伝熱量が3.4％増えるわけではありません．
　図8に示すようにフィンとベースで囲まれたコの字形部分では反射，吸収，放射
を繰り返すので，平板の放射率とは考え方が異なります．
　コの字型部分の放射伝熱量は，**図8**の斜線部をコの字形仮想伝熱面としたときに，
この面からの放射率を「見かけ上の放射率」として決まります．**表5**に示すように

[表5]
放射率と見かけ上の放射率

表面処理	放射率	みかけ上の放射率
白色アルマイト	0.88	0.83
黒色アルマイト	0.91	0.84

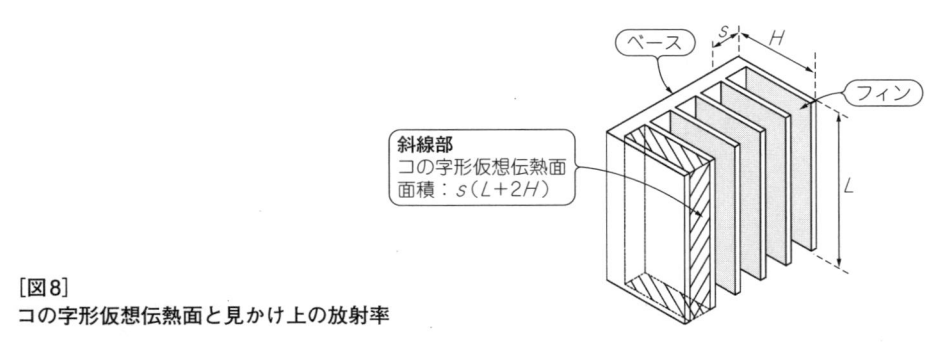

[図8]
コの字形仮想伝熱面と見かけ上の放射率

「見かけ上の放射率」は，白色アルマイトが0.83であるのに対し黒色アルマイトは0.84と，平板放射率よりも差が小さくなります．

　更に放射伝熱量は対流伝熱量に比べて小さいので，合わせた伝熱量で考えると，黒色アルマイトと白色アルマイトの放熱性能の差はほとんどなくなります．

● 白色アルマイト品と黒色アルマイト品は同性能

　表面処理をしていないアルミは放射率が低いので，アルマイト処理などの放射率の高い表面処理をすることで放熱性能を高められます．ただし，色による放熱性能の違いは実用上ありません．

5-7	接触熱抵抗の影響

　ZYNQ-7000とヒートシンク間の接触熱抵抗が大きくなった場合の温度変化を実験で確認します．

　図9に示すように，熱伝導パッドの枚数を1枚から3枚まで増やして接触抵抗を大きくしたときのZYNQ-7000とヒートシンクの温度を測定します．図10に測定結果を示します．

　接触熱抵抗が大きいほどZYNQ-7000の温度が上がり，ヒートシンクの温度は下がります．これは，ZYNQ-7000からヒートシンクへ伝わる熱が減少するためです．

● 必ず発熱素子の温度を確かめる

　図10の実測結果は，ヒートシンクの温度が上がっていなくても，発熱素子の温度が上がっている場合があることを示しています．ヒートシンクの温度が低いからといって，発熱素子の温度が低いとは限りません．発熱素子の温度が高い場合も考

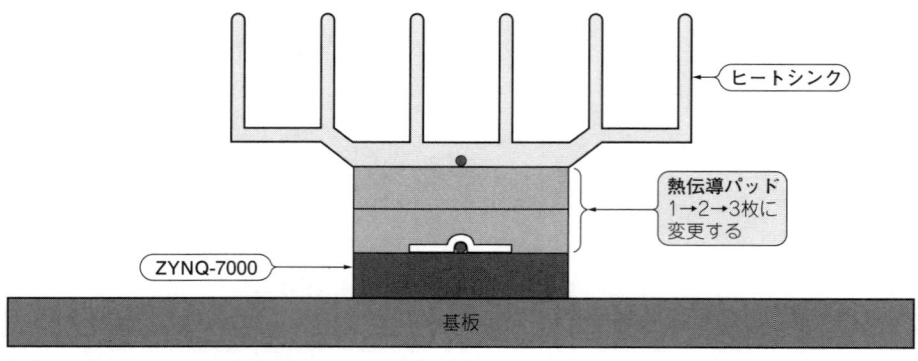

[図9] 熱伝導パッドの枚数を増やして接触熱抵抗を大きくする

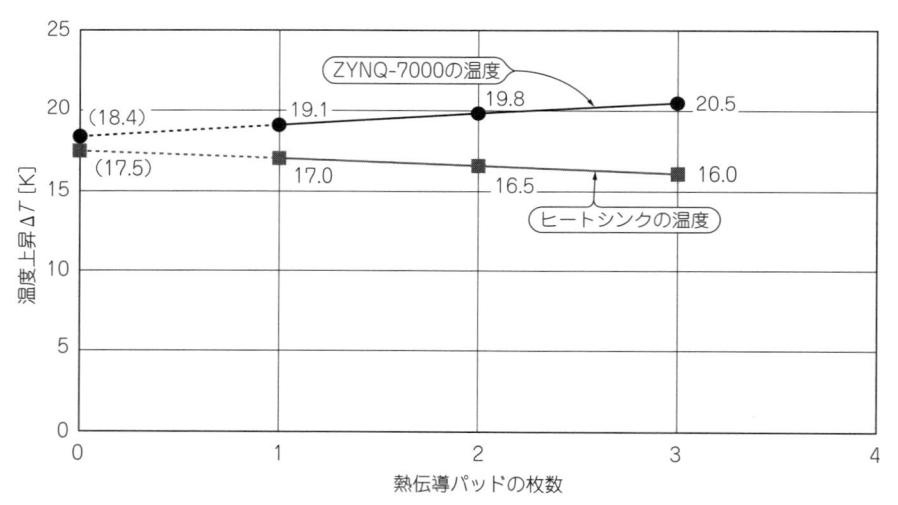

[図10] 熱伝導パッドの枚数を変えた場合の温度の実測値

えられるので，ヒートシンクの温度だけを測定してヒートシンクの温度から発熱素子の温度を予測するのは危険です．発熱素子とヒートシンク間の接触熱抵抗は，わずかな条件の違いで大きく変化する場合があります．必ず発熱素子の温度を測定しなければなりません．

◆参考文献◆

(1) 木村 真也；トランジスタ技術2017年11月号，別冊付録アナログウェア No.4，冷却実験用の可変発熱FPGA回路の設計，pp.61 - 63，CQ出版社．

第6章

電子回路シミュレータLTspiceを活用した熱設計

「定常状態」とは，熱の移動がなくなり時間が経過しても
温度に変化がない状態をいいます．
「非定常状態」とは，時間の経過とともに温度変化がある状態をいいます．
実際の回路における消費電力(熱損失)は，ほとんどの場合，
時間とともに変化する非定常状態です．非定常状態の温度変化を計算で
求めようとすると大変ですが，シミュレータを使えば計算を意識することなく
容易に求めることができます．
ここではアナログ・デバイセズ社が開発した
電子回路シミュレータ「LTspice」を活用した熱設計の手法を解説します．

6-1	時間とともに変化する温度「非定常状態」を理解するためには，まず「定常状態」を理解すべし

● 熱等価回路の基礎を「定常状態」で学ぶ

　回路知識がない状態で交流回路を学ぼうとする場合，いきなり交流回路から入ると，目に見えない上に時間とともに変化する電流や電圧をイメージすることが難しく，理解するまでに時間がかかります．

　まずは直流抵抗回路で，抵抗にかかる電圧と流れる電流から，抵抗と電圧と電流の関係，いわゆる「オームの法則」をイメージできるようになってから，C(キャパシタンス)やL(リアクタンス)のふるまいを理解し，交流回路に進むほうが，結果的に早く理解できます．

　熱についても同じです．LTspiceを使って非定常状態における熱等価回路を理解するには，定常状態で熱等価回路の基本をイメージできるようになってから，非定常状態を学んだ方が，結果的に早く理解できます．

　まずは，定常状態で熱抵抗と消費電力と温度の関係をイメージできるようになることが重要です．

　熱を電気に置き換えて考える場合は，図1に示すように「熱抵抗」が「電気抵抗」，

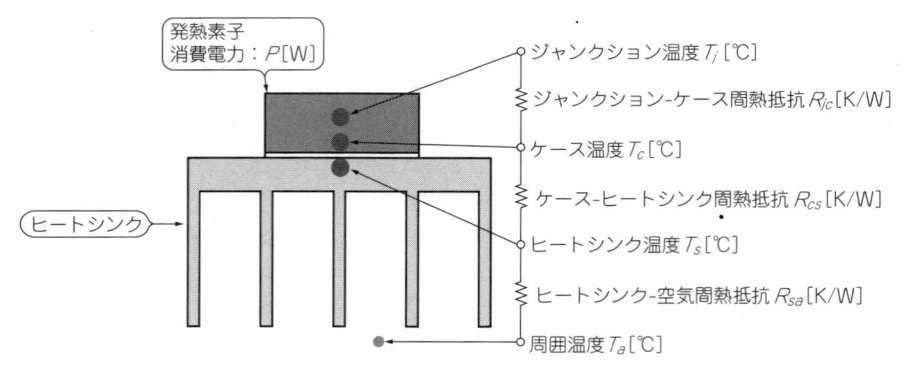

熱抵抗 [K/W]	→電気抵抗 [Ω]
消費電力 [W]	→電流 [A]
温度 [K]	→電圧 [V]

[図1]　熱を電気に置き換える

発熱素子
消費電力：P[W]

ジャンクション温度 T_j [℃]

ジャンクション-ケース間熱抵抗 R_{jc} [K/W]

ケース温度 T_c [℃]

ケース-ヒートシンク間熱抵抗 R_{cs} [K/W]

ヒートシンク温度 T_s [℃]

ヒートシンク-空気間熱抵抗 R_{sa} [K/W]

周囲温度 T_a [℃]

ヒートシンク

[図2]　ヒートシンク＋発熱素子1個(熱等価回路を作るイメージ)

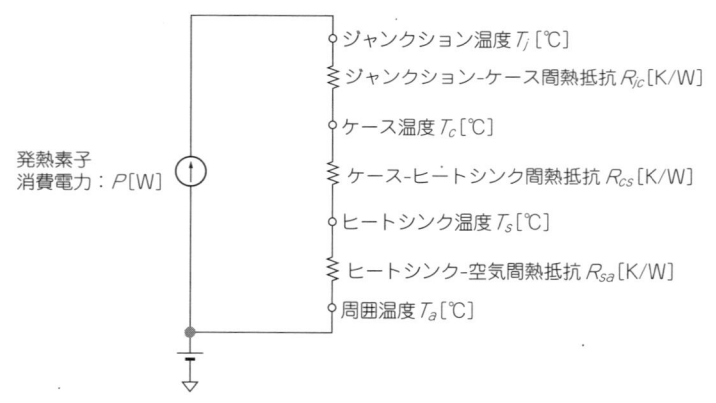

発熱素子
消費電力：P[W]

ジャンクション温度 T_j [℃]

ジャンクション-ケース間熱抵抗 R_{jc} [K/W]

ケース温度 T_c [℃]

ケース-ヒートシンク間熱抵抗 R_{cs} [K/W]

ヒートシンク温度 T_s [℃]

ヒートシンク-空気間熱抵抗 R_{sa} [K/W]

周囲温度 T_a [℃]

[図3]　ヒートシンク＋発熱素子1個(熱等価回路)
定常状態において発熱素子の消費電力は「定電流源」，周囲温度は「定電圧源」になる

「消費電力」が「電流」，「温度」が「電圧」に相当します.

　ここでは，熱等価回路の基本を「定常状態」で解説します.

● LTspiceでの熱等価回路

　ヒートシンクに発熱素子1個を取り付けた場合のイメージを図2に示します.

　図2をLTspiceでシミュレーション可能な回路に置き換えると図3のようになります.

▶消費電力は「定電流源」，周囲温度は「定電圧源」で考える

図3に示すように「消費電力」を「電流」に置き換えると，「定常状態における消費電力」は「定電流源」に相当します．「周囲温度」は発熱の影響を受けない場所の温度なので，定常，非定常にかかわらず電圧が一定である「定電圧源」に相当します．

▶周囲温度0℃で回路を簡略化

周囲温度を0℃として考えれば，周囲温度に相当する定電圧源を省くことができます．

● シミュレーション例①（発熱素子1個）

まず，一番シンプルな熱等価回路であるヒートシンクに「発熱素子1個」を取り付けた場合を例に基本的な考え方を解説します．

▶直列回路で考える

消費電力$P = 2\,\mathrm{W}$，ジャンクション-ケース間熱抵抗$R_{jc} = 5\,\mathrm{K/W}$，ケース-ヒートシンク間熱抵抗（以下：接触熱抵抗）$R_{cs} = 0.4\,\mathrm{K/W}$，ヒートシンク-周囲温度間熱抵抗（以下：ヒートシンク熱抵抗）$R_{sa} = 5\,\mathrm{K/W}$とした場合の回路図とシミュレーション後の各部の温度を**図4**に示します．

消費電力が大きくなれば，消費電力に比例して各部の温度が上がります．

▶シミュレーション結果を計算で確認

シミュレーションの結果が正しいか，各部の温度T_s，T_c，T_jを計算で確かめます．

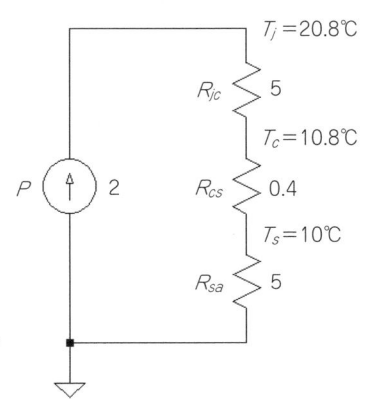

[図4]　ヒートシンク＋発熱素子1個の熱等価回路．
周囲温度を0℃として簡略化
周囲温度を0℃にすれば，回路がシンプルになる

$$T_s = P \times R_{sa} = 2\,\text{W} \times 5\,\text{K/W} = 10\,\text{℃}$$
$$T_c = T_s + P \times R_{cs} = 10\,\text{℃} + 2\,\text{W} \times 0.4\,\text{K/W} = 10.8\,\text{℃}$$
$$T_j = T_c + P \times R_{jc} = 10.8\,\text{℃} + 2\,\text{W} \times 5\,\text{K/W} = 20.8\,\text{℃}$$

計算で求めた各部の温度T_s, T_c, T_jと図4のシミュレーション結果は一致します.

● シミュレーション例②(発熱素子2個：消費電力同じ)

実際の熱設計では，複数の発熱素子を取り扱うことが多くあります. ここでは，複数個の基本である「発熱素子2個」による熱等価回路について解説します.

▶ R_{jc}とR_{cs}は並列，T_sは直列で考える

図4と同じ条件の発熱素子2個を，ヒートシンクに取り付けた場合の回路とシミュレーション結果を図5に示します.

発熱素子の個数が増えてトータルの消費電力が大きくなればヒートシンクの温度は上がります. ここでは理解しやすいように，並列接続のR_{jc1}とR_{cs1}，R_{jc2}とR_{cs2}は互いに影響をおよぼさないと考えるので，発熱素子の個数が増えても消費電力PとR_{jc}とR_{cs}が同じ場合は，ΔT_{jc}とΔT_{cs}は変わりません.

図4に比べて図5は，トータル消費電力が2倍になるので，ヒートシンク温度T_sも2倍の20℃になります. T_sが10K上がった分ジャンクション温度T_{j1}, T_{j2}とケース温度T_{c1}, T_{c2}はそれぞれ10K上がります. ただし，ΔT_{jc1}, ΔT_{jc2}, ΔT_{cs1}, ΔT_{cs2}は変わりません.

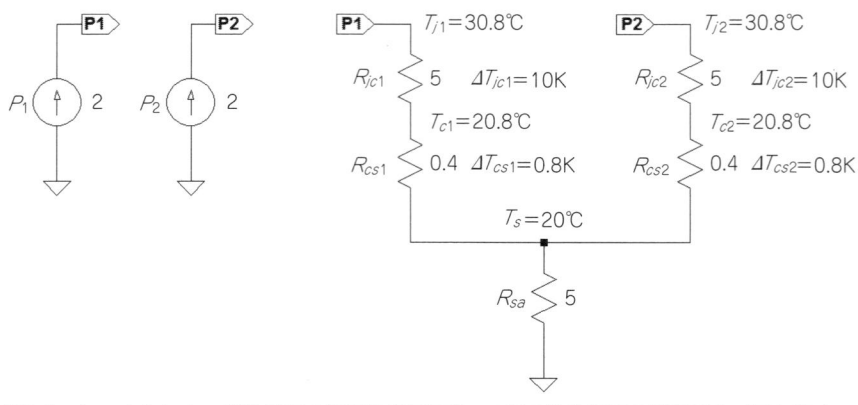

[図5] ヒートシンク＋発熱素子2個の熱等価回路. 2個の発熱素子の消費電力が同じ場合

● シミュレーション例③（発熱素子2個：消費電力違い）

複数の発熱素子を取り扱う場合，消費電力が同じとは限りません．ここでは，消費電力の異なる発熱素子2個を，ヒートシンクに取り付けた場合について解説します．

▶消費電力が増えれば，T_s，ΔT_{cs}，ΔT_{jc}全てが上がる

発熱素子P_2の消費電力を2Wから4Wに増やした場合のシミュレーション結果を図6に示します．P_1にP_2を加えた6W分だけヒートシンクの温度が上がるので，ヒートシンク温度T_sは30℃になります．

「ジャンクション-ケース間熱抵抗」R_{jc}と「接触熱抵抗」R_{cs}は，発熱素子P_1，P_2共に同じですが，消費電力が増えたP_2の「ジャンクション-ケース間温度」ΔT_{jc2}と「接触熱抵抗温度上昇」ΔT_{cs2}は上がります．

ヒートシンクの温度T_sはP_1にP_2を加えた分だけ上がります．ΔT_{jc}とΔT_{cs}は，それぞれの消費電力P_1，P_2分だけ上がります．

● シミュレーション例④（発熱素子3個以上）…発熱素子が増えてもシミュレーションは簡単

ヒートシンクに3個の発熱素子を取り付けた場合の等価回路を図7に示します．図7は図6に破線部が増えただけで，考え方は同じです．4個以上の場合も破線部を追加するだけで，簡単に各部の温度を求めることができます．

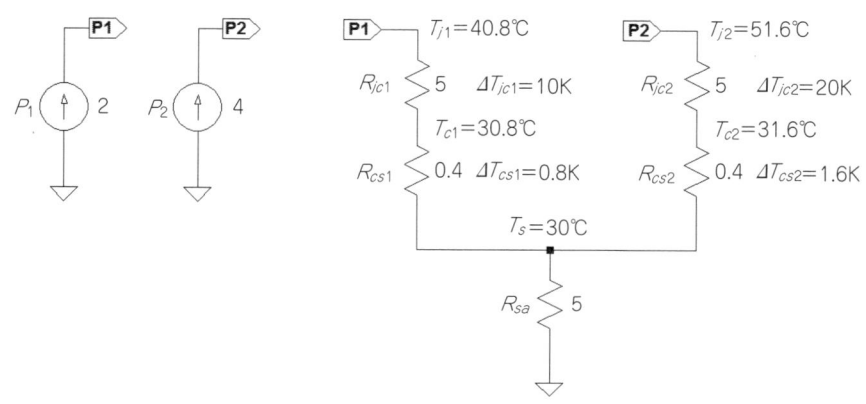

[図6] ヒートシンク＋発熱素子2個の熱等価回路．2個の発熱素子の消費電力が異なる場合

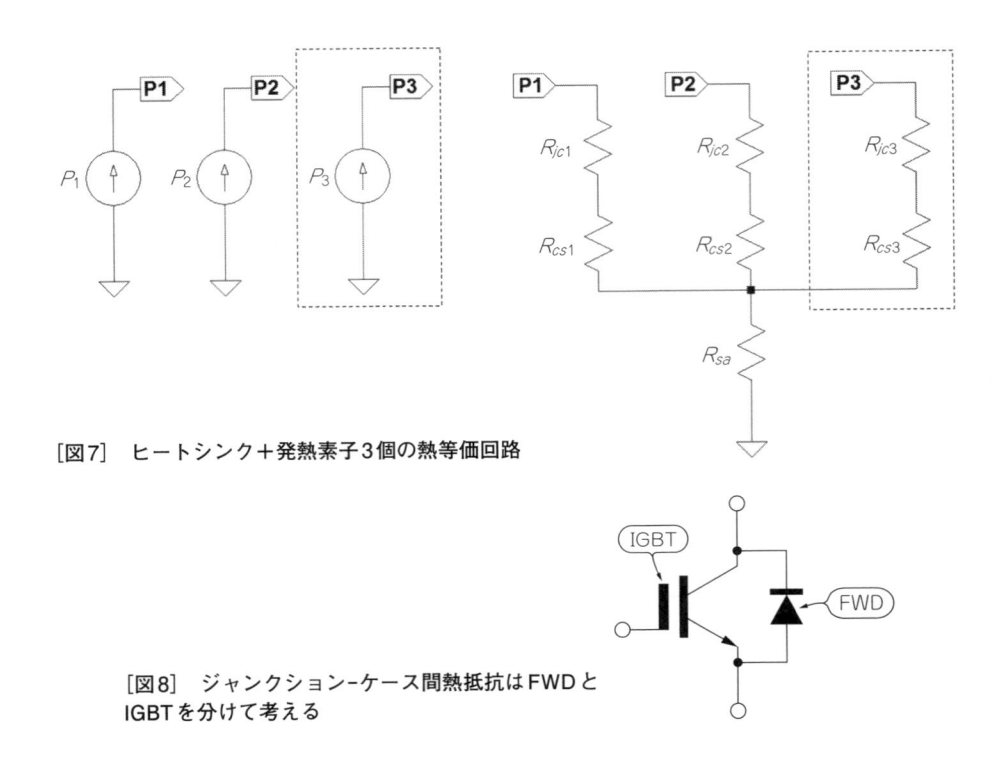

[図7]　ヒートシンク＋発熱素子3個の熱等価回路

[図8]　ジャンクション–ケース間熱抵抗はFWDと
IGBTを分けて考える

● シミュレーション例⑤（発熱素子2個：それぞれの発熱素子内に異なるチップ2個）

　1つのモジュールに2つの異なるチップが内蔵されている場合は，R_{jc} は並列接続になります．

　例えば，IGBTを使ったインバータ回路において，モータなどの誘導性負荷を駆動するとIGBTに逆方向に負荷電流が流れようとするため，逆耐圧阻止能力のないIGBT素子だと壊れる恐れがあります．対策として**図8**に示すように逆並列にFWD（フリーホイール・ダイオード）を接続し，負荷電流を転流させてIGBTを保護する方法があります．

　この場合，IGBTとFWDでは構造や動作が異なるため，ジャンクション–ケース間の熱抵抗R_{jc}は分けて考えなければなりません．

　IGBTとFWDを内蔵しているモジュール2個をヒートシンクに取り付けた場合の回路図を**図9**に示します．モジュールが増えても，破線部を追加するだけで簡単に各部の温度を求めることができます．

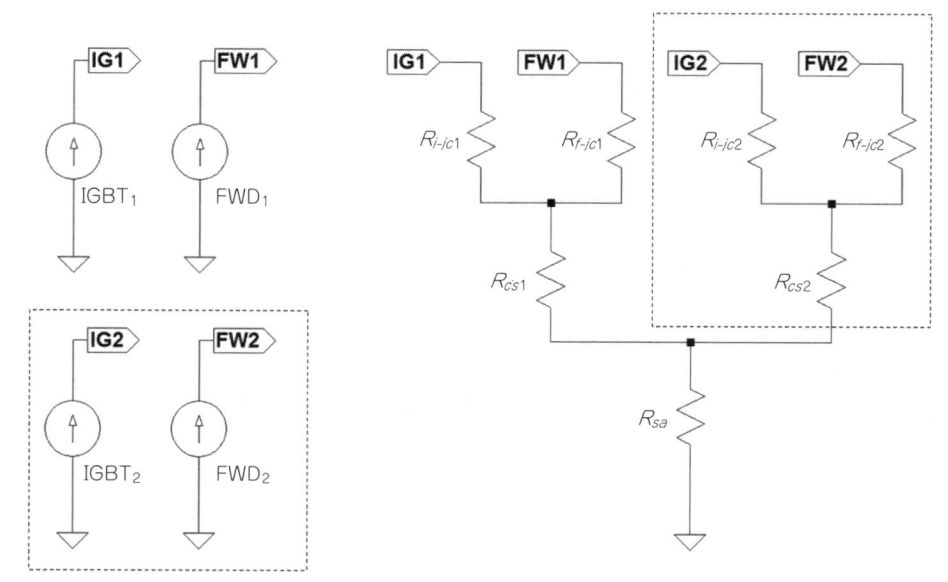

[図9] ヒートシンク＋2個の半導体モジュール（フリーホイール・ダイオードを内蔵したIGBT）の熱等価回路

| 6-2 | 非定常状態における温度変化を手計算で求める |

● 非定常解析の重要性

　発熱素子の消費電力が一定であれば，熱設計は比較的容易ですが，実際の回路ではほとんどの場合，消費電力が時間の経過とともに変化する非定常状態なので，簡単に温度変化を計算で求めることができません．

　また，消費電力の変化が複雑であればあるほど，温度変化を求めることが難しくなり，その分消費電力に余裕をもたせてしまうので過剰設計になりがちです．

　LTspiceを使えば，複雑な計算を意識することなく，連続的な温度変化を求められるので，過剰設計を防ぐことができます．

● 消費電力に余裕をもたせると，熱設計で苦労する

　消費電力に余裕をもたせて設計をすると，ヒートシンクやヒートシンクを使った装置は大きく重くなります．

　それだけではありません．自然空冷で十分であるにもかかわらず，放熱性能に余

裕を持たせたために，ファンを使った強制空冷に変更しなければならない場合があります．自然空冷から強制空冷に変えると，構造が大幅に変わるだけではなく，ファンが追加されることによる「コストアップ」や「寿命対策」，「騒音対策」，「ほこり対策」などの新たな課題を解決しなければならなくなります．

そういったことを避けるためにも発熱素子の正確な温度変化を把握し，余裕を持ち過ぎない設計が重要になります．

非定常状態における温度変化は計算でも求められますが，手間がかかる上に近似計算になります．LTspiceを使えば，複雑な消費電力波形であっても計算を意識することなく簡単に温度変化を求めることができます．

● 従来の温度変化の求め方

消費電力が複雑に変化する非定常状態では，温度変化を計算で求めることが困難なので，消費電力波形を矩形波で近似して，過渡熱抵抗曲線を使って求めます．

▶矩形波近似

矩形波に近似する代表的な方法として，「同一面積近似」と「積分平均」の2種類があげられます．

(1) 同一面積近似

消費電力が正弦波や三角波に近い場合，同じ面積の矩形波に置き換えます．

置き換えの代表例を図10に示します．矩形波の波高値を最大値の0.7倍として，パルス幅は正弦波の0.91倍，三角波の場合に0.71倍とします．

(2) 積分平均

ある時間経過範囲において電圧と電流の積を積分して平均する方法です．例として図11に示すFETのスイッチング時の損失(消費電力)について解説します．

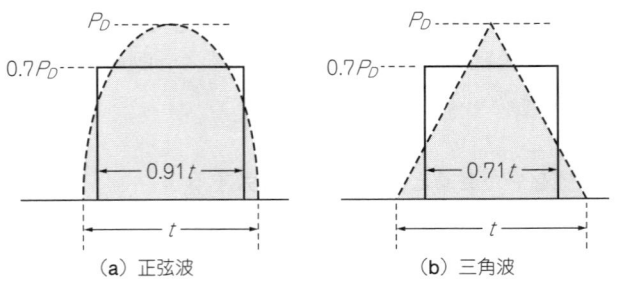

(a) 正弦波   (b) 三角波

[図10] 計算を簡単にするために正弦波や三角波を矩形波で近似する

図12にドレイン-ソース間電圧V_{DS}とドレイン電流I_Dのスイッチング波形を示します.

▶スイッチング周期全体で平均した電力で考える場合

$t_{t\text{-}on}$をターン・オン期間,t_{on}をオン期間,$t_{t\text{-}off}$をターン・オフ期間,t_{off}をオフ期間とします.

図13および式(1),式(2)に示すように,t_1からt_5の期間について変化するV_{DS}とI_Dの積を積分して,周期t_{period}で割ることで,平均消費電力P_{ave}を求めます.周期が短く,温度変化が実用上問題にならない場合に使用します.

平均消費電力P_{ave}は,式(1)〜式(6)に示す積分で求めます.

▶各期間で積分して矩形波に近似する場合

図14に示すように,$t_{t\text{-}on}$,t_{on},$t_{t\text{-}off}$,t_{off}それぞれの期間に区切って平均値を求めます.

周期が長く,消費電力の変化が温度変化に影響を与える場合に使用します.

ターン・オン消費電力P_{on},ターン・オフ消費電力P_{off}が無視できるくらい小さい場合は,その消費電力を考慮する必要はありません.

各期間の平均消費電力は,式(7)〜式(10)に示す積分で求めます.

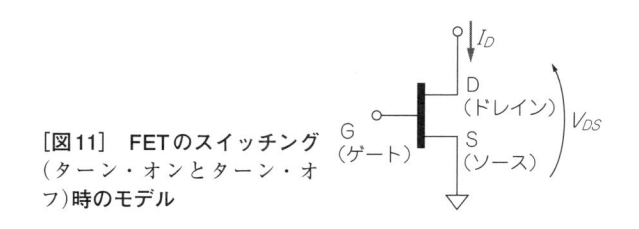

[図11] FETのスイッチング（ターン・オンとターン・オフ）時のモデル

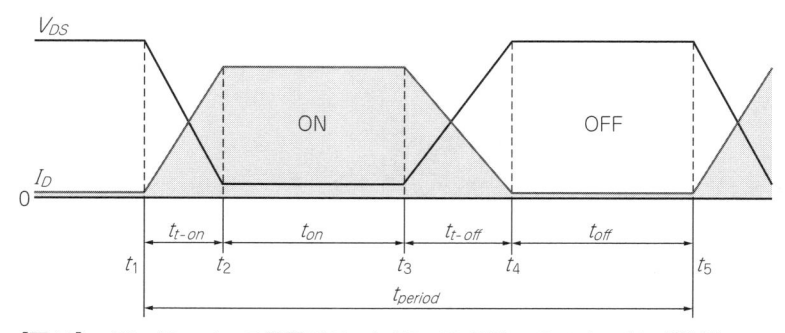

[図12] ドレイン-ソース間電圧V_{DS}とドレイン電流I_Dのスイッチング波形

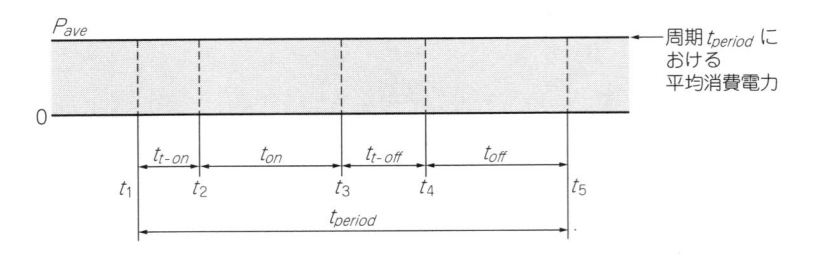

$$P_{ave} = \frac{1}{t_{period}} \int_{t_1}^{t_5} V_{DS}(t) \cdot I_D(t)\, d_t \quad\cdots\cdots\cdots\cdots\cdots\cdots (1)$$

$$= \frac{1}{t_{period}} (P_{S1} + P_{S2} + P_{S3} + P_{S4}) \quad\cdots\cdots\cdots\cdots\cdots (2)$$

$$P_{S1} = \int_{t_1}^{t_2} V_{DS}(t) \cdot I_D(t)\, dt \quad\cdots\cdots\cdots\cdots\cdots\cdots\cdots (3)$$

$$P_{S2} = \int_{t_2}^{t_3} V_{DS}(t) \cdot I_D(t)\, dt \quad\cdots\cdots\cdots\cdots\cdots\cdots\cdots (4)$$

$$P_{S3} = \int_{t_3}^{t_4} V_{DS}(t) \cdot I_D(t)\, dt \quad\cdots\cdots\cdots\cdots\cdots\cdots\cdots (5)$$

$$P_{S4} = \int_{t_4}^{t_5} V_{DS}(t) \cdot I_D(t)\, dt \quad\cdots\cdots\cdots\cdots\cdots\cdots\cdots (6)$$

[図13]　スイッチング周期における平均消費電力 P_{ave}
平均消費電力 P_{ave} は式(1)〜式(6)に示す積分により求める

● 過渡熱抵抗曲線から温度変化を求める方法

次に，過渡熱抵抗曲線から温度変化を求める方法を解説します．

温度変化を求める計算式を表1(pp.200-201)に示します．温度変化は「重ね合わせの理」により求めます．

▶計算例①

「等振幅連続パルス発熱」（図15）における温度変化を求めます．

温度変化をイメージしやすいように $P_0 = 1$ W，熱容量 $C = 1$ J/K，定常熱抵抗 $R_{th} = 1$ K/W，時定数 $\tau = 1$ s とします．

表1の「等振幅連続パルス発熱」より

$$T_{t1} = P_0 \{ r_{th}(t_1) \} \quad\cdots\cdots\cdots\cdots\cdots\cdots\cdots\cdots\cdots\cdots\cdots\cdots (11)$$

$$T_{t2} = P_0 \{ r_{th}(t_2) - r_{th}(t_2 - t_1) \} \quad\cdots\cdots\cdots\cdots\cdots\cdots\cdots\cdots (12)$$

$$T_{t3} = P_0 \{ r_{th}(t_3) - r_{th}(t_3 - t_1) + r_{th}(t_3 - t_2) \} \quad\cdots\cdots\cdots\cdots (13)$$

$$T_{t4} = P_0 \{ r_{th}(t_4) - r_{th}(t_4 - t_1) + r_{th}(t_4 - t_2) - r_{th}(t_4 - t_3) \} \quad\cdots\cdots\cdots (14)$$

$$T_{t5} = P_0 \{ r_{th}(t_5) - r_{th}(t_5 - t_1) + r_{th}(t_5 - t_2) - r_{th}(t_5 - t_3) + r_{th}(t_5 - t_4) \} \quad\cdots (15)$$

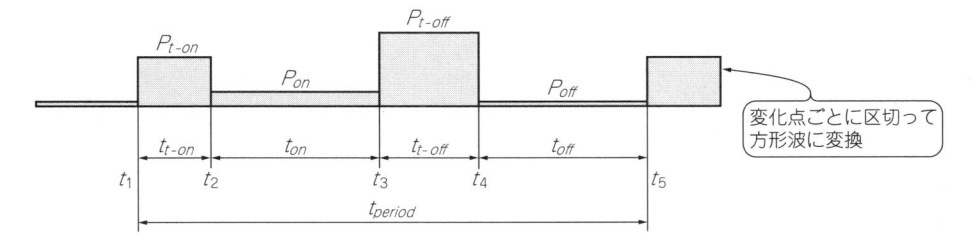

$$P_{t-on} = \frac{1}{t_{t-on}} \int_{t_1}^{t_2} V_{DS}(t) \cdot I_D(t)dt \cdots\cdots\cdots\cdots\cdots\cdots\cdots (7)$$

$$P_{on} = \frac{1}{t_{on}} \int_{t_2}^{t_3} V_{DS}(t) \cdot I_D(t)dt \cdots\cdots\cdots\cdots\cdots\cdots\cdots\cdots (8)$$

$$P_{t-off} = \frac{1}{t_{t-off}} \int_{t_3}^{t_4} V_{DS}(t) \cdot I_D(t)dt \cdots\cdots\cdots\cdots\cdots\cdots (9)$$

$$P_{off} = \frac{1}{t_{off}} \int_{t_4}^{t_5} V_{DS}(t) \cdot I_D(t)dt \cdots\cdots\cdots\cdots\cdots\cdots\cdots (10)$$

[図14] **各期間 t_{t-on}, t_{on}, t_{t-off}, t_{off} ごとに積分して矩形波に近似**
ターン・オン消費電力 P_{on}，ターン・オフ消費電力 P_{off} が無視できるくらい小さい場合はその消費電力を考慮する必要はない

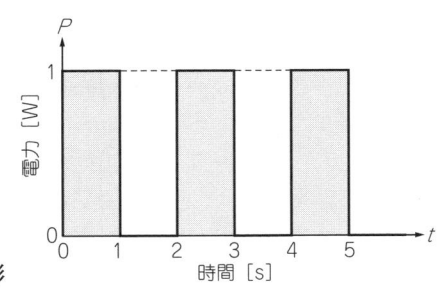

[図15] **等振幅連続パルスの消費電力波形**

過渡熱抵抗 $r_{th}(t)$ は式(16)で求めることができます．

$$r_{th}(t) = R_{th}(1 - e^{-\frac{t}{R_{th} \cdot C}}) \cdots\cdots\cdots\cdots\cdots\cdots\cdots\cdots\cdots\cdots (16)$$

ただし，R_{th}：定常熱抵抗[K/W]，C：熱容量[J/K]（＝$C_p \cdot m$），C_p：比熱[J/(kg・K)]，m：質量[kg]，t：時間[s]

上記の式(11)〜式(16)に各数値を代入して温度ピーク値を求めます．$t_1 = 1$ s，$t_2 = 2$ s，$t_3 = 3$ s，$t_4 = 4$ s，$t_5 = 5$ s ですので

$$T_{t1} = P_0 \cdot R_{th} \cdot r_{th}(t_1) = (1 - e^{-(1/1)}) = 1 - e^{-1} = 0.63$$

$$T_{t2} = r_{th}(t_2) - r_{th}(t_2 - t_1) = (1 - e^{-2}) - (1 - e^{-1})$$

[表1] 矩形波消費電力における温度変化の求め方

発熱パターン	消費電力波形	温度波形	
連続発熱			
単発パルス発熱			
等振幅 連続パルス発熱			
不等振幅 連続パルス発熱			

$$= 0.865 - 0.632 = 0.23$$
$$T_{t3} = r_{th}(t_3) - r_{th}(t_3 - t_1) + r_{th}(t_3 - t_2)$$
$$= (1 - e^{-3}) - (1 - e^{-2}) + (1 - e^{-1})$$
$$= 0.950 - 0.865 + 0.632 = 0.72$$
$$T_{t4} = r_{th}(t_4) - r_{th}(t_4 - t_1) + r_{th}(t_4 - t_2) - r_{th}(t_4 - t_3)$$
$$= (1 - e^{-4}) - (1 - e^{-3}) + (1 - e^{-2}) - (1 - e^{-1})$$

計算式
$T_0 = P_0 R_{th}$
$T_{t1} = P_0 \ [r_{th}(t_1)]$ $T_{t2} = P_0 \ [r_{th}(t_2) - r_{th}(t_2 - t_1)]$
$T_{t1} = P_0 \ [r_{th}(t_1)]$ $T_{t2} = P_0 \ [r_{th}(t_2) - r_{th}(t_2 - t_1)]$ $T_{t3} = P_0 \ [r_{th}(t_3) - r_{th}(t_3 - t_1) + r_{th}(t_3 - t_2)]$ $T_{t4} = P_0 \ [r_{th}(t_4) - r_{th}(t_4 - t_1) + r_{th}(t_4 - t_2) - r_{th}(t_4 - t_3)]$ $T_{t5} = P_0 \ [r_{th}(t_5) - r_{th}(t_5 - t_1) + r_{th}(t_5 - t_2) - r_{th}(t_5 - t_3) + r_{th}(t_5 - t_4)]$
$T_{t1} = P_0 \ [r_{th}(t_1)]$ $T_{t2} = P_0 \ [r_{th}(t_2) - r_{th}(t_2 - t_1)]$ $T_{t3} = P_0 \ [r_{th}(t_3) - r_{th}(t_3 - t_1)] + P_1 \ [r_{th}(t_3 - t_2)]$ $T_{t4} = P_0 \ [r_{th}(t_4) - r_{th}(t_4 - t_1)] + P_1 \ [r_{th}(t_4 - t_2) - r_{th}(t_4 - t_3)]$ $T_{t5} = P_0 \ [r_{th}(t_5) - r_{th}(t_5 - t_1)] + P_1 \ [r_{th}(t_5 - t_2) - r_{th}(t_5 - t_3)] + P_2 \ [r_{th}(t_5 - t_4)]$

$$= 0.982 - 0.950 + 0.865 - 0.632 = 0.27$$

$$T_{t5} = r_{th}(t_5) - r_{th}(t_5 - t_1) + r_{th}(t_5 - t_2) - r_{th}(t_5 - t_3) + r_{th}(t_5 - t_4)$$

$$= (1 - e^{-5}) - (1 - e^{-4}) + (1 - e^{-3}) - (1 - e^{-2}) + (1 - e^{-1})$$

$$= 0.993 - 0.982 + 0.950 - 0.865 + 0.632 = 0.73$$

計算結果を図16に示します.

上記のように，計算で連続パルスにおける温度変化を求めることができますが，

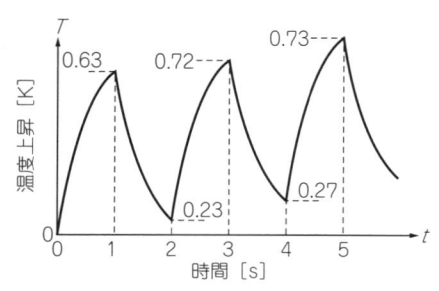

[図16] 消費電力波形が等振幅連続パルスのときの温度変化イメージ

[表2] ヒートシンク12BS031の熱抵抗と質量

切断寸法 [mm]	熱抵抗 [K/W]	質量 [g]
L50	14.08	25
L100	8.85	49
L200	5.51	98
L300	4.02	147

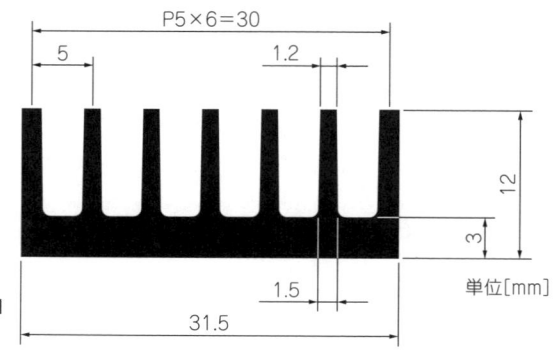

[図17] ヒートシンク12BS031の断面形状

手間がかかります.

▶計算例②

　三協サーモテックのカタログに掲載されているヒートシンク12BS031-L50を使った場合の温度変化を求めます.

（1）熱容量と時定数を求める

　図17に12BS031の断面形状，表2に12BS031の熱抵抗を示します.

（2）熱容量の求め方

　熱容量C[J/K]は式(17)で表されます.

$$C = m \cdot C_p \cdots\cdots (17)$$

　　　ただし，m：質量[kg]，C_p：比熱[J/(kg・K)]

　式(17)にアルミ押出材A6063S-T5の比熱$C_p = 895$J/(kg・K)と，12BS031-L50の質量$m = 25$gを代入して熱容量Cを求めます.

$$C = 0.025\,\text{kg} \times 895\text{J}/(\text{kg}\cdot\text{K}) = 22.4\text{J/K} \cdots\cdots (18)$$

（**3**）時定数の求め方

12BS031 - L50 の定常熱抵抗は**表2**より 14.08 K/W なので時定数は $\tau = C \times R_{th} = 22.4 \times 14.08 = 315\,\mathrm{s}$ となります.

（**4**）連続矩形波パルス消費電力での温度上昇の求め方

図18に示す連続矩形波パルス消費電力での温度上昇を求めます.

式(11)から式(16)に代入し,

$$
\begin{aligned}
T_{t1} &= P_0 \cdot R_{th} \cdot r_{th}(t_1) \\
&= 5 \times 14.08 \times (1 - e^{-(157.5/315)}) = 27.7 \\
T_{t2} &= P_0 \cdot R_{th} \cdot \{r_{th}(t_2) - r_{th}(t_2 - t_1)\} \\
&= P_0 \cdot R_{th} \cdot \{(1 - e^{-1}) - (1 - e^{-1/2})\} \\
&= 5 \times 14.08 \times (0.632 - 0.394) = 16.8 \\
T_{t3} &= P_0 \cdot R_{th} \cdot [r_{th}(t_3) - r_{th}(t_3 - t_1) + r_{th}(t_3 - t_2)] = 37.9 \\
T_{t4} &= P_0 \cdot R_{th} \cdot \{r_{th}(t_4) - r_{th}(t_4 - t_1) + r_{th}(t_4 - t_2) - r_{th}(t_4 - t_3)\} = 23.0 \\
T_{t5} &= P_0 \cdot R_{th} \cdot \{r_{th}(t_5) - r_{th}(t_5 - t_1) + r_{th}(t_5 - t_2) - r_{th}(t_5 - t_3) + r_{th}(t_5 - t_4)\} \\
&= 41.6
\end{aligned}
$$

計算結果を**図19**に示します.ヒートシンクの定常熱抵抗と熱容量,発熱素子の消費電力がわかれば,温度変化を計算で求めることができます.

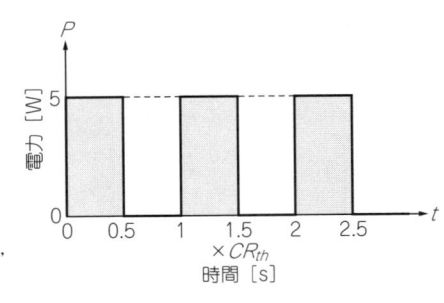

[**図18**] **発熱素子の消費電力波形**（ピーク5 W,等振幅連続パルス）

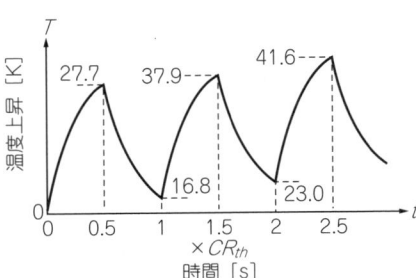

[**図19**] ヒートシンク12BS031-L50での温度変化

非定常状態では，熱容量C[J/K]の影響を受けるので，熱等価回路は**図20**のようになります．

● シミュレーション例①（立ち上がりの温度変化）

温度変化をイメージしやすいように，条件をシンプルにします．定常時の温度上昇$\Delta T = 1$ K, $C = 1$ J/K, $R = 1$ K/W, $P = 1$ Wとして考えます．

シミュレーション結果を**図21**に示します．温度変化は時定数で決まります．定常時の63.2 %まで上がった時の時間を「時定数」といい，R[K/W]$\times C$[J/K]で計算できます．**図20**における時定数は$\tau = 1$ K/W$\times 1$ J/K $= 1$ J/W $= 1$ sとなります．

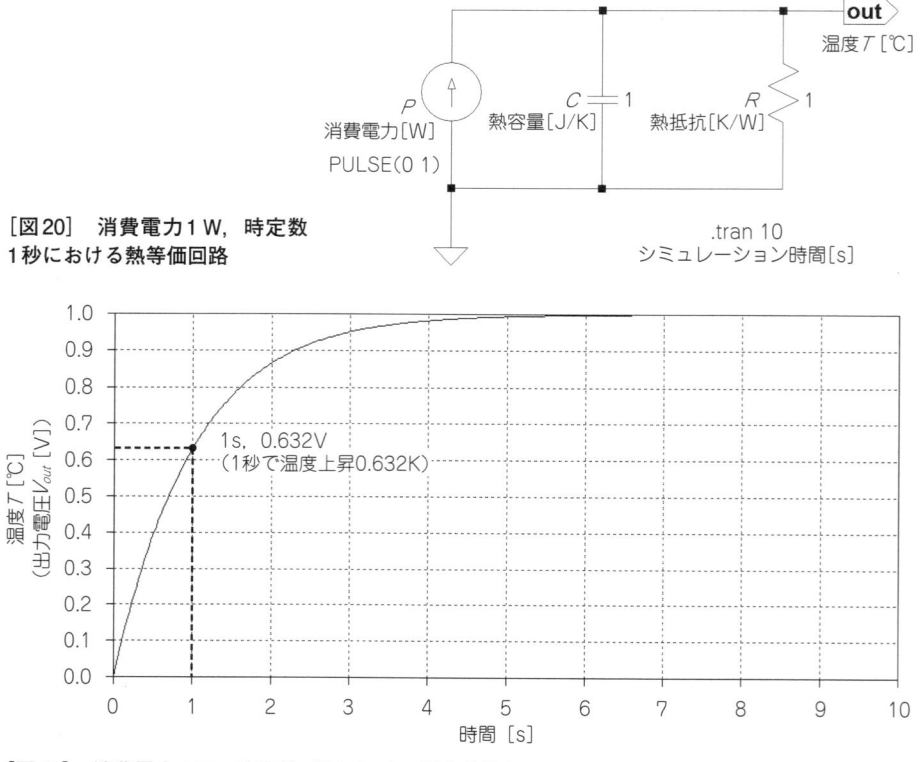

[図20] 消費電力1 W，時定数
1秒における熱等価回路

[図21] 消費電力1 W，時定数1秒における温度変化（LTspiceによるシミュレーション）

● シミュレーション例②（立ち上がりの温度変化：時定数の違い比較）

　次に時定数が異なる場合の温度変化について解説します．時定数が1 s，2 s，3 s の場合の回路図を**図22**，シミュレーション結果を**図23**に示します．**図23**から，時定数が大きいほどゆっくりと温度が上がることがわかります．

　時定数が2倍になると，温度が定常時の63.2 %まで上がる時間も2倍になります．

　同じように時定数が3倍になると，定常時の63.2 %まで上がる時間も3倍になります．時定数から温度変化を計算で求めることができます．

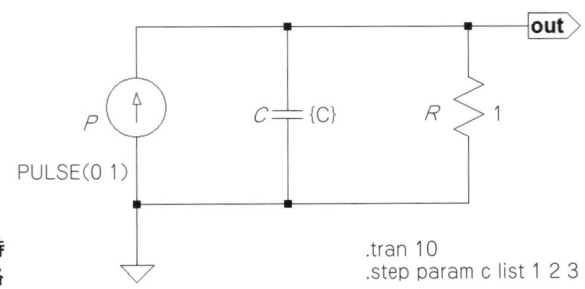

[図22]　消費電力1 W，放熱の時定数1，2，3秒における熱等価回路

.tran 10
.step param c list 1 2 3

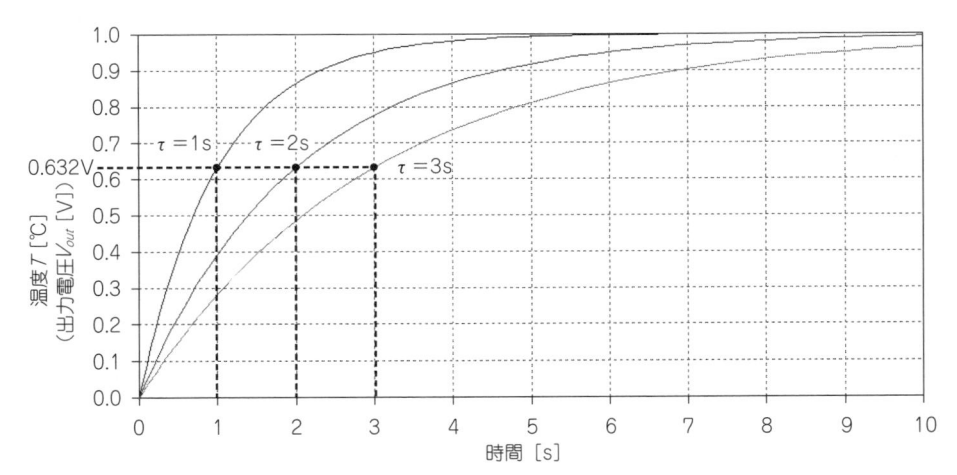

[図23]　消費電力1 W，時定数1，2，3秒における温度変化（LTspiceによるシミュレーション）
時定数がn倍になると温度上昇にかかる時間もn倍になる

● シミュレーション例③（単発矩形波パルス）

　ここでは，単発矩形波パルスで1s間発熱した場合のシミュレーション例について解説します．時定数が1s，2s，3sにおける回路図を**図24**，シミュレーション結果を**図25**に示します．

　時定数が大きいほど温度はゆるやかに上がり下がりします．消費電力のパルス幅が短いほど，ヒートシンクの時定数が大きいほど，温度の最大値は小さくなります．

　温度上昇の最大値が小さいほど，ヒートシンクを小さくできます．

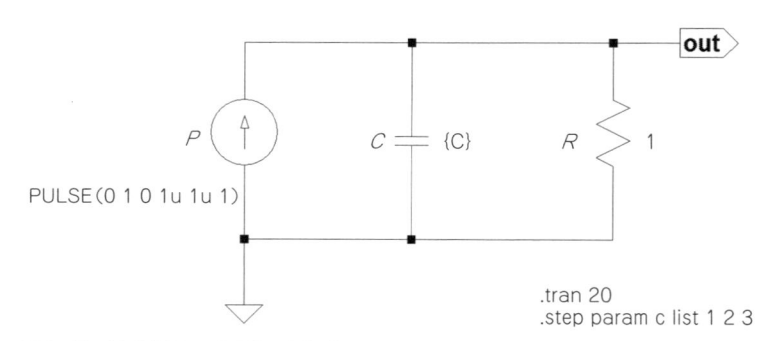

[図24]　消費電力が単発矩形波パルスの場合の熱等価回路

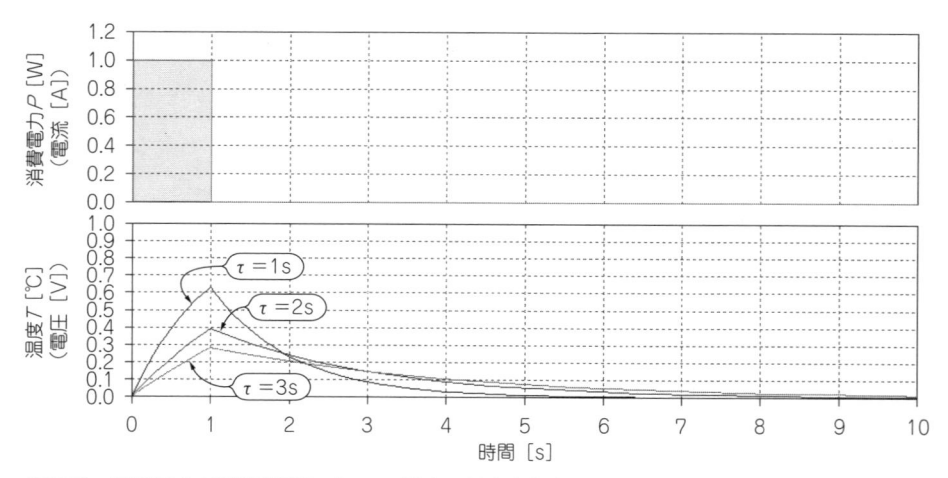

[図25]　消費電力が単発矩形波パルスの場合の温度変化（LTspiceによるシミュレーション）

● シミュレーション例④（連続矩形波パルス）

　連続矩形波パルス（周期2秒［オン時間1秒］）におけるシミュレーション例です．
回路図を**図26**，シミュレーション結果を**図27**に示します．

▶時間が経つと温度変化は安定する

　温度は消費電力の変化に同期して上下しながら上がり，ある程度時間が経過した
後は同じ上限値と下限値を繰り返します．時定数が大きいほど温度上昇の最小値は
高くなり最大値は低くなります．

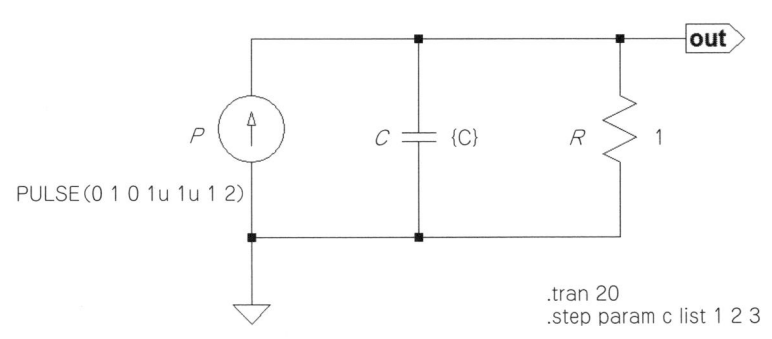

[図26]　消費電力が連続矩形波パルスの場合の熱等価回路

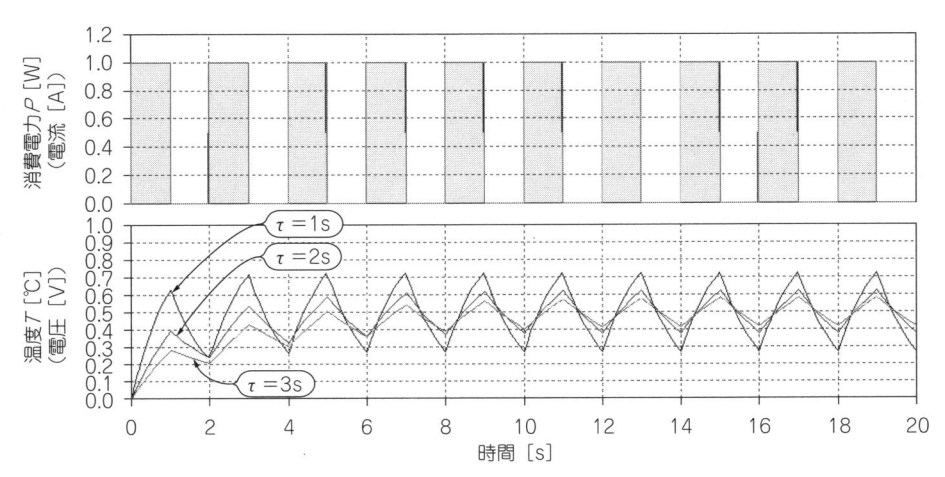

[図27]　消費電力が連続矩形波パルスの場合の温度変化（LTspiceによるシミュレーション）

● 矩形波以外も簡単にシミュレーション可能

　矩形波での温度変化は，時定数がわかれば計算で求められますが矩形波以外は，一般に面積が同じ矩形波に近似的に置き換えるので，手間がかかる上に誤差が生じます．

　LTspiceを使えば，矩形波に置き換えることなく，そのままの波形で温度変化を求めることができます．

● シミュレーション例⑤（半波正弦波）

　正弦波（半波整流）におけるシミュレーション例です．時定数が1s，2s，3sの場合の回路を図28に，シミュレーション結果を図29に示します．

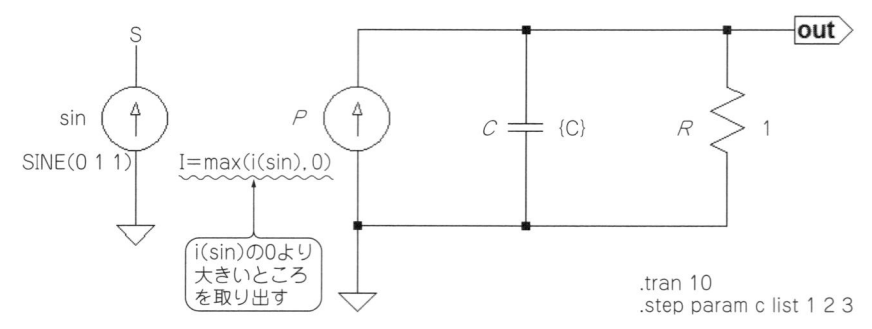

［図28］　消費電力が半波正弦波パルスの場合の熱等価回路

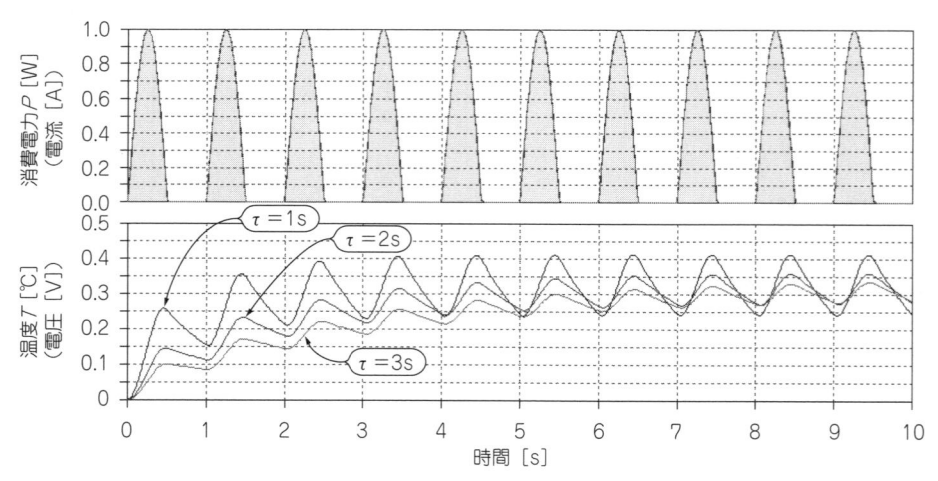

［図29］　消費電力が半波正弦波パルスの場合の温度変化（LTspiceによるシミュレーション）

● シミュレーション例⑥（三角波）

　消費電力の変化が三角波におけるシミュレーション例です．あえて計算で求めることが難しい不規則な波形にしました．

　時定数が1 s，2 s，3 sの場合の回路例を**図30**に，シミュレーション結果を**図31**に示します．

　LTspiceを使えば複雑な波形での温度変化も簡単に求めることができます．

PWL repeat forever(0 0 .5 1 1.5 0 2.5 0.4 3 0 3.5 0.6 4.5 0 5 0)endrepeat

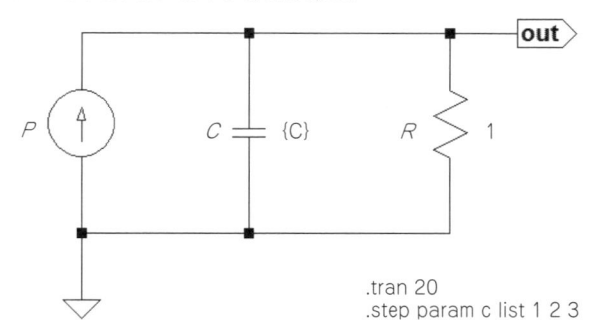

.tran 20
.step param c list 1 2 3

[図30]　消費電力が三角波パルスのときの熱等価回路

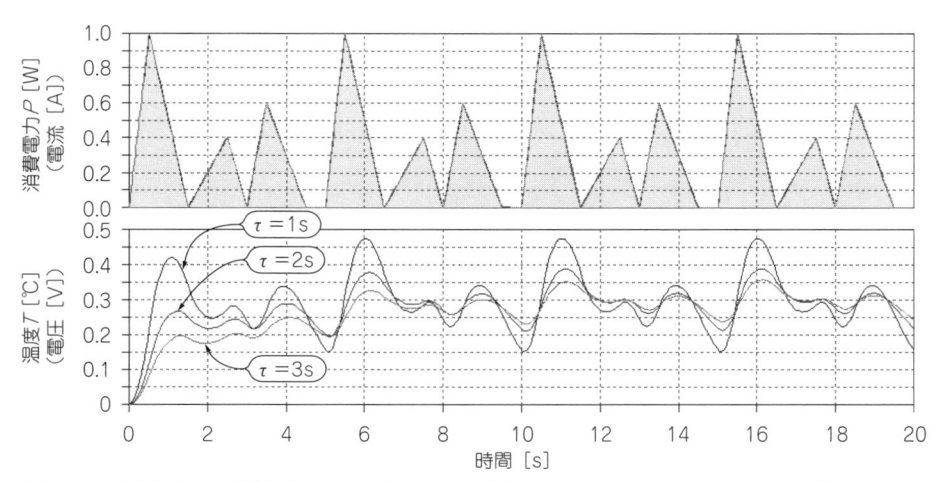

[図31]　消費電力が三角波パルスのときの温度変化（LTspiceによるシミュレーション）

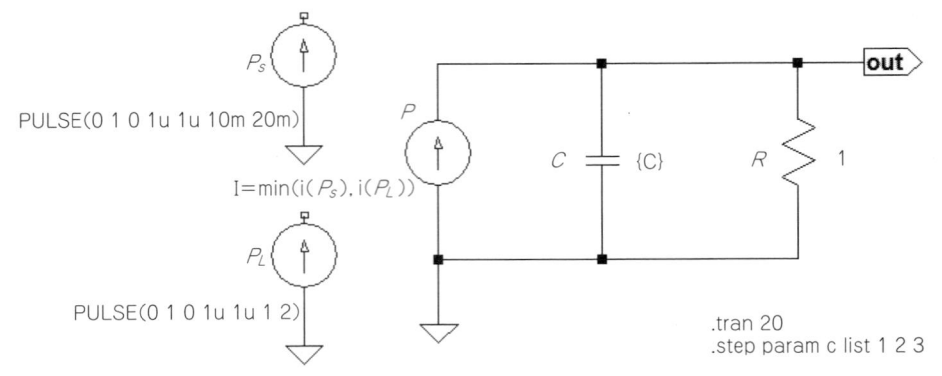

[図32] 消費電力が短周期パルスと長周期パルスを組み合わせた波形の場合の熱等価回路

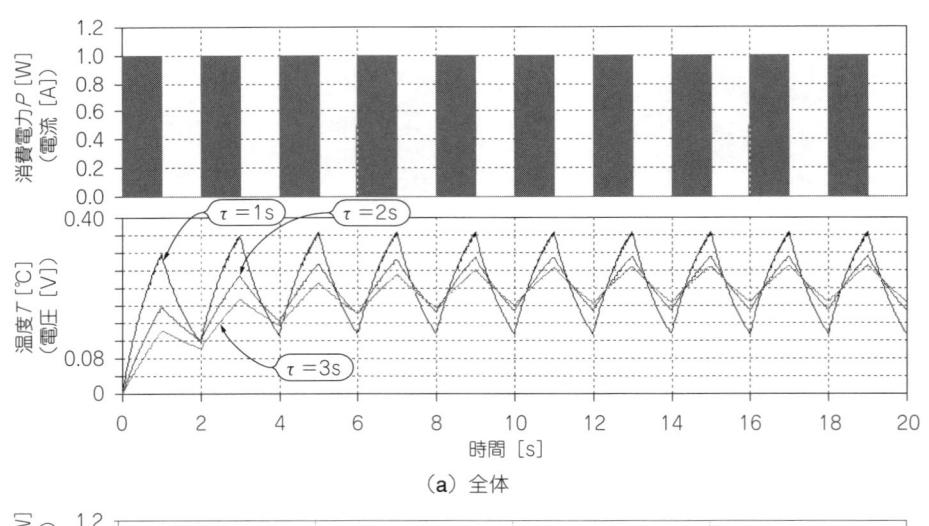

（**a**）全体

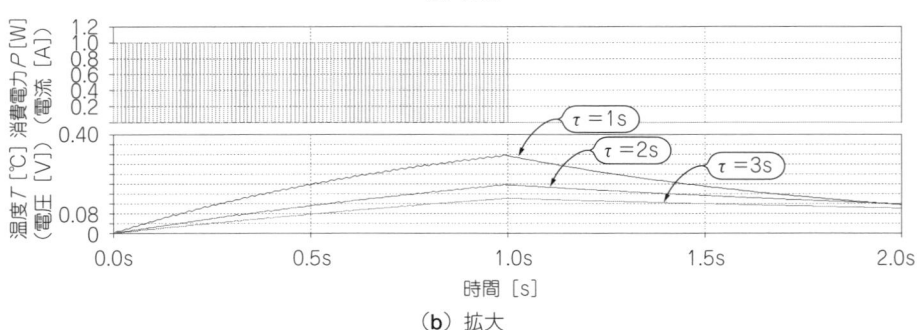

（**b**）拡大

[図33] 消費電力が短周期パルスと長周期パルスを組み合わせた波形の場合の温度変化（LTspiceによるシミュレーション）

● シミュレーション例⑦（短周期パルスと長周期パルスの組み合わせ）

　周期20 ms（オン時間10 ms）の連続矩形波パルスを，周期2 s（オン時間1 s）で繰り返した場合のシミュレーション例です．回路図を**図32**に，シミュレーション結果を**図33**に示します．**図33**(b)は**図33**(a)の最初の2 s間を拡大しています．

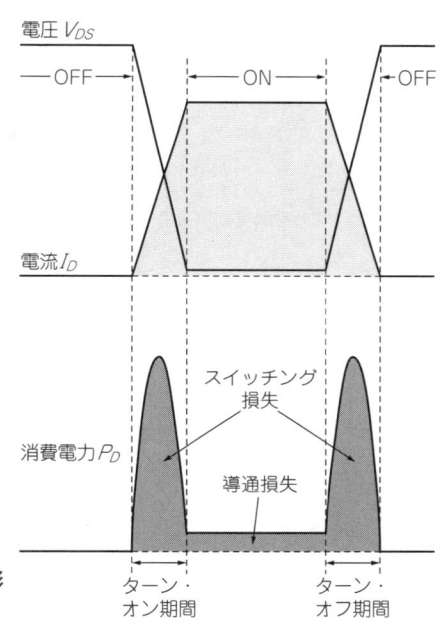

[図34]　FETのスイッチング波形
（スイッチング損失と導通損失）

● シミュレーション例⑧（抵抗負荷スイッチングON/OFF）

　FETでスイッチングしたときのシミュレーション例です．

　スイッチング波形を**図34**に示します．電圧波形と電流波形を掛け合わせれば消費電力波形になります．

▶電圧波形と電流波形を掛け合わせた消費電力から温度変化を確認

　半導体素子をスイッチングしたときの電圧波形Vと電流波形Iから求めたPを消費電力としたときの回路図を**図35**，シミュレーション結果を**図36**に示します．

　図36上段の波形が電圧と電流，真ん中の波形が電圧と電流を乗じて求めた波形，下段が時定数1 s，2 s，3 sにおける温度変化です．LTspiceを使えば，近似することなく，温度変化を確認できます．

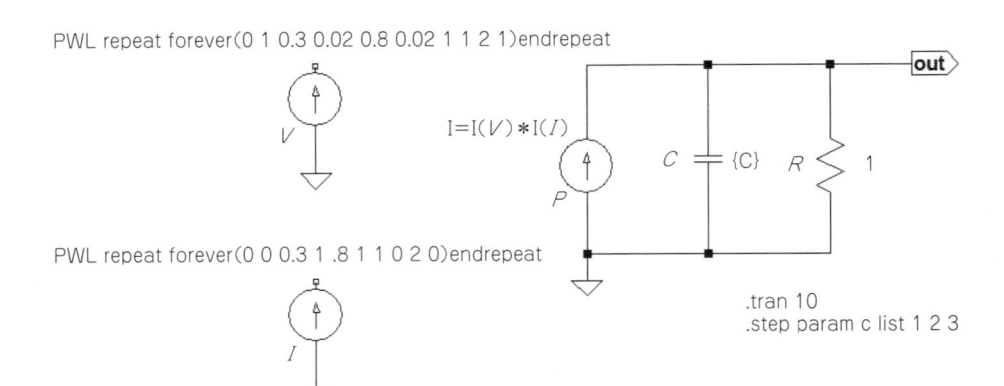

PWL repeat forever(0 1 0.3 0.02 0.8 0.02 1 1 2 1)endrepeat

$I=I(V)*I(I)$

PWL repeat forever(0 0 0.3 1 .8 1 1 0 2 0)endrepeat

.tran 10
.step param c list 1 2 3

[図35] FETのスイッチングにおける熱等価回路
電圧波形と電流波形を掛け合わせた消費電力波形を熱等価回路における電流波形におきかえる

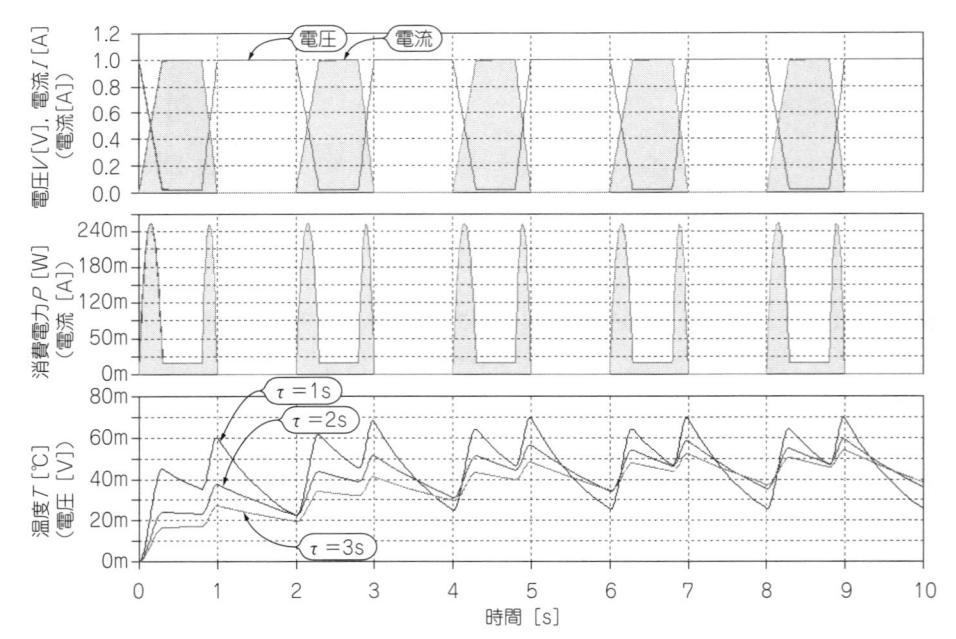

[図36] FETのスイッチングにおける温度変化（LTspiceによるシミュレーション）
LTspiceを使えば，近似することなく温度変化を波形で確認できる

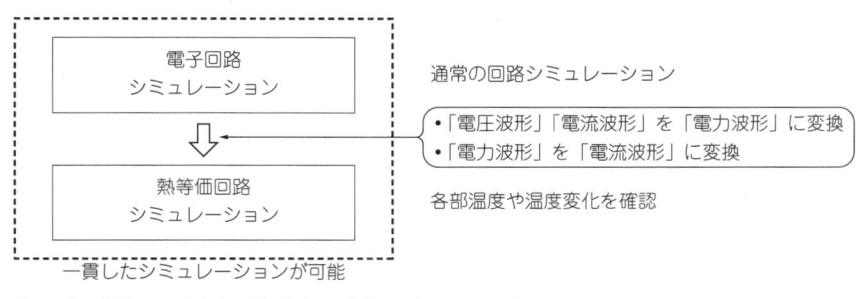

[図37] 「電子回路」と「熱等価回路」を連結してシミュレーションできる

● 電子回路シミュレーションと熱等価回路シミュレーションの融合

図37のように電子回路と熱等価回路を合わせて，1つの回路としてシミュレーションすることも可能です．

図35に示すように，ヒートシンクが必要な半導体素子の電圧波形と電流波形から求めた電力波形を電流波形に変換し，熱等価回路の入力にすることで，温度変化を求めることができます．

実際のヒートシンクを使ったシミュレーション例を示します.

条件は,手計算の「計算例②」,12BS031-L50(三協サーモテック)と同じです.定常熱抵抗R_{th}は表2,熱容量Cは,式(18)から引用します.

> 熱容量$C = 22.4$ J/K,定常熱抵抗$R_{th} = 14.08$ K/W,消費電力$P = 5$ W

● シミュレーション例①(立ち上がりの温度変化)

図38に回路図,図39にシミュレーション結果を示します.

定常時の温度は14.08 K/W×5 W = 70.4 ℃,時定数は$\tau = C_{sa} \times R_{sa} = 315$ sです.

315 s後の温度は,70.4 ℃の63.2 %である44.5 ℃なので,計算値と一致します.

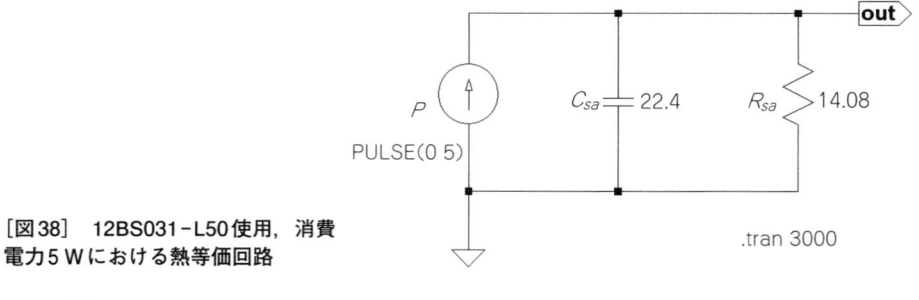

[図38] 12BS031-L50使用,消費電力5 Wにおける熱等価回路

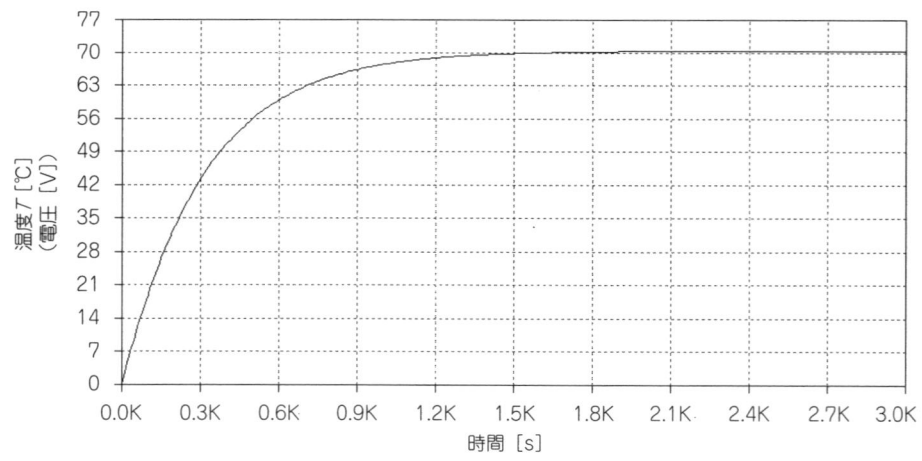

時間 [s]

[図39] 12BS031-L50使用,消費電力5 Wにおける温度変化(LTspiceによるシミュレーション)
315 s後の温度は,70.4 ℃(70.4 V)の63.2 %である44.5 ℃(44.5 V)になり,計算値と一致する

● シミュレーション例②（連続矩形波パルス：時定数に近い周期）

次に，連続矩形波パルスのシミュレーション例です．

連続矩形波パルスの周期を時定数315s，オン時間を周期の$1/2$（$315\,s/2 = 157.5\,s$）の場合の回路図を**図40**に，シミュレーション結果を**図41**に示します．

時定数に近い周期の場合は，温度が大きく変動しながら，ある一定以上の時間が経過すると，同じ上限値と下限値を繰り返します．

前述の「計算例①」では，パルス数が増えるほど計算が複雑になりましたが，LTspiceでは，パルス数が増えてもシミュレーションの条件設定が複雑になることはありません．

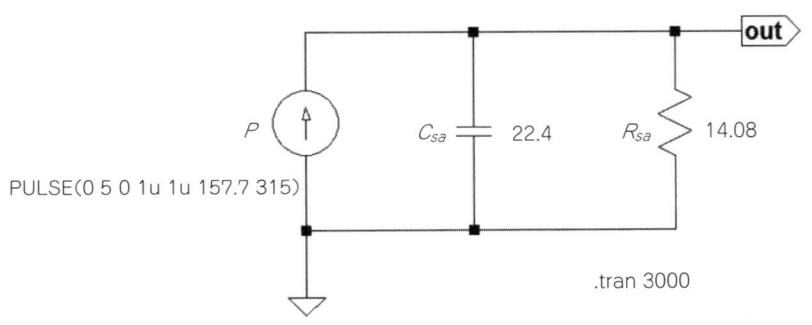

[**図40**] 　12BS031-L50使用，電力が連続矩形波パルス（長周期）における熱等価回路

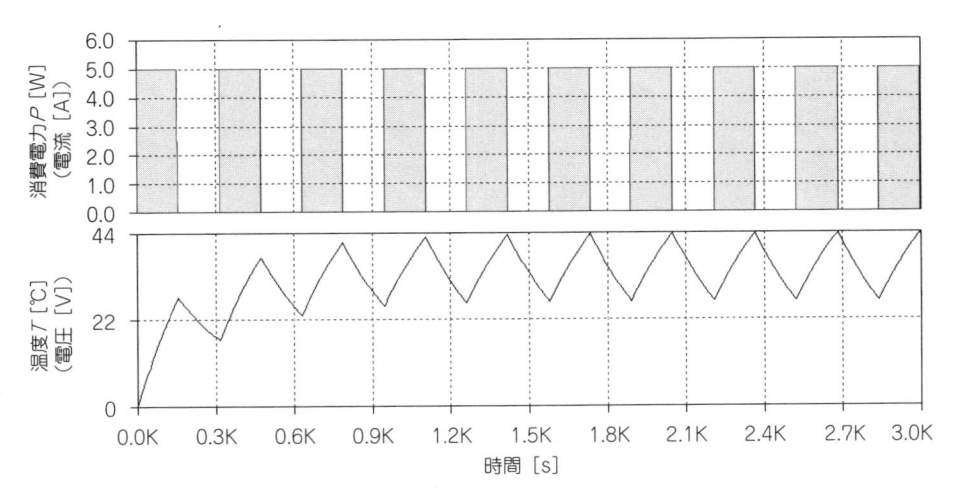

[**図41**] 　12BS031-L50使用，電力が連続矩形波パルス（長周期）における温度変化（LTspiceによるシミュレーション）

● シミュレーション例③（連続矩形波パルス：短周期［**ON：OFF比 1：1**]）

時定数に比べてパルス周期が極めて短い場合のシミュレーション例です．

パルス周期2 ms（ON：OFF比 1：1）における回路図を**図42**に，シミュレーション結果を**図43**に示します．

定常時の温度は，$P = 5$ W（一定）の1/2の35.2℃となります．時定数に比べてパルス周期が極めて短い場合の消費電力Pは，オン時間と周期の比率1/2をかけた値$P' = P/2$として考えることができます．$P' = 70.4/2 = 35.4$となり**図42**の定常状態の電圧と一致します．

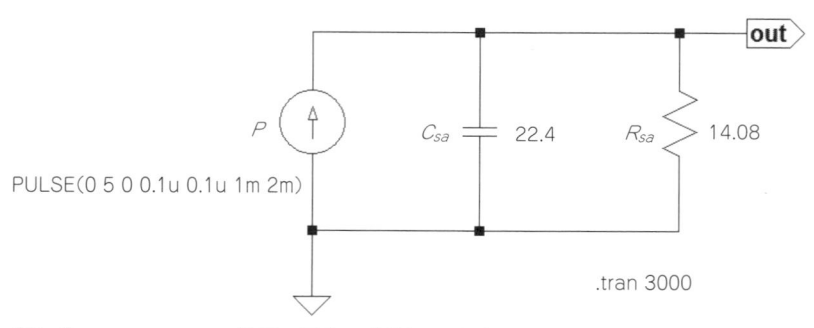

[**図42**] 12BS031−L50使用，電力が連続矩形波パルス（短周期[ON：OFF比 1：1]）における熱等価回路

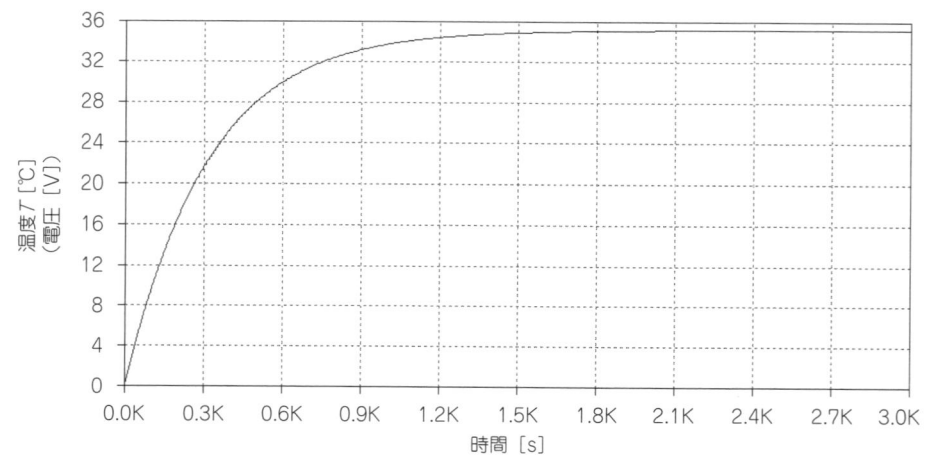

[**図43**] 12BS031−L50使用，電力が連続矩形波パルス（短周期[ON：OFF比 1：1]）における温度変化（LTspiceによるシミュレーション）

● シミュレーション例④（連続矩形波パルス：短周期［ON：OFF比 1：3］）

パルス周期4ms（ON：OFF比 1：3）におけるシミュレーション例です．回路図を**図44**に，シミュレーション結果を**図45**に示します．定常状態における温度上昇は17.6℃となり，周期に対するオン時間の比率分5 W × 1/4 = 1.25 Wかけた場合に近似できることがわかります．

温度のリプルが無視できるほど，消費電力の変化が時定数よりも短い場合，ON：OFF比を消費電力パルス振幅に掛けた値を，定常消費電力とした場合と温度変化は同じになります．

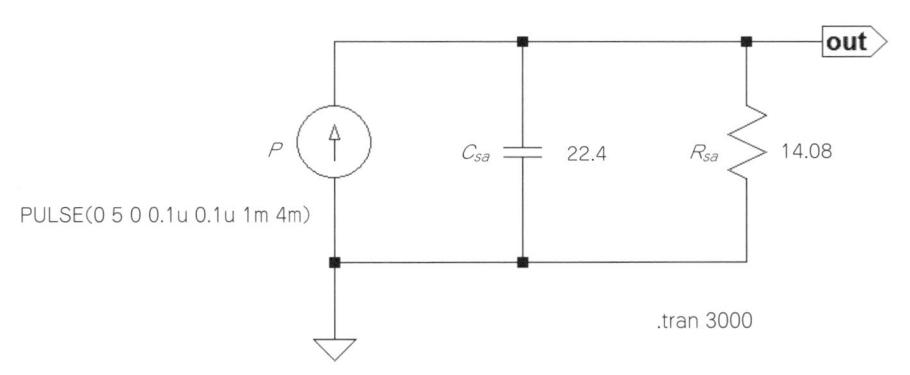

[図44]　12BS031−L50使用，電力が連続矩形波パルス（短周期［ON：OFF比 1：3］）における熱等価回路

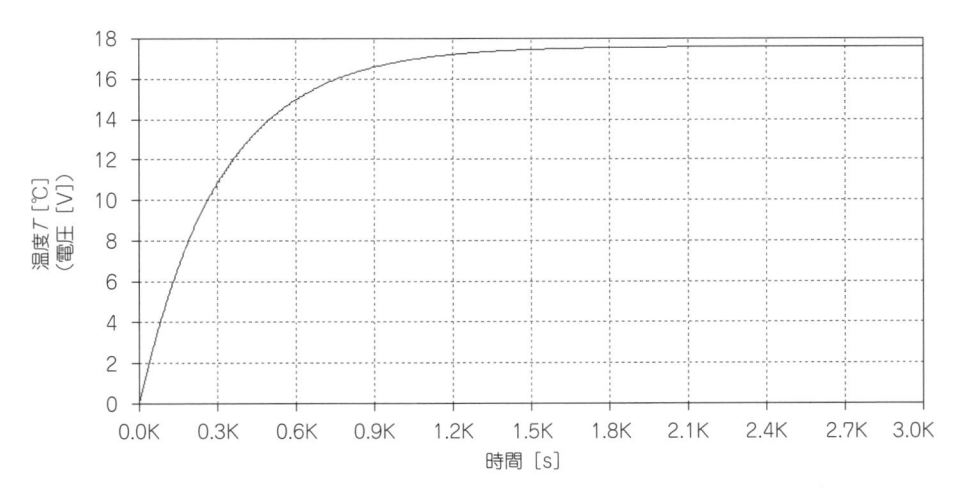

[図45]　12BS031−L50使用，電力が連続矩形波パルス（短周期［ON：OFF比 1：3］）における温度変化（LTspiceによるシミュレーション）

● シミュレーション例⑤（ヒートシンク＋発熱素子）

熱容量を考慮した**図38**のヒートシンク熱等価回路に，発熱素子を追加した場合のシミュレーション例です．回路図を**図46**に示します．ここでは $R_{jc} = 5$ K/W，$C_{jc} = 10$ J/K としています．シミュレーション結果を**図47**に示します．

定常時の T_{sa} は熱容量の影響を受けないため，**図39**と同じ70.4 ℃になります．

非定常時は，R_{jc} と C_{jc} の影響を受けるので，ヒートシンク単体に比べてゆるやかに温度が上がります．

定常時の T_{jc} は，熱容量の影響を受けないので，**図38**の out の温度に R_{jc} の温度

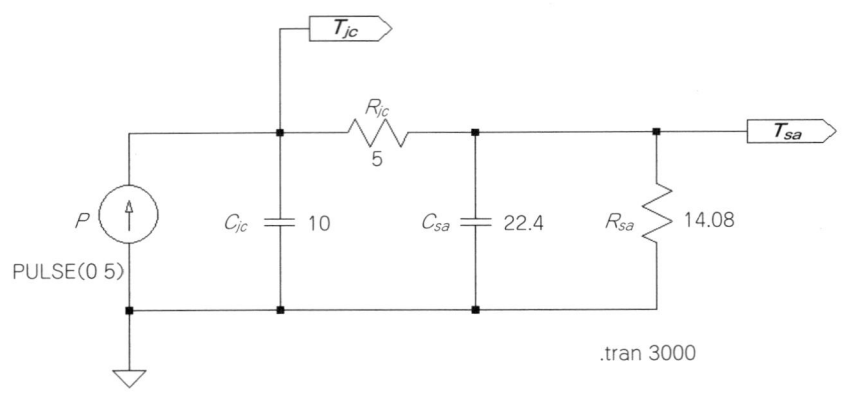

[図46] 発熱素子のジャンクション–ケース間熱抵抗を考慮したCauerモデル熱等価回路

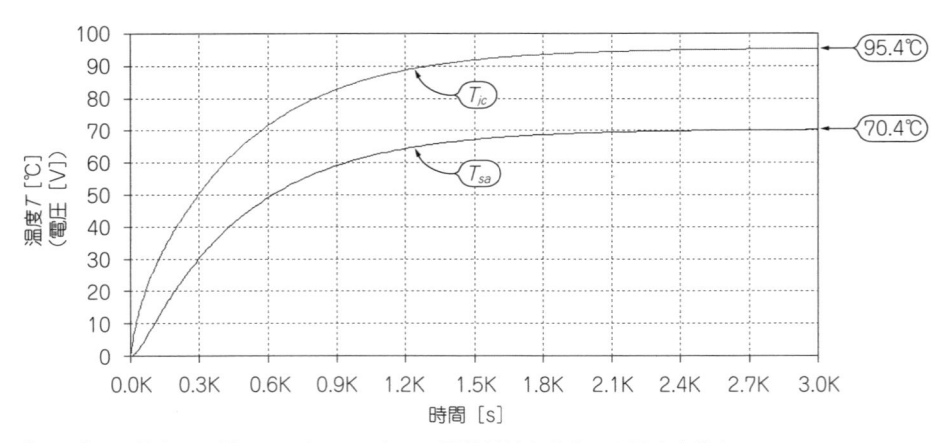

[図47] 発熱素子のジャンクション–ケース間熱抵抗を考慮した温度変化（LTspiceによるシミュレーション）

上昇分を加えた値，70.4 ℃ + 5 W × 5 K/W = 95.4 ℃になります．

　非定常時の T_{sa} と T_{jc} は，R_{jc}，C_{jc}，R_{sa}，C_{sa} の影響を受けるため，**図47**のように温度が変化します．

● 接触熱抵抗は*CR*回路追加で対応

　さらに接触熱抵抗などの新たな熱抵抗の影響を考慮する場合は，ヒートシンクに発熱素子を追加したように（**図38**から**図46**への変更のように），*CR*回路を追加することで簡単に対応できます．

非定常状態におけるヒートシンク選定の注意点…条件によっては放熱特性が逆転する場合がある

● ヒートシンクの放熱性能は定常と…非定常で変化する

　三協サーモテックのカタログに掲載されている包絡体積がほぼ同じ2種類のヒートシンク，40BS220‐L300，40BS221‐L300の定常時と非定常時の放熱性能を比較します．

　図Aに40BS220の断面図，表Aに40BS220の熱抵抗と質量，図Bに40BS221の断

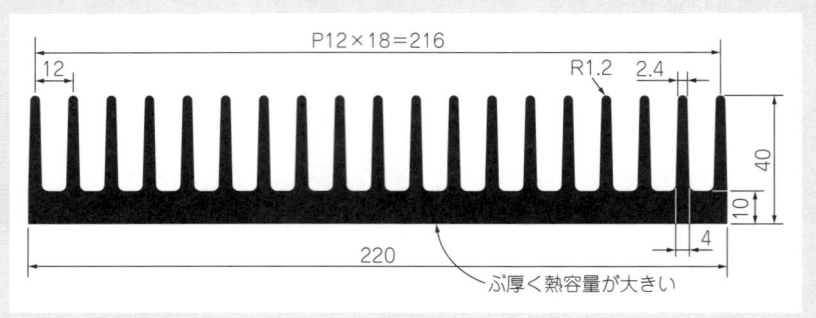

[図A]　40BS220の断面

[表A]　40BS220の熱抵抗と質量

切断寸法 [mm]	熱抵抗 [K/W]	質量 [g]
L50	1.20	522
L100	0.78	1044
L200	0.50	2087
L300	0.38	3131

[表B]　40BS221の熱抵抗と質量

切断寸法 [mm]	熱抵抗 [K/W]	質量 [g]
L50	1.22	234
L100	0.75	469
L200	0.46	937
L300	0.35	1406

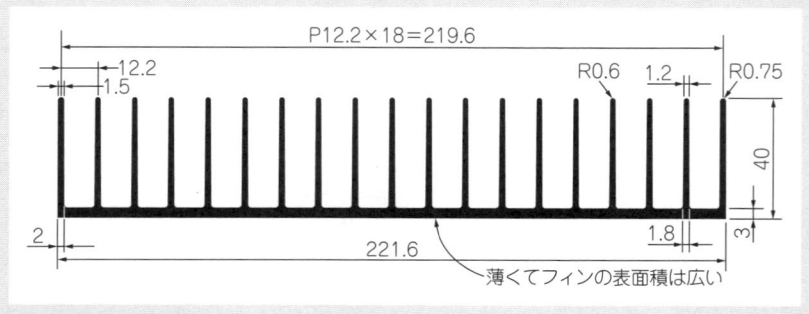

[図B]　40BS221の断面

面図，**表B**に40BS221の熱抵抗と質量を示します．

▶定常放熱性能

表A，**B**より切断長L300の熱抵抗は，40BS220-L300が0.38 K/W，40BS221-L300が0.35 K/Wです．定常時においては40BS221-L300のほうが熱抵抗が小さく，放熱性能が高いことがわかります．

▶非定常放熱性能

40BS220-L300と40BS221-L300の熱容量と時定数を**表C**に示します．

例として，連続矩形波パルス（周期2400 s，オン時間600 s）での放熱性能を比較します．

図Cに40BS220-L300の回路図，**図D**に40BS220-L300のシミュレーション結果，**図E**に40BS221-L300の回路図，**図F**に40BS221-L300のシミュレーション結果を

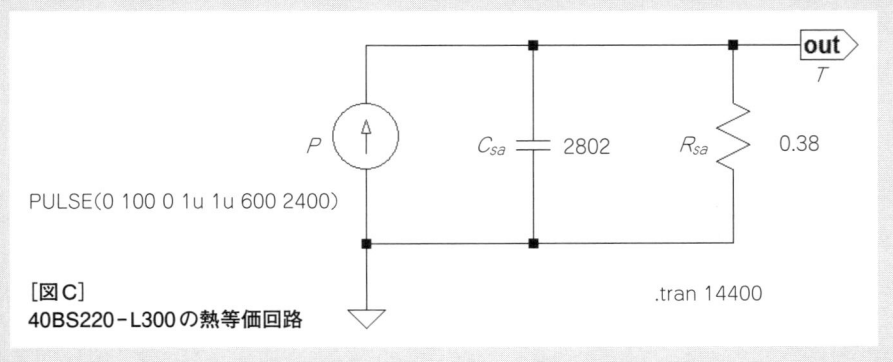

PULSE(0 100 0 1u 1u 600 2400)

.tran 14400

[図C]
40BS220-L300の熱等価回路

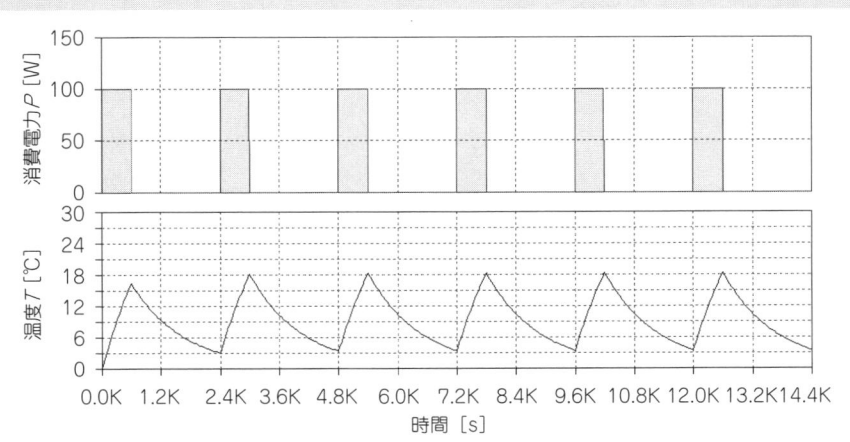

[図D]　**40BS220-L300の温度変化**（LTspiceによるシミュレーション）

示します.

　最高温度は，40BS220‑L300が18.3℃，40BS221‑L300が26.2℃です．40BS220‑L300のほうが30%［＝(26.2−18.3)/26.2］温度上昇が低くなります．定常状態では**表C**より40BS221‑L300のほうが放熱性能が高く，非定常状態では，**図D，図F**より40BS220‑L300のほうが放熱性能が高くなっています．このように，条件によっては定常時と非定常時の放熱性能が逆転する場合があります．

[表C]
40BS220‑L300 と 40BS221‑L300 の 定常熱抵抗と時定数

ヒートシンク型名	40BS220‑L300	40BS221‑L300
定常熱抵抗	0.38 K/W	0.35 K/W
比熱 C_P	895J/(kg・K)	895J/(kg・K)
質量 M	3131 kg	1406 kg
熱容量 C_{ca}	2802J/K	1258J/K
時定数 τ	1065 s	440 s

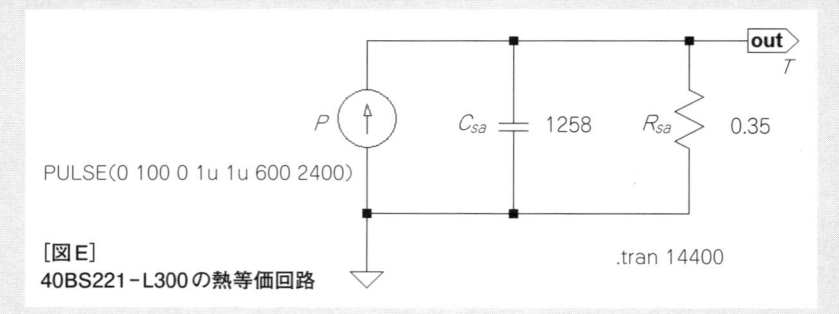

PULSE(0 100 0 1u 1u 600 2400)

[図E]
40BS221‑L300の熱等価回路

.tran 14400

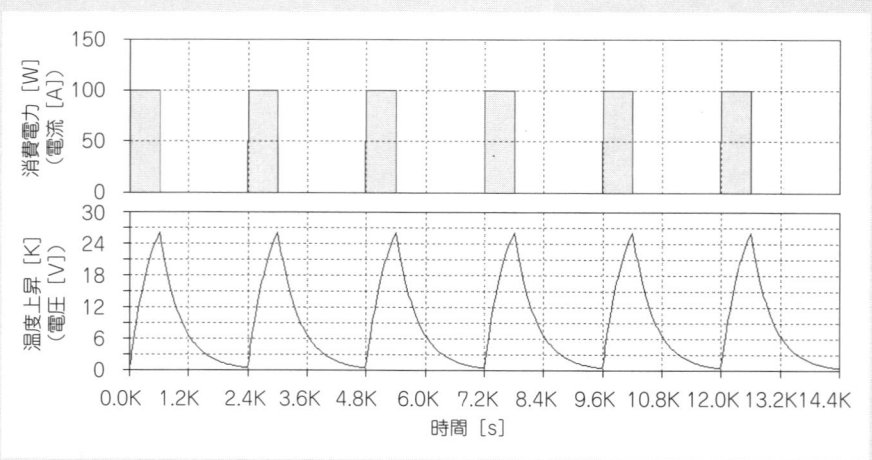

[図F]　**40BS221‑L300の温度変化**(LTspiceによるシミュレーション)

第7章

熱計算の要「熱伝達率」を求める

本書を読んで，ヒートシンクの使いかたや選びかたを理解された方のなかには，
「自分で熱設計をしてみたい」と思われる方がいらっしゃると思います．
熱設計の第一歩は，表1に示す3つの伝熱基本式を使って
伝熱量を求められるようになることです．計算ができれば，
どのような物理量がどのように影響を与えるかがわかり，
伝熱についての理解が深まります．
さらに，実験結果や熱流体解析結果の検証にも役立ちます．

7-1 「熱伝導」と「熱放射」は求めやすい

3つの伝熱方式「熱伝導」，「対流熱伝達」，「熱放射」のうち，「熱伝導」と「熱放射」は，比較的容易に計算で求めることができます．実際に求めてみます．

● 「熱伝導」による伝熱量の計算例（1次元定常状態）

図1のようなアルミ丸棒の伝熱量 $Q_{(cond)}$ を求めます．

【計算条件】

材質：A1100

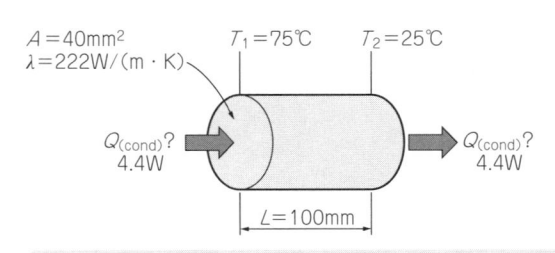

$A = 40\text{mm}^2$
$\lambda = 222\text{W}/(\text{m} \cdot \text{K})$
$T_1 = 75℃$ $T_2 = 25℃$
$Q_{(cond)}?$ 4.4W $Q_{(cond)}?$ 4.4W
$L = 100\text{mm}$

[図1] アルミ丸棒の熱伝導による伝熱量

式（1）から「熱伝導率が大きく」「断面積が広く」「温度差が大きい」ほど熱伝導による伝熱量は大きくなり，「距離が長い」ほど小さくなることをイメージできる

熱伝導率：$\lambda = 222\ \mathrm{W/(m \cdot K)}$

断面積：$A = 40\ \mathrm{mm^2} = 4 \times 10^{-5}\ \mathrm{m^2}$

長さ：$L = 100\ \mathrm{mm} = 0.1\ \mathrm{m}$

各部温度：$T_1 = 75\ ℃$，$T_2 = 25\ ℃$

【計算結果】

$$
\begin{aligned}
Q_{(\mathrm{cond})} &= \lambda A \Delta T / L \\
&= 222 \times 4 \times 10^{-5} \times (75 - 25) \div 0.1 = 4.4\ \mathrm{W} \quad\cdots\cdots\cdots\cdots\cdots (1)
\end{aligned}
$$

熱伝導による伝熱量 4.4 W を計算で求めることができます.

●「熱放射」による伝熱量の計算例

図2のような平板からの伝熱量 $Q_{(\mathrm{rad})}$ を求めます.

【計算条件】

放射率：$\varepsilon = 0.8$

表面積：$A = 2500\ \mathrm{mm^2} = 2.5 \times 10^{-3}\ \mathrm{m^2}$

ステファン-ボルツマン定数：$\sigma = 5.67 \times 10^{-8}\ \mathrm{W/(m^2 \cdot K^4)}$

周囲温度：$T_a = 25\ ℃ = 298.15\ \mathrm{K}$

発熱体表面温度：$T_w = 100\ ℃ = 373.15\ \mathrm{K}$

【計算結果】

$$
\begin{aligned}
Q_{(\mathrm{rad})} &= \varepsilon A \sigma (T_w^4 - T_a^4) \\
&= 0.8 \times 2.5 \times 10^{-3} \times 5.67 \times 10^{-8} \times (373.15^4 - 298.15^4) = 1.3\ \mathrm{W} \quad\cdots\cdots (2)
\end{aligned}
$$

熱放射による伝熱量 1.3 W を計算で求めることができます.

●「熱伝達率」は容易に求められない

「熱伝導」，「対流熱伝達」，「熱放射」の伝熱基本式と構成する物理量を**表1**に示します.

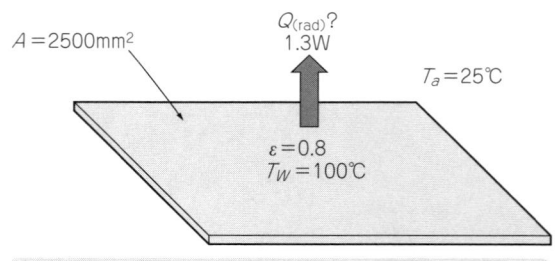

$A = 2500\mathrm{mm^2}$

$Q_{(\mathrm{rad})}$?
1.3W

$T_a = 25℃$

$\varepsilon = 0.8$
$T_w = 100℃$

式（2）から「放射率が高く」「表面積が広く」「温度差が大きい」ほど，熱放射による伝熱量は大きくなることがイメージできる

[図2]　平板からの熱放射による伝熱量

[表1] 「熱伝導」と「対流熱伝達」と「熱放射」における伝熱基本式

伝熱方式	伝熱基本式	分類	物理量
熱伝導	$Q_{(\mathrm{cond})} = \lambda A \Delta T / L$	①	λ：熱伝導率 $[\mathrm{W/(m \cdot K)}]$
		②	A：伝熱面積 $[\mathrm{m^2}]$
		②	L：距離 $[\mathrm{m}]$
		③	ΔT：温度上昇 $[\mathrm{K}]$
対流熱伝達	$Q_{(\mathrm{conv})} = h A \Delta T$	※	h：熱伝達率 $[\mathrm{W/(m^2 \cdot K)}]$
		②	A：伝熱面積 $[\mathrm{m^2}]$
		③	ΔT：温度上昇 $[\mathrm{K}]$
熱放射	$Q_{(\mathrm{rad})}$ $= \varepsilon A \sigma (T_w{}^4 - T_a{}^4)$	①	ε：放射率
		②	A：伝熱面積 $[\mathrm{m^2}]$
		④	σ：ステファン-ボルツマン定数$(5.67 \times 10^{-8}$ $[\mathrm{W/(m^2 \cdot K^4)}])$
		③	T_w：発熱素子表面温度 $[\mathrm{K}]$
		③	T_a：周囲温度 $[\mathrm{K}]$

表1において分類①の「熱伝導率」と「放射率」は，実測や物性値表から求められます．分類②の「伝熱面積」と「距離」は，形状から決まります．分類③の「温度上昇」と「発熱素子表面温度」および「周囲温度」は，計算や実測から求められます．分類④の「ステファン-ボルツマン定数」は定数です．分類①〜④は，物体固有の値ですので，比較的容易に求めることができます．

残った※印の「熱伝達率」は，「熱伝導率」のような物体固有の物性値ではなく，流体の種類や性質，流れの状態，固体の形状や表面状態などによって複雑に変化する，いわゆる「状態値」であるため，容易に求めることができません．

せっかく「熱伝導」と「熱放射」の計算ができたとしても，「対流熱伝達」の計算ができないと，伝熱についての熱計算ができたということにはなりません．

● 伝熱の計算ができなくても熱流体解析ツールがある？

「対流熱伝達」の計算ができなくても，熱流体解析ツールを使えば「カタチの上では」熱設計ができます．ただし，解析結果が合っているかどうかの判断がつきません．

● 熱伝達率に影響を与える物理量

熱伝達率は多くの物理量の影響を受けます．さらに，影響を受けるほとんどの物性値の温度変化が非線形であることが，数学的に解くことを難しくしています．

「熱伝達率」に影響を与える物理量を**表2**に示します．強制対流と自然対流では，流れの速さに関する物理量が違います．強制対流では「流速」，自然対流では浮力に関係する「体膨張係数」と「温度」です．

　「熱伝達率」について書かれている書籍として，大学の講義で使われるような専門書があげられます．専門書は難解であり，これから伝熱に関する計算について勉強をしようとする方にとっては敷居が高く，この章を書こうと思ったきっかけになりました．

　やさしく書かれた入門書もあります．入門書には**図3**に示すような，熱伝達率の範囲が掲載されているだけで具体的な数値がわからなかったり，式(3)，式(4)に示すような簡略式が与えられて，その式を使って計算すれば求めることができるといった内容が書かれていたりします．簡略式を使えば熱伝達率は求められますが「理屈はわからないけれど，与えられた計算式を解けば答えがでる」では理解したことにはならず，応用が効きません．式(3)，式(4)の成り立ちについては後ほど解説します．

【強制空冷における平板の熱伝達率h_f】

$$h_f = 3.91(V/L)^{1/2} \quad\cdots\cdots\cdots\cdots\cdots\cdots\cdots\cdots\cdots (3)$$

V：流速[m/s]

L：代表長さ[m]

[表2]　熱伝達率に影響を与える物理量

冷却方式	影響を与える物理量
強制対流	L：代表長さ　[m]
	ρ：密度　[kg/m^3]
	λ：熱伝導率　[W/(m・K)]
	μ：粘度　[kg/(m・s)]
	C_p：比熱　[J/(kg・K)]
	u_∞：流速　[m/s]
自然対流	L：代表長さ　[m]
	ρ：密度　[kg/m^3]
	λ：熱伝導率　[W/(m・K)]
	μ：粘度　[kg/(m・s)]
	C_p：比熱　[J/(kg・K)]
	β：体膨張係数　[1/K]
	θ：温度　[K]

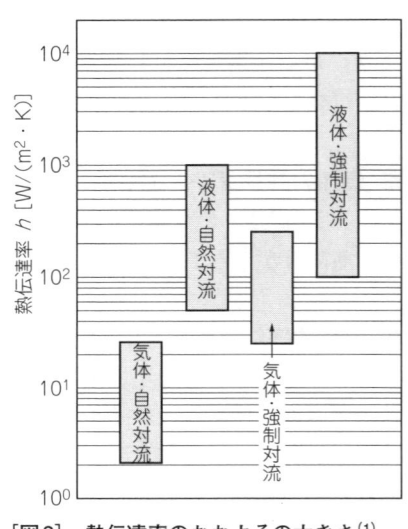

[図3]　熱伝達率のおおよその大きさ[1]

【自然空冷における垂直平板の熱伝達率h_n】

$$h_n = 1.50(\Delta T/L)^{1/4} \cdots\cdots\cdots\cdots\cdots\cdots\cdots\cdots\cdots\cdots\cdots\cdots (4)$$

ΔT：温度上昇[K]

L：代表長さ[m]

　それでは，どのようにすれば「熱伝達率」を求めることができるのでしょうか．

　ここでは，「熱伝達率」を求めるために必要な基本的な考えかたや計算手順について解説します．計算例には，基本となる形状である「平板」を取り上げます．「平板」の考えかたがわかれば，より複雑な形状への応用が可能になります．

● 熱伝達率に影響を与える物性値

　ここでは，熱伝達率に影響を与える物性値について解説します．

　物性値は温度によって変わり，変化の割合は物性値ごとに異なるため，0℃を基準とした変化率のグラフもあわせて掲載します．

▶密度

　単位体積あたりの質量を表す物性値で，単位はkg/m³です．比重量とも言います．

　例えば，アルミの密度は2688 kg/m³，銅の密度は8880 kg/m³ですので，同じ形状のヒートシンクをアルミと銅で作った場合，銅製ヒートシンクのほうが8880/2688 = 3.3倍重くなります（**図4**）．

　図5に，0℃における空気の密度を1としたときの温度と密度の変化率を示します．空気の密度は，温度が上昇するほど分子の運動が活発になるため小さくなります．大気圧（101.325 kPa），20℃における乾燥空気の密度は1.204 kg/m³です．

▶熱伝導率

　熱の伝わりやすさを表す物性値で，単位はW/(m・K)です．数値が大きいほど多くの熱を伝えます．

　例えば，アルミの熱伝導率は237 W/(m・K)，空気の熱伝導率は0.026 W/(m・K)

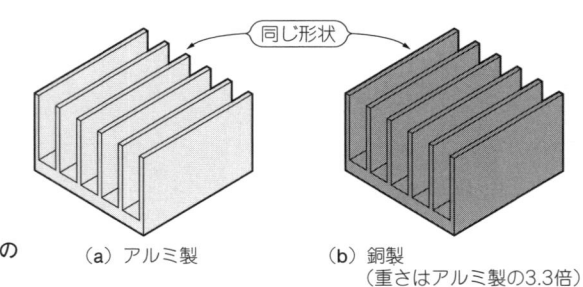

同じ形状

[図4]　同じ形状だと銅はアルミの3.3倍重くなる

（a）アルミ製

（b）銅製
（重さはアルミ製の3.3倍）

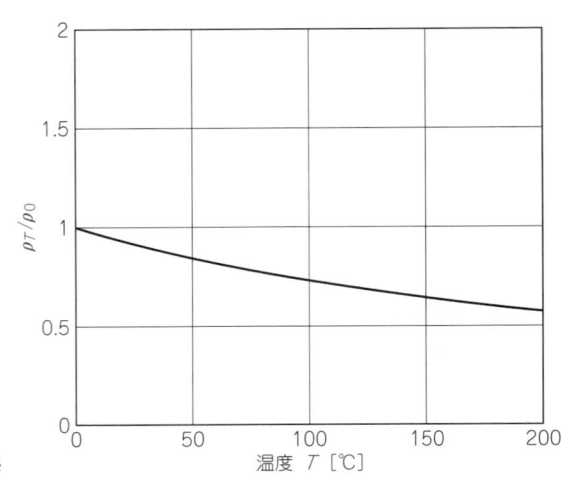

[図5] 温度と密度変化率の関係

ですので，アルミと空気では237/0.026 = 9115倍の違いがあります．熱伝導率の高いアルミは熱伝導材として使われ，小さい空気は断熱に利用されます．断熱材としてよく使われる発泡スチロールの原料であるポリスチレンの熱伝導率は約0.13 W/(m・K)です．ポリスチレンの熱伝導率は，空気の0.13/0.026 = 5倍ありますので，空気をいかに多く含むことができるかが発泡スチロールの断熱性能を決めます．

　図6に，0℃における空気の熱伝導率を1としたときの，温度と熱伝導率の変化率を示します．温度が上がるほど分子の運動が活発になるため，空気の熱伝導率は

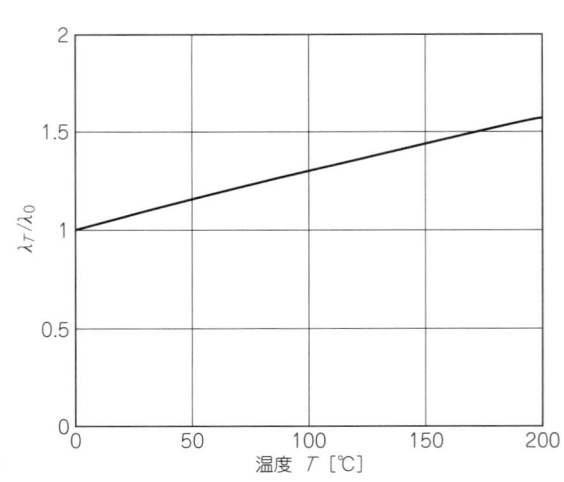

[図6] 温度と熱伝導率変化率の関係

上がります.

▶比熱

　物質の単位質量あたりの温度を1K上昇させるために必要な熱量を表す物性値で，単位はJ/(kg・K)です．比熱が大きいほど，温度を上げるために多くの熱量を必要とします.

　図7に0℃における空気の比熱を1としたときの，温度と比熱の変化率を示します．温度による変化はわずかです.

▶熱容量

　比熱に質量を掛けた物性値を熱容量と言います.

　熱容量は，物体の温度を1K上げるために必要な熱量を表し，単位はJ/Kです．熱容量が大きいほど，温まりにくく，冷めにくくなります.

▶粘度

　流体の粘りの強さや流体中の物体の動きにくさを表す物性値で，単位はPa・sです．粘性係数とも言います.

　粘度は，分子間の結びつきが強い液体のほうが気体よりも一般に大きくなります．大気圧20℃における空気の粘度は18.24×10^{-6}Pa・s，水の粘度は1002×10^{-6}Pa・sです．水の粘性は，空気の$1002/18.24 = 55$倍あります．空気中よりも水中のほうが動きづらいのは粘度の影響です.

　図8に，0℃における空気の粘度を1としたときの，温度と粘度の変化率を示します．空気の粘度は，温度が上がるほど大きくなります．一般に，空気のような気

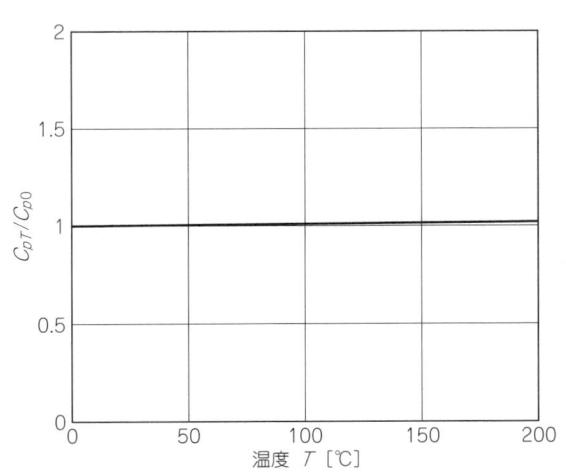

[図7]　温度と比熱変化率の関係

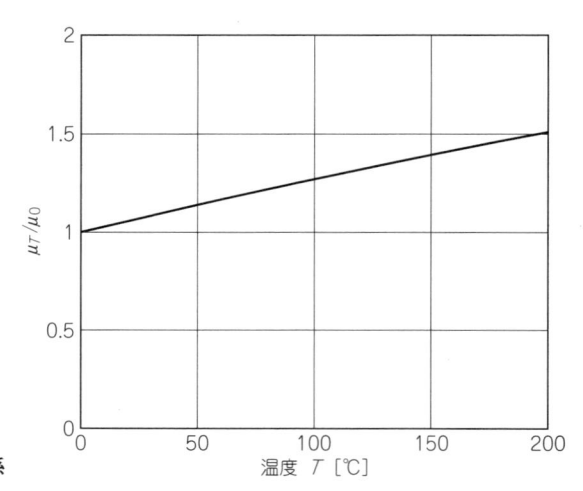

[図8] 温度と粘度変化率の関係

体は温度が上がるほど大きくなり，液体は温度が大きくなるほど小さくなります．

▶動粘度

粘度が流体中の物体の動きにくさを表す物性値であるのに対して，動粘度は流体そのものの動きやすさや流れの伝わりやすさを表す物性値で，単位はm^2/sです．動粘性係数とも言います．

密度を $\rho\,[kg/m^3]$ とすると，粘度 $\mu\,[Pa\cdot s]$ と動粘度 $\nu\,[m^2/s]$ には次の関係があります．

$$\nu = \mu/\rho \cdots\cdots\cdots\cdots\cdots\cdots\cdots\cdots\cdots\cdots\cdots\cdots\cdots\cdots\cdots\cdots\cdots\cdots\cdots\cdots\cdots (5)$$

式(5)より，粘度が同じ場合，密度が小さいほど動粘度は大きくなり，流体の流れは伝わりやすくなります．

図9に，0℃における空気の動粘度を1としたときの，温度と動粘度の変化率を示します．空気の動粘度は，温度が上がるほど大きくなります．**図8**より，粘度は温度が上がると大きくなり，**図5**より密度は小さくなるため，動粘度の温度に対する変化率は，粘度よりも大きくなります．

▶体膨張係数

物体の温度を1K上げたときの体積の増加量と元の体積との比を表す物性値で，単位は1/Kです．体膨張率とも言います．

図10に，0℃における空気の体膨張係数を1としたときの，温度と体膨張係数の変化率を示します．理想流体の場合，体膨張係数は絶対温度の逆数になるため，温度が上がるほど小さくなります．

▶体積変化量

　温度が変化すると物体の体積も変化します．物体の体積に体膨張係数と温度変化を掛けたものが体積の変化量になります．

● 熱伝達率の関数

　熱伝達率hは次に示す物理量の関数で表すことができます．

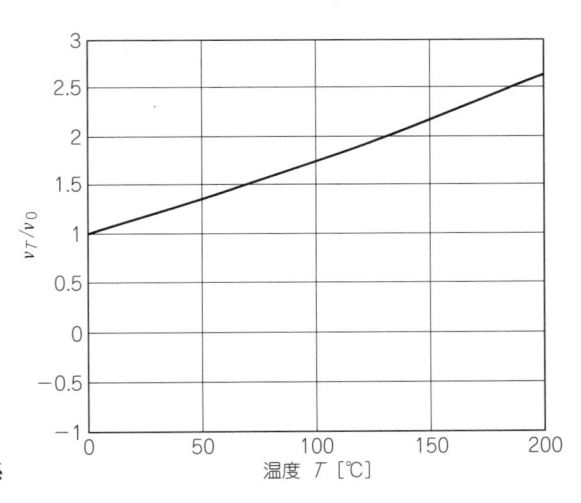

[図9]　温度と動粘度変化率の関係

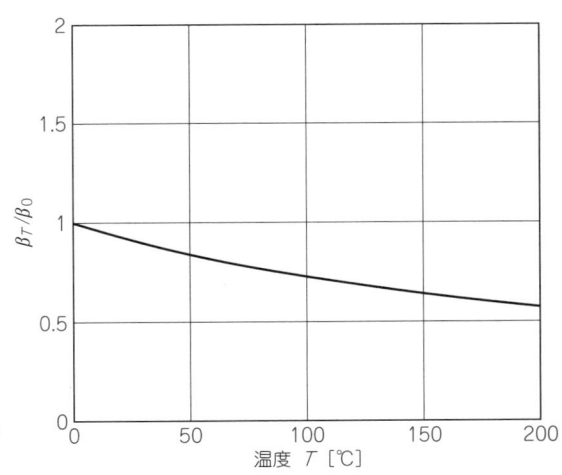

[図10]　温度と体膨張係数変化率の関係

$$h = f(l,\ \rho,\ \lambda,\ \mu,\ Cp,\ u_\infty) \cdots\cdots\cdots\cdots\cdots\cdots\cdots\cdots\cdots\cdots\cdots (6)$$

【自然対流の場合】

$$h = f(l,\ \rho,\ \lambda,\ \mu,\ C_p,\ \beta,\ \theta) \cdots\cdots\cdots\cdots\cdots\cdots\cdots\cdots\cdots (7)$$

l：代表長さ[m]

ρ：密度[kg/m^3]

λ：熱伝導率[W/(m・K)]

μ：粘度[kg/(m・s)]

C_p：比熱[J/(kg・K)]

u_∞：流速[m/s]

β：体膨張係数[1/K]

θ：温度[K]

　強制対流と自然対流では，流体の流れに影響を与える物理量が違います．強制対流では「風速」，自然対流では浮力に関係する「体膨張係数」と「温度」です．

● 次元解析の必要性

　熱伝達率は多くの物理量の影響を受け，ほとんどの物性値の温度変化が非線形であることが，数学的に解くことを難しくしています．実験においても，物理量の影響を物理量ごとに実験で求めようとすると，実験データの整理が困難になります．

　このような場合は「次元解析」により無次元数を求め，無次元化された熱伝達率に関する方程式から熱伝達率を求めます．

▶基本単位

　伝熱に関する物理量は，4つの基本単位(質量[M]，長さ[L]，時間[S]，温度[T])の組み合わせで表すことができます．さらに単位を簡潔に表すために，力[F]と熱量[Q]を追加して，6つの単位で表す場合もあります．

▶単位と次元

　自然現象は，いろいろな物理量の関係として表すことができます．ほとんどの物理量は単位をもっており，基本単位の組み合わせで表すことができます．単位をもつことを「次元をもつ」といい，基本単位の指数を「次元」といいます．例えば，速度の単位は[L/S] = [L][S^{-1}]ですので，長さに対して次元1，時間に対して次元－1となります．「次元」から複数の物理量の関係を導き出すことを「次元解析」といいます．

　表3におもな物理量の記号，単位および次元を示します．

[表3] おもな物理量の記号，単位および次元

物理量	記号	SI単位	次元	
			MLST系	MLSTFQ系
長さ	l, L	m	L	L
時間	t	s	S	S
質量	M	kg	M	M
力	F	N	ML/S^2	F
温度	θ, T	K	T	T
熱量	Q	J	ML^2/S^2	Q
仕事	W	J	ML^2/S^2	Q
速度	u, v, w	m/s	L/S	L/S
圧力	p	Pa	M/S^2L	F/L^2
密度	ρ	kg/m^3	M/L^3	FS^2/L^4
比熱	C_p	$J/(kg \cdot K)$	L^2/S^2T	Q/MT
粘度	μ	$Pa \cdot s$	M/LS	FS/L^2
動粘度	ν	m^2/s	L^2/S	L^2/S
熱拡散率	a	m^2/s	L^2/S	L^2/S
熱伝導率	λ	$W/(m \cdot K)$	ML/S^3T	Q/LTS
熱伝達率	h	$W/(m^2 \cdot K)$	M/S^3T	Q/SL^2T
体積膨張係数	β	1/K	1/T	1/T
せん断力	ζ	N/m^2	M/LS^2	F/L^2

MLST系：質量［M］，長さ［L］，時間［S］，温度［T］で表した次元
MLSTFQ系：質量［M］，長さ［L］，時間［S］，温度［T］，力［F］，熱量［Q］で表した次元

▶自然現象は無次元

　世の中には人間が考え出したさまざまな単位系がありますが，自然現象はただひとつの現象です．あらゆる自然法則は，単位系に影響されることなく，関係する物理量の組み合わせからなる無次元数の関数として表すことができるはずです．単位のないことを「無次元」といい，単位をもたない数を「無次元数」，次元のない状態にすることを「無次元化」といいます．

▶次元解析のメリット

　次元解析には次のようなメリットがあります．

(1) ある現象に多くの物理量が関連していたとしても，関係する物理量がわかっていれば，無次元量を使って整理することで簡単な形にまとめることができる

(2) 無次元量を構成する物理量が異なっていても，無次元量が同じであれば，同じ現象として考えることができる

(3) 相似則が成り立つ場合は，現象を相似化できる

● レイノルズの相似則

相似則によく利用される無次元数に，流体の流れの状態を表す「レイノルズ数」があります．

レイノルズ数 Re は次式で表されます．

$$Re = VL/v \cdots\cdots\cdots\cdots\cdots\cdots\cdots\cdots\cdots\cdots\cdots\cdots\cdots\cdots\cdots\cdots\cdots (8)$$

V：流速$[\mathrm{m/s}]$

L：代表長さ$[\mathrm{m}]$

v：動粘性係数$[\mathrm{m^2/s}]$

レイノルズ数が同じで，形状が相似だった場合，流れも相似になります．このことを「レイノルズの相似則」といい，自動車や飛行機などの模型を使った性能実験に利用されています．

▶レイノルズの相似則例

【例1】

図11のように，実車の1/2サイズの模型で空気の流れを確かめたい場合，空気の速度を実車の何倍にすればよいか．

【解説】

実車の速度を V_1，全長を L_1，レイノルズ数を Re_1，模型の速度を V_2，全長を L_2，レイノルズ数を Re_2 とすると，式(8)より，

速度V_1

（a）実車の場合

L

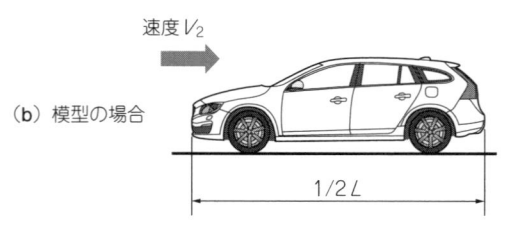

速度V_2

（b）模型の場合

$1/2 L$

[図11] 実車と模型の比較

$$Re_1 = V_1 L_1 / v \cdots\cdots\cdots\cdots\cdots\cdots\cdots\cdots\cdots\cdots\cdots\cdots\cdots\cdots\cdots (9)$$

$$Re_2 = V_2 L_2 / v \cdots\cdots\cdots\cdots\cdots\cdots\cdots\cdots\cdots\cdots\cdots\cdots\cdots (10)$$

相似則が成り立つには，レイノルズ数が等しくなる必要があるため，

$$Re_1 = Re_2 \cdots\cdots\cdots\cdots\cdots\cdots\cdots\cdots\cdots\cdots\cdots\cdots\cdots\cdots\cdots (11)$$

模型サイズは実車の1/2なので，

$$L_1 = 2L_2 \cdots\cdots\cdots\cdots\cdots\cdots\cdots\cdots\cdots\cdots\cdots\cdots\cdots\cdots (12)$$

式(9)～式(12)で模型での空気の速度V_2を求めると，

$$V_2 = V_1 L_1 / L_2 = 2 V_1 L_2 / L_2 = 2 V_1 \cdots\cdots\cdots\cdots\cdots\cdots (13)$$

式(13)から，模型における空気の速度は，実車の2倍にすればよい．

【例2】

空気中に置かれた物体周辺の流れを確認するために，同じ物体を動粘度が空気よりも小さい水中に置き，微量の染料を使って流れを可視化したい．水の速度を空気の速度の何分の1にすればよいか．空気の動粘度を$v_1 = 15.15 \times 10^{-6} \, \text{m}^2/\text{s}$，水の動粘度を$v_2 = 1.004 \times 10^{-6} \, \text{m}^2/\text{s}$とする．

【解説】

空気の速度をV_1，レイノルズ数をRe_1，水の速度をV_2，レイノルズ数をRe_2とすると，$Re_1 = Re_2$となるためには，

$$V_1 L / v_1 = V_2 L / v_2 \cdots\cdots\cdots\cdots\cdots\cdots\cdots\cdots\cdots\cdots\cdots (14)$$

が成り立つ必要がある．

水の速度V_2は式(14)より，

$$V_2 = V_1 v_2 / v_1 = V_1 \times (1.004 \times 10^{-6} \div 15.15 \times 10^{-6}) = (1/15) V_1$$

よって，水の速度を空気の速度の1/15にすればよい．

● バッキンガムのπ定理

最小限度必要な無次元量の数を「バッキンガムのπ定理」で決めれば，合理的な実験が可能になり，実験結果を整理式としてまとめることができます．

バッキンガムのπ定理とは，

「ある物理現象の特性を説明するために必要な，互いに独立な無次元量の数は，その現象に関係する物理量の全数nから，そのn個の物理量の次元式を表すのに必要な基本単位の数mを差引いたものに等しい」

というものです．

例えば，ある現象が7つの物理量に関係している場合，次の方程式が成り立ちます．

$$F(\pi_1, \ \pi_2, \ \pi_3, \ \pi_4, \ \pi_5, \ \pi_6, \ \pi_7) = 0 \cdots\cdots\cdots\cdots\cdots (15)$$

π_1の関数で表すと,

$$\pi_1 = f(\pi_2,\ \pi_3,\ \pi_4,\ \pi_5,\ \pi_6,\ \pi_7) \cdots\cdots\cdots\cdots\cdots\cdots\cdots\cdots (16)$$

基本単位が4つの場合, バッキンガムのπ定理より, 説明するために必要な無次元量の数は,

$$n - m = 7 - 4 = 3 \cdots\cdots\cdots\cdots\cdots\cdots\cdots\cdots\cdots\cdots\cdots\cdots\cdots (17)$$

となります.

式(17)より3つの無次元数を用いればよいことになり, 式(16)を次式に置き換えることができます.

$$\pi_1 = f(\pi_2,\ \pi_3) \cdots\cdots\cdots\cdots\cdots\cdots\cdots\cdots\cdots\cdots\cdots\cdots\cdots (18)$$

式(16)は関連する物理量が多くグラフ化は困難ですが, 式(18)はπ_3をパラメータとしてπ_1とπ_2の関係を整理すればグラフ化が可能です(**図12**). 無次元化により合理的な計算や実験が可能となり, 計算結果や実験結果を整理式としてまとめることができます.

● 無次元数の決定

強制対流と自然対流について, 熱伝達率に関係する無次元数を求めます.

具体的には, 熱伝達率に関係する物理量をあげ, 次元解析により, 方程式が無次元になるように考えます.

● 強制対流熱伝達

式(6)より, Cを係数として熱伝達率が次の式で表されると仮定します.

$$h_f = C\,l^a\rho^{\,b}\lambda^{\,c}\mu^{\,d}C_p^{\,e}u_\infty^{\,f} \cdots\cdots\cdots\cdots\cdots\cdots\cdots\cdots\cdots\cdots (19)$$

表4より, 式(19)をMLST系の次元で表すと,

$$[\mathrm{M/S^3T}] = [\mathrm{L}]^a[\mathrm{M/L^3}]^b[\mathrm{ML/S^3T}]^c[\mathrm{M/LS}]^d[\mathrm{L^2/S^2T}]^e[\mathrm{L/S}]^f \cdots\cdots (20)$$

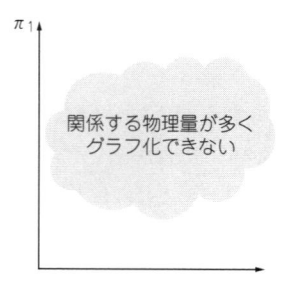
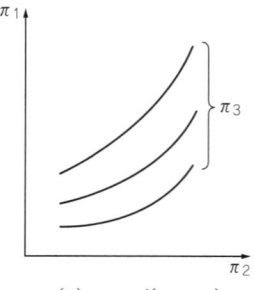

[図12] バッキンガムの
π定理によるグラフ化 　　(a) $\pi_1 = f(\pi_2,\ \pi_3,\ \pi_4,\ \pi_5,\ \pi_6,\ \pi_7)$ 　　(b) $\pi_1 = f(\pi_2,\ \pi_3)$

[表4] 強制対流に関係する物理量と次元

物理量	記号	SI単位	次元				
			MLST系	質量M	長さL	時間S	温度T
熱伝達率	h	W/(m² · K)	M/S³T	1	0	− 3	− 1
物体の代表長さ	l	m	L	0	1	0	0
流体の密度	ρ	kg/m³	M/L³	1	− 3	0	0
流体の熱伝導率	λ	W/(m · K)	ML/S³T	1	1	− 3	− 1
流体の粘度	μ	kg/(m · s)	M/LS	1	− 1	− 1	0
流体の比熱	C_p	J/(kg · K)	L²/S²T	0	2	− 2	− 1
流体の速度	u_∞	m/s	L/S	0	1	− 1	0

指数を整理すると,

$$1 = [\text{M}]^{b+c+d-1} \times [\text{L}]^{a-3b+c-d+2e+f} \times [\text{S}]^{-3c-d-2e-f+3} \times [\text{T}]^{-c-e+1} \cdots \text{(21)}$$

各項の指数がゼロのとき,式(21)が成り立ちます.

質量[M] $\quad b + c + d - 1 = 0$ ································· (22)

長さ[L] $\quad a - 3b + c - d + 2e + f = 0$ ················· (23)

時間[S] $\quad -3c - d - 2e - f + 3 = 0$ ···················· (24)

温度[T] $\quad -c - e + 1 = 0$ ································· (25)

バッキンガムのπ定理より,(独立変数の数)−(基本量の数)$= 6 - 4 = 2$なので,無次元数は2つとなります.2つの無次元数を求めるためにa, b, c, dをe, fで表します.

式(25)より,$c = -e + 1$ ······································· (26)

式(24),(26)より,$d = e - f$ ······························ (27)

式(22),(26),(27)より,$b = f$ ···························· (28)

式(23),(26),(27),(28)より,$a = f - 1$ ·············· (29)

式(26),(27),(28),(29)を式(19)に代入して,

$$h_f = C\, l^{f-1} \rho^f \lambda^{-e+1} \mu^{e-f} C_p^{\,e} u_\infty^{\,f} \cdots \text{(30)}$$

指数をまとめると,

$$h_f = C(l\rho u_\infty/\mu)^f (\mu C_p/\lambda)^e\, \lambda\,/l \cdots \text{(31)}$$

λ/lを左辺へ移動して,

$$h_f l/\lambda = C(l\rho u_\infty/\mu)^f (\mu C_p/\lambda)^e \cdots \text{(32)}$$

式(32)より,$(l\rho u_\infty/\mu)$と$(\mu C_p/\lambda)$は無次元数なので,(hl/λ)も無次元数になります.

$(l\rho u_\infty/\mu)$をレイノルズ数Re,$(\mu C_p/\lambda)$をプラントル数Pr,$(h_f l/\lambda)$をヌセルト数Nuと呼び,式(32)を次式で表すことができます.

$$Nu = C\,Re^m Pr^n \cdots\cdots\cdots\cdots\cdots\cdots\cdots\cdots\cdots\cdots\cdots\cdots\cdots\cdots \text{(33)}$$

● 自然対流熱伝達

式(7)より，Cを係数として自然対流における熱伝達率が次の式で表されると仮定します．

$$h_n = C\,l^a \rho^b \lambda^c \mu^d C_p{}^e \beta g^f \theta^g \cdots\cdots\cdots\cdots\cdots\cdots\cdots \text{(34)}$$

表5より，式(34)をMLSTQ系の次元で表すと，

$$[Q/L^2ST] = [L]^a[M/L^3]^b[Q/LTS]^c[M/LS]^d[Q/MT]^e[L/S^2T]^f[T]^g \cdots \text{(35)}$$

指数を整理すると，

$$1 = [M]^{b+d-e} \times [L]^{a-3b+c-d+f+2} \times [S]^{-c-d-2f+1}$$
$$\times [T]^{-c-e-f+g+1} \times [Q]^{c+e-1} \cdots\cdots\cdots\cdots\cdots\cdots\cdots \text{(36)}$$

各項の指数がゼロのとき，式(36)が成り立つことより，

$$\text{質量[M]} \quad b+d-e = 0 \cdots\cdots\cdots\cdots\cdots\cdots\cdots\cdots\cdots \text{(37)}$$
$$\text{長さ[L]} \quad a-3b+c-d+f+2 = 0 \cdots\cdots\cdots\cdots\cdots \text{(38)}$$
$$\text{時間[S]} \quad -c-d-2f+1 = 0 \cdots\cdots\cdots\cdots\cdots\cdots\cdots \text{(39)}$$
$$\text{温度[T]} \quad -c-e-f+g+1 = 0 \cdots\cdots\cdots\cdots\cdots \text{(40)}$$
$$\text{温度[Q]} \quad c+e-1 = 0 \cdots\cdots\cdots\cdots\cdots\cdots\cdots\cdots\cdots \text{(41)}$$

バッキンガムのπ定理より，（独立変数の数）－（基本量の数）＝ $7-5=2$ なので，無次元数は2つとなります．2つの無次元数を求めるためにa，b，c，d，gをe，fで表します．

$$\text{式(41)より，} \quad c = -e+1 \cdots\cdots\cdots\cdots\cdots\cdots\cdots\cdots \text{(42)}$$
$$\text{式(40)，(42)より，} \quad g = f \cdots\cdots\cdots\cdots\cdots\cdots\cdots \text{(43)}$$
$$\text{式(39)，(42)より，} \quad d = e-2f \cdots\cdots\cdots\cdots\cdots\cdots \text{(44)}$$

[表5] 自然対流に関係する物理量と次元

物理量	記号	SI単位	次 元				
			MLSTQ系	質量M	長さL	時間S	温度T	熱量Q
熱伝達率	h	W/(m²・K)	Q/L²ST	0	-2	-1	-1	1
物体の代表長さ	l	m	L	0	1	0	0	0
流体の密度	ρ	kg/m³	M/L³	1	-3	0	0	0
流体の熱伝導率	λ	W/(m・K)	Q/LTS	0	-1	-1	-1	1
流体の粘度	μ	kg/(m・s)	M/LS	1	-1	-1	0	0
流体の比熱	C_p	J/(kg・K)	Q/MT	-1	0	0	-1	1
体積膨張にともなう浮力	βg	m/s²K	L/S²T	0	1	-2	-1	0
表面と流体の温度差	θ	K	T	0	0	0	1	0

式(37)，(44)より，$b = 2f$ $\cdots\cdots\cdots\cdots\cdots\cdots\cdots\cdots\cdots\cdots\cdots\cdots\cdots\cdots\cdots$ (45)

式(38)，(42)，(44)，(45)より，$a = 3f - 1$ $\cdots\cdots\cdots\cdots\cdots\cdots\cdots\cdots$ (46)

式(42)〜(46)を式(34)に代入すると，

$$h_n = C\, l^{3f-1} \rho^{2f} \lambda^{-e+1} \mu^{e-2f} C_p{}^e \beta g^f \theta^f \cdots\cdots\cdots\cdots\cdots\cdots\cdots\cdots$$ (47)

指数をまとめて書き直すと，

$$h_n = C(l^3 \rho^2 \beta g \theta / \mu^2)^f (\mu C_p / \lambda)^e\, \lambda / l \cdots\cdots\cdots\cdots\cdots\cdots\cdots$$ (48)

λ/l を左辺へ移動して，

$$h_n l / \lambda = C(l^3 \rho^2 \beta g \theta / \mu^2)^f (\mu C_p / \lambda)^e \cdots\cdots\cdots\cdots\cdots\cdots\cdots$$ (49)

式(49)より，$(l^3 \rho^2 \beta g \theta / \mu^2)$ と $(\mu C_p / \lambda)$ は無次元数なので，$(h_n l / \lambda)$ も無次元数になります．$(l^3 \rho^2 \beta g \theta / \mu^2)$ をグラフホフ数 Gr，$(\mu C_p / \lambda)$ をプラントル数 Pr，$(h_n l / \lambda)$ をヌセルト数 Nu と呼び，式(49)を次式で表すことができます．

$$Nu = C\, Gr^m Pr^n \cdots\cdots\cdots\cdots\cdots\cdots\cdots\cdots\cdots\cdots\cdots\cdots\cdots\cdots\cdots$$ (50)

* *

無次元数を使えば，式(33)，式(50)のようにシンプルな形で伝熱現象を表すことができます．

7-3	熱伝達率に関する無次元数

ここでは，次元解析から求めた無次元数について解説します．

● プラントル数

プラントル数は次式で表されます．

$$Pr = \mu C_p / \lambda \cdots\cdots\cdots\cdots\cdots\cdots\cdots\cdots\cdots\cdots\cdots\cdots\cdots\cdots\cdots\cdots$$ (51)

μ：粘度[kg/(m・s)]

C_p：比熱[J/(kg・K)]

λ：熱伝導率[W/(m・K)]

また，ρ：密度[kg/m^3]，動粘度 ν[m^2/s] $= \mu / \rho$，熱拡散率 α[m^2/s] $= \lambda / \rho C_p$ より，プラントル数は次式でも表されます．

$$Pr = \nu / \alpha \cdots\cdots\cdots\cdots\cdots\cdots\cdots\cdots\cdots\cdots\cdots\cdots\cdots\cdots\cdots\cdots\cdots$$ (52)

式(52)より，プラントル数は「流体の動粘度」と「熱拡散率」の比を表した流体固有の物性値であり，運動量の伝わりやすさ(分子の移動速度)と熱の伝わりやすさ(熱の拡散速度)の比を表しています．

また，粘性の大きさは速度境界層の厚さに現れ，熱拡散は温度境界層の厚さに現

れるため，プラントル数は速度境界層と温度境界層の厚さの比も表しています．

　図13のように，プラントル数が1より小さい流体では温度境界層が厚くなり，1より大きい流体では温度境界層が薄くなります．例えば，大気圧（101.325 kPa），20℃におけるプラントル数は，空気が0.714，水が6.99ですので，水のほうが温度境界層が薄くなるため熱交換しやすくなります．同じ温度であっても，空気よりも水のほうが冷たく感じたり温かく感じたりするのはこのためです．

　図14に，0℃における空気のプラントル数を1としたときの温度とプラントル数の変化率を示します．空気のプラントル数は，温度による変化はほとんどありません．

● レイノルズ数

　レイノルズ数は次式で表されます．

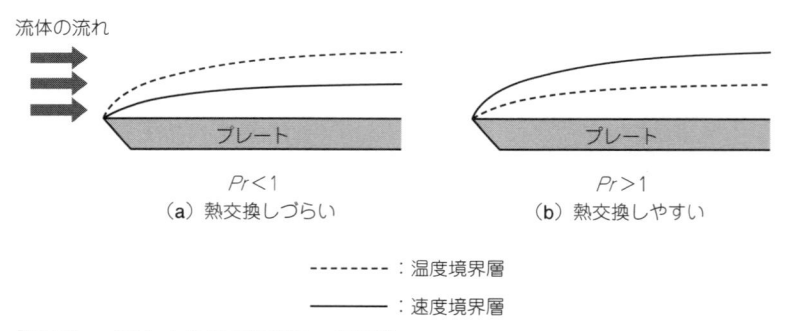

流体の流れ

$Pr < 1$
（a）熱交換しづらい

$Pr > 1$
（b）熱交換しやすい

- - - - - - - ：温度境界層
————：速度境界層

[図13]　プラントル数の境界層への影響

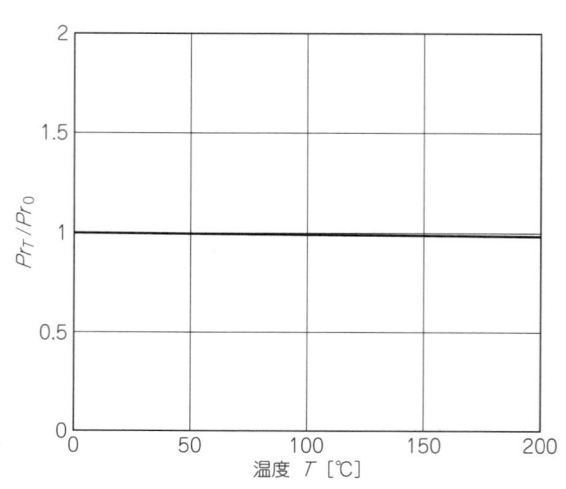

[図14]　温度とプラントル数の変化率の関係

$$Re = vL/v \cdots\cdots\cdots\cdots\cdots\cdots\cdots\cdots\cdots\cdots\cdots\cdots\cdots\cdots\cdots\cdots\cdots (53)$$

v：流速$[\mathrm{m/s}]$

L：代表長さ$[\mathrm{m}]$

v：動粘度$[\mathrm{m^2/s}]$

流速が同じ場合，温度が上がるほど動粘度は大きくなるため，レイノルズ数は小さくなります．

レイノルズ数は，動粘度$v = \mu/\rho$より，次の式で表すこともできます．

$$Re = (\rho v^2)/(\mu v/L) \cdots\cdots\cdots\cdots\cdots\cdots\cdots\cdots\cdots\cdots\cdots\cdots\cdots\cdots (54)$$

μ：粘度$[\mathrm{kg/(m \cdot s)}]$

ρ：流体の密度$[\mathrm{kg/m^3}]$

式(54)の分母は粘度×速度勾配の次元をもっていることから，粘性による剪断応力を表しています．分子の次元は，$[\mathrm{kg}][\mathrm{m^{-3}}] \cdot [\mathrm{m^2}][\mathrm{s^{-2}}] = [\mathrm{kg}][\mathrm{m}][\mathrm{s^{-2}}] \cdot [\mathrm{m^{-2}}]$ですので，単位面積あたりの慣性力を表しています．このことより，レイノルズ数は，慣性力と粘性力の比を表していることになります．

また，レイノルズ数は流体の流れの状態を表し，小さいほど乱れを抑える力が強くなり，大きいほど乱れようとする力が強くなるので，層流から乱流への遷移を示す指標として用いられます．

▶層流から乱流への遷移

速度u_∞の流れに平行に置いた平板の速度分布を**図15**に示します．前縁から平板に沿ってしだいに厚くなる速度境界層は，流れる方向が安定している層流から，層流と乱流が混在した遷移領域を経て，流れが不規則な乱流に変化します．層流の起きている領域を層流境界層，乱流の起きている領域を乱流境界層と呼びます．強制対流の場合，レイノルズ数が3.2×10^5前後で層流から乱流への遷移がはじまります．

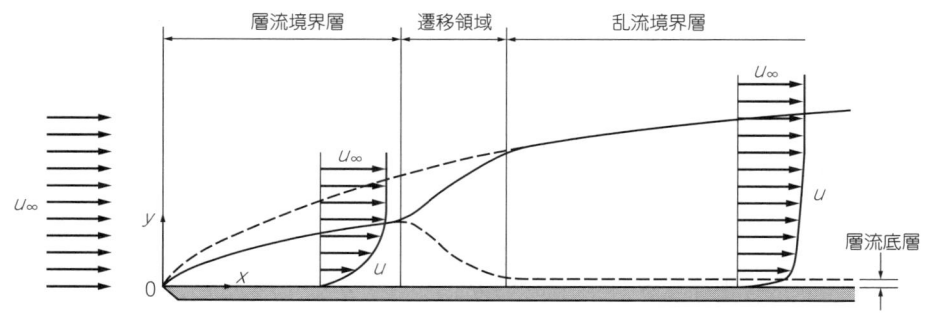

[図15]　平板に沿う境界層の発達[4]

● ヌセルト数

ヌセルト数は次式で表されます.

$$Nu = hL/\lambda \quad\cdots\cdots\cdots (55)$$

h：熱伝達率$[\mathrm{W}/(\mathrm{m}^2 \cdot \mathrm{K})]$

L：代表寸法$[\mathrm{m}]$

λ：熱伝導率$[\mathrm{W}/(\mathrm{m} \cdot \mathrm{K})]$

ヌセルト数は熱伝達の大きさを表す無次元数で，静止流体の熱伝導率と対流熱伝達率の比を表しています．静止流体に対して流体移動が加わることによって熱伝達率がどれだけ大きくなったかを表しています．静止流体は$Nu = 1$です.

式(55)より，Nuがわかれば，流体の熱伝導率λと代表長さLから熱伝達率を求めることができます.

● グラフホフ数

グラフホフ数は次式で表されます.

$$Gr = (g\,\beta\,\Delta TL^3)/v^2 \quad\cdots\cdots\cdots (56)$$

L：代表寸法$[\mathrm{m}]$

g：重力加速度$[\mathrm{m/s}^2]$

β：体膨張係数$[1/\mathrm{K}]$

ΔT：固体表面と流体との温度差$[\mathrm{K}]$

v：動粘度$[\mathrm{m}^2/\mathrm{s}]$

グラスホフ数の分子は浮力を，分母は流体の粘性を表していますので，浮力と粘性力との比を表していると言えます．レイノルズ数の慣性力を浮力に置き換えた無次元数と考えることができ，レイノルズ数と同じ意味合いをもちます．値が大きいほど浮力が大きく，自然対流が活発なことを表します.

7-4	熱伝達率の計算例

物体から，接触する流体へ熱が移動するときの熱伝達率は次の順で求めます

【強制空冷の場合】

① 必要な物性値(動粘度，熱伝導率，プラントル数)を求める

② レイノルズ数を求め，流れの状態が層流か乱流か判断する

③ 適した計算式を選ぶ

④ 熱伝達率を求める

【自然空冷の場合】

① 必要な物性値（動粘度，熱伝導率，プラントル数，体膨張係数）を求める
② グラフホフ数を計算する
③ グラフホフ数にプラントル数を掛けた値を求めて条件にあった計算式を選ぶ
④ 熱伝達率を求める

● 平板の熱伝達率を計算

　熱伝達率の求めかたを理解するために，実際に平板を使って計算します（**図16**）。
よく使われる平板の計算式を**表6**に示します。

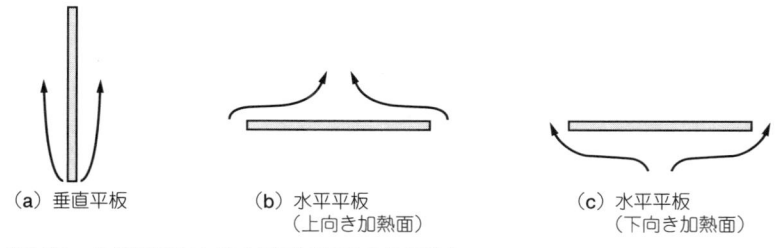

| | (a) 垂直平板 | (b) 水平平板
（上向き加熱面） | (c) 水平平板
（下向き加熱面） |

[図16]　**自然対流における平板周辺の空気の流れ**

[表6]　**平板の計算式**[1][2][3]

流れ	条 件		計算式	備 考
強制対流	層流		① $Nu = 0.664Re^{1/2}Pr^{1/3}$	
	乱流		② $Nu = 0.037Re^{4/5}Pr^{1/3}$	
自然対流	垂直平板		③ $Nu = 0.59(GrPr)^{1/4}$	$10^4 < GrPr < 10^9$
	水平平板	上向き加熱面	④ $Nu = 0.54(GrPr)^{1/4}$	$10^4 < GrPr < 10^7$
		下向き加熱面	⑤ $Nu = 0.27(GrPr)^{1/4}$	$10^5 < GrPr < 10^{10}$

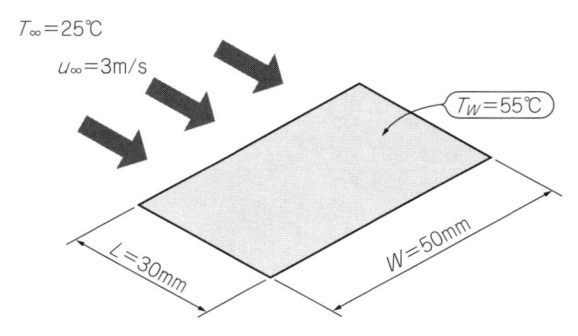

$T_\infty = 25℃$

$u_\infty = 3m/s$

$T_W = 55℃$

$L = 30mm$　　$W = 50mm$

[図17]　**平板の強制対流伝熱量**

● 強制対流計算例

図17に示すように，長さ $L = 30$ mm，幅 $W = 50$ mm の平板上を，温度 $T_\infty = 25$ ℃ の空気が速度 $u_\infty = 3$ m/s で流れていたとします．平板の表面温度が $T_w = 55$ ℃ だった場合の平板表面の熱伝達率と熱伝達による伝熱量を求めます．

▶物性値を求める

物性値は，膜温度*での数値を使います．

膜温度は，$T_f = (25 + 55)/2 = 40$ ℃ なので，40 ℃における物性値を物性値表（**表7参照**）から選びます．

動粘度：$\nu = 17.04 \times 10^{-6}$ m²/s

熱伝導率：$\lambda = 0.02720$ W/(m・K)

プラントル数：$Pr = 0.7111$

▶レイノルズ数を求め，流れの状態が層流か乱流か判断する

$Re = vL/\nu$

$= 3 \times 0.03 \div 17.04 \times 10^{-6} = 5282$

$Re < 5 \times 10^5$ ですので，流れは層流です．

＊：膜温度

空気と物体表面の温度の違いによって生じる物性値の違いを考慮して，空気と物体表面の平均温度を無次元数の物性値として使う．平均温度のことを膜温度と呼ぶ．膜温度は次式で表される．

$T_f = (T_w + T_\infty)/2$

[表7]　大気圧（101.325 kPa）における空気の物性値[(2)]

温度 T [℃]	密度 ρ [kg/m³]	定圧比熱 C_p [kJ/ (kg・K)]	粘度 μ [μPa・s]	熱伝導率 λ [W/(m・K)]	プラントル数 Pr	体積膨張係数 β (= 1/273.15 + T) [1/K]	動粘度 ν (= μ/ρ) × 10^{-6} [m²/s]
0	1.2920	1.006	17.24	0.02421	0.7170	0.003661	13.34
10	1.2460	1.007	17.74	0.02497	0.7153	0.003532	14.24
20	1.2040	1.007	18.24	0.02572	0.7138	0.003411	15.15
30	1.1640	1.007	18.72	0.02647	0.7124	0.003299	16.08
40	1.1270	1.007	19.20	0.02720	0.7111	0.003193	17.04
50	1.0920	1.008	19.67	0.02793	0.7099	0.003095	18.01
60	1.0590	1.009	20.14	0.02865	0.7088	0.003002	19.02
80	0.9989	1.010	21.05	0.03007	0.7070	0.002832	21.07
100	0.9453	1.012	21.94	0.03145	0.7056	0.002680	23.21
150	0.8340	1.018	24.07	0.03481	0.7036	0.002363	28.86
200	0.7450	1.026	26.09	0.03803	0.7035	0.002113	35.02

▶適した計算式を選ぶ

表6から層流の計算式(式①)を選びます.

$$Nu = 0.664 Re^{1/2} Pr^{1/3} \cdots\cdots\cdots\cdots\cdots\cdots\cdots\cdots\cdots\cdots\cdots\cdots\cdots ①$$

▶熱伝達率を求める

平均熱伝達率は式①に数値を代入し,

$$h = 0.664 Re^{1/2} Pr^{1/3} \lambda/L \cdots\cdots\cdots\cdots\cdots\cdots\cdots\cdots\cdots\cdots (57)$$

$$= 0.664 \times (5282)^{1/2} \times (0.7111)^{1/3} \times 0.0272 \div 0.03$$

$$= 39.1 \ \mathrm{W/(m^2 \cdot K)}$$

また,伝熱の基本式より,対流伝熱量$Q_{(\mathrm{conv})}$は,

$$Q_{(\mathrm{conv})} = hA(T_w - T_\infty)$$

$$= 39.1 \times 0.03 \times 0.05 \times (65 - 25) = 2.35 \ \mathrm{W}$$

となります.

● **物性値表にない温度での計算方法**

物性値表(**表7**参照)には,代表的な温度($0 \sim 60\ ℃$:$10\ \mathrm{K}$間隔,$60 \sim 100\ ℃$:$20\ \mathrm{K}$間隔,$100 \sim 200\ ℃$:$50\ \mathrm{K}$間隔)の物性値を掲載しています.物性値表にない温度の熱伝達率は近似式から求めます.

▶近似式の求めかた

$$Nu = 0.664 Re^{1/2} Pr^{1/3} \cdots\cdots\cdots\cdots\cdots\cdots\cdots\cdots\cdots\cdots\cdots\cdots\cdots ①$$

$$h = \lambda Nu/L \cdots\cdots\cdots\cdots\cdots\cdots\cdots\cdots\cdots\cdots\cdots\cdots\cdots\cdots (58)$$

式(58)を式①に代入し,物性値と物性値以外を別々にまとめます.

$$h = \lambda 0.664 Re^{1/2} Pr^{1/3}/L$$

$$= 0.664 \lambda ((L \cdot V)/\nu)^{1/2} \cdot Pr^{1/3}/L$$

$$= 0.664 \lambda ((L \cdot V)^{1/2}/\nu^{1/2}) \cdot Pr^{1/3}/L$$

$$= 0.664 \lambda (Pr^{1/3}/\nu^{1/2}) \cdot (V/L)^{1/2} \cdots\cdots\cdots\cdots\cdots\cdots (59)$$

式(59)において,物性値だけをまとめた$0.664 \lambda (Pr^{1/3}/\nu^{1/2})$を$D$と置けば,式(59)を式(60)のように簡略化できます.

$$h = D(V/L)^{1/2} \cdots\cdots\cdots\cdots\cdots\cdots\cdots\cdots\cdots\cdots\cdots\cdots\cdots (60)$$

$D = 0.664 \lambda (Pr^{1/3}/\nu^{1/2})$は,物性値表から求めることができます.

例えば$40\ ℃$の場合,

$$D = 0.664 \lambda_{40} (Pr_{40}^{1/3}/\nu_{40}^{1/2})$$

$$= 0.664 \times 0.0272 \times 0.7111^{1/3} \div (17.04 \times 10^{-6})^{1/2}$$

$$= 3.91 \cdots\cdots\cdots\cdots\cdots\cdots\cdots\cdots\cdots\cdots\cdots\cdots\cdots\cdots (61)$$

物性値表の温度と，式(61)と同様に計算したDの値を**表8**に示します．

表8の温度TとDの近似式から，物性値表にない温度の熱伝達率を求めることができます．温度TとDの関係と近似式を，**図18**に示します．

Dを近似式で表すと，

$$D = 7 \times 10^{-7}T^2 - 9 \times 10^{-4}T + 3.940 \cdots\cdots\cdots (62)$$

式(62)を式(60)に代入して，

$$h = (7 \times 10^{-7}T^2 - 9 \times 10^{-4}T + 3.940)(V/L)^{1/2} \cdots\cdots (63)$$

式(63)から，特性表にない温度であっても，膜温度，流速および代表長さがわかれば熱伝達率を計算で求めることができます．

式(62)に$T = 40\,℃$を代入すると，$D_{40} = 3.91$となり，式(61)と一致します．

[表8]　強制対流平板の温度とDの関係

T [℃]	$D = 0.664\,\lambda Pr^{1/3}/\nu^{1/2}$
0	3.94
10	3.93
20	3.92
30	3.91
40	3.91
50	3.90
60	3.89
80	3.87
100	3.86
150	3.83
200	3.80

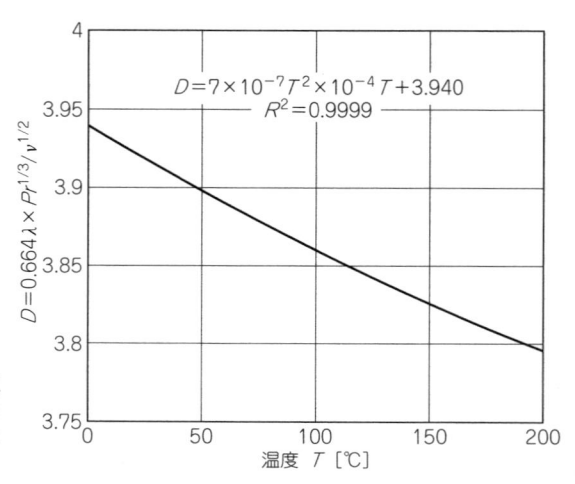

[図18]　温度TとDの近似式
R^2：決定係数（相関係数の2乗）
近似の正確さを表しており1に
近いほど近似式の精度が高い

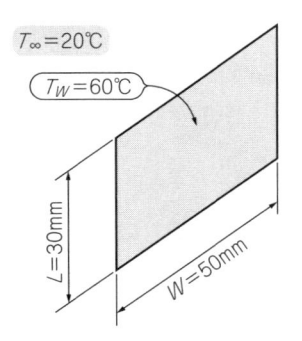

$T_\infty = 20℃$

$T_W = 60℃$

$L = 30mm$

$W = 50mm$

[図19] 垂直平板の自然対流伝熱量

● 自然対流計算例

　図19に示すように，長さ $L = 30$ mm，幅 $W = 50$ mm の平板が温度 $T_\infty = 20$ ℃ の空気中に垂直に置かれていたとします．平板の表面温度が $T_w = 60$ ℃ だった場合の平板表面の平均熱伝達率と熱伝達による伝熱量を求めます．

▶必要な物性値を求める

　膜温度 $T_f = 40$ ℃ の物性値を使います（表7）．

　　動粘度：$\nu = 17.04 \times 10^{-6}\,\mathrm{m^2/s}$

　　熱伝導率：$\lambda = 0.02720\,\mathrm{W/(m \cdot K)}$

　　プラントル数：$Pr = 0.7111$

　　体膨張係数 $\beta = 0.003193\,[1/K]$

▶グラフホフ数を求める

$$Gr = (g\,\beta\,\Delta\,TL^3)\,/\,\nu^2$$

$$= (9.807 \times 0.003193 \times 40 \times 0.03^3 \div (17.04 \times 10^{-6})^2$$

$$= 116471.5$$

▶$GrPr$ を求めて条件にあった計算式を選ぶ

　$GrPr = 116471.5 \times 0.7111 = 82823$ は，$10^4 < GrPr < 10^9$ の範囲内なので計算式は表6の式③より，

$$N_u = 0.59\,(GrPr)^{1/4} \cdots\cdots\cdots\cdots\cdots\cdots\cdots\cdots\cdots\cdots\cdots\cdots\cdots\cdots\cdots\cdots ③$$

▶熱伝達率を求める

　式③より，平均熱伝達率は，

$$Nu = 0.59\,(GrPr)^{1/4}$$

$$h = 0.59\,(GrPr)^{1/4}\,\lambda/L$$

$$= 0.59\,(82823)^{1/4} \times 0.0272 \div 0.03$$

$$= 9.07\,\mathrm{W/(m^2 \cdot K)}$$

伝熱の基本式より，また，伝熱の基本式より，平板両面からの伝熱量 $Q_{\text{(conv)}}$ は，

$$Q_{\text{(conv)}} = 2hA(T_w - T_\infty)$$
$$= 2 \times 9.07 \times 0.03 \times 0.05 \times (60 - 20) = 1.088 \text{ W}$$

となります.

● 物性値表にない温度での計算方法

強制空冷と同様に近似式を使って求めます.

自然対流の場合，**表6**の計算式③〜⑤は，係数（垂直：0.59，水平上向き：0.54，水平下向き：0.27）を C とすると，

$$Nu = C(GrPr)^{1/4} \cdots\cdots\cdots\cdots\cdots\cdots\cdots\cdots\cdots\cdots\cdots\cdots\cdots\cdots\cdots\cdots\cdots\cdots (64)$$

と表すことができます. C は平板の向きによって決まる係数です.

$$h = \lambda Nu/L \cdots\cdots\cdots\cdots\cdots\cdots\cdots\cdots\cdots\cdots\cdots\cdots\cdots\cdots\cdots\cdots\cdots\cdots\cdots\cdots (65)$$

式(65)を式(64)に代入し，物性値と物性値以外を別々にまとめます.

$$h = \lambda C(GrPr)^{1/4}/L$$
$$= C\lambda(g\beta L^3 \Delta T/v^2 Pr)^{1/4}/L$$
$$= C\lambda(g\beta/v^2 Pr)^{1/4}(L^3)^{1/4}\Delta T^{1/4}/L$$
$$= C\lambda(g\beta/v^2 Pr)^{1/4}L^{3/4}\Delta T^{1/4}/L$$
$$= C\lambda(g\beta/v^2 Pr)^{1/4}L^{-1/4}\Delta T^{1/4}$$
$$= C\lambda(g\beta/v^2 Pr)^{1/4}(\Delta T/L)^{1/4} \cdots\cdots\cdots\cdots\cdots\cdots\cdots (66)$$

式(66)の $\lambda(g\beta/v^2 Pr)^{1/4}$ を E とおけば，式(66)を式(67)のように簡略化できます.

$$h = CE(\Delta T/L)^{1/4} \cdots\cdots\cdots\cdots\cdots\cdots\cdots\cdots\cdots\cdots\cdots\cdots\cdots\cdots\cdots (67)$$

$E = \lambda(g\beta/v^2 Pr)^{1/4}$ は物性値から求めることができます.

例えば，膜温度が40℃の場合，重力加速度を $g = 9.807 \text{ m/s}^2$ として，

[表9] 自然対流平板の温度 T と E の関係

T [℃]	$E = \lambda(g\beta/v^2 \cdot Pr)^{1/4}$
0	2.65
10	2.63
20	2.60
30	2.57
40	2.55
50	2.52
60	2.50
80	2.45
100	2.41
150	2.32
200	2.23

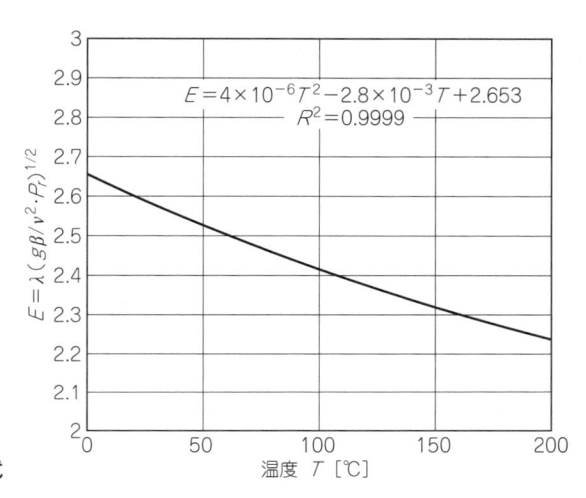

$$E = \lambda (g\beta / \nu^2 \cdot P_r)^{1/2}$$

$$E = 4 \times 10^{-6} T^2 - 2.8 \times 10^{-3} T + 2.653$$
$$R^2 = 0.9999$$

温度 T [℃]

[図20]　温度 T と E の近似式

$$E = 0.02720 \times [\{9.807 \times 0.003193 \div (17.04 \times 10^{-6})^2\} \times 0.7111]^{1/4}$$
$$= 2.55 \cdots\cdots\cdots\cdots\cdots\cdots\cdots\cdots\cdots\cdots\cdots\cdots\cdots\cdots\cdots\cdots\cdots (68)$$

物性値表の温度と，式(68)と同様に計算した E の値を**表9**に示します．

表9の温度 T と E の近似式から，物性値表にない温度の熱伝達率を求めることができます．温度 T と E の関係と近似式を，**図20**に示します．

E を近似式で表すと，

$$E = 4 \times 10^{-6} T^2 - 2.8 \times 10^{-3} T + 2.653 \cdots\cdots\cdots\cdots\cdots\cdots\cdots\cdots (69)$$

式(69)を式(67)に代入して，

$$h = C(4 \times 10^{-6} T^2 - 2.8 \times 10^{-3} T + 2.653)(\Delta T/L)^{1/2} \cdots\cdots\cdots\cdots (70)$$

式(70)から，特性表にない温度であっても，膜温度，温度上昇および代表長さがわかれば熱伝達率を計算で求めることができます．

式(69)に $T = 40$ ℃を代入すると，$E_{40} = 2.55$ となり，式(68)と一致します．

◆**参考文献**◆

(1) 日本機械学会；JSME テキスト・シリーズ 伝熱工学.
(2) 日本機械学会；JSME テキスト・シリーズ 演習 伝熱工学.
(3) 日本機械学会；伝熱工学資料，第3版〜第5版.
(4) 武山 斌郎，大谷 茂盛，相原 利雄；伝熱工学，丸善出版.
(5) 甲藤 好郎；伝熱概論，養賢堂.
(6) W.H.Giedt(横堀 進，久我 修 共訳)；基礎伝熱工学，丸善出版.

索引

｜著｜者｜略｜歴｜

深川 栄生(ふかがわ・しげお)

1961年　愛媛県生まれ
1984年　株式会社リョーサン入社(現：三協サーモテック株式会社)
以来，主にヒートシンクの製品開発および設計業務に携わる

●著 書
(1)「最適解への近道！パワー半導体の放熱計算」，トラ技ジュニア No.29，2017年
4月，CQ出版社.
(2)「アナログウェア No.4 間違いだらけの熱対策ホントにあった話30」，トランジ
スタ技術2017年11月別冊付録，CQ出版社.
(3)「匠オールスター！秘伝電子回路DVD塾 匠の技(32)パワー・デバイス長持ち！
放熱器の形状計算」，トランジスタ技術2018年4月，CQ出版社.

ヒートシンクとファンによる熱設計の基礎と実践

2019年9月15日　初版発行
2022年4月1日　第2版発行
著　者　深川　栄生
発行人　小澤　拓治
発行所　CQ出版株式会社
東京都文京区千石4-29-14（〒112-8619）
電話　　編集　03-5395-2123
　　　　販売　03-5395-2141

編集担当　堀越　純一
DTP　三晃印刷株式会社
印刷・製本　三共グラフィック株式会社
乱丁・落丁本はご面倒でも小社宛お送りください．送料小社負担にてお取り替えいたします．
定価はカバーに表示してあります．
ISBN 978-4-7898-4631-8
Printed in Japan